高等职业教育公共基础课规划教材

计算机数学与数学文化

主　编　郑　红　梁　兵

副主编　刘志勇　罗　葵

U0198107

电子工业出版社

Publishing House of Electronics Industry

北京 · BEIJING

内 容 简 介

在数学工具性与文化性相互结合的指导思想下，在建设与专业相结合、培养应用能力、融入数学文化、提高学生综合素质的数学内容体系目标导引下，精心组织与编写本书。

本书内容包括"高等数学"的核心基础知识——微积分，以及计算机类专业需求的线性代数、图论等应用性基础知识。全书以案例及学习任务为驱动，以数学建模思想为主线贯穿前后，以培养学生应用创新意识，注重数学思想和文化。内容上由浅入深，即便于学生自学，又为学生提供了丰富的拓展学习内容，满足不同层次学生的需求。

本书可作为高等职业教育计算机专业的数学教材，也可作为应用型人才培养的教学参考书。

图书在版编目（CIP）数据

计算机数学与数学文化 / 郑红，梁兵主编. —北京：电子工业出版社，2018.3
ISBN 978-7-121-33079-7

Ⅰ. ①计…　Ⅱ. ①郑…　②梁…　Ⅲ. ①计算机科学—数学—高等职业教育—教材　Ⅳ. ①TP301.6

中国版本图书馆 CIP 数据核字（2017）第 286470 号

策划编辑：朱怀永
责任编辑：裴　杰
印　　刷：北京虎彩文化传播有限公司
装　　订：北京虎彩文化传播有限公司
出版发行：电子工业出版社
　　　　　北京市海淀区万寿路 173 信箱　邮编 100036
开　　本：787×1 092　1/16　印张：14.75　字数：377.6 千字
版　　次：2018 年 3 月第 1 版
印　　次：2025 年 2 月第 11 次印刷
定　　价：40.80 元

凡所购买电子工业出版社图书有缺损问题，请向购买书店调换。若书店售缺，请与本社发行部联系，联系及邮购电话：（010）88254888，88258888。

质量投诉请发邮件至 zlts@phei.com.cn，盗版侵权举报请发邮件至 dbqq@phei.com.cn。

本书咨询联系方式：（010）88254608。

前　言

本书是基于"工程应用数学（计算机类）"课程的改革成果编写。在编者所在学校，从2004年开始开设"主科应用数学（计算机类）"课程到现在已经历了10多年，这期间全体课程组成员花费了很多精力对这门课不断完善，产生了丰富的成果。

1. 教学内容与专业相结合

针对计算机专业需求，请计算机专业老师一起讲授《工程应用数学（计算机类）》课程，共同确定教学内容模块，并制作出相应的教学大纲、教案、课件。

2. 案例教学法

多年来课程组收集了大量专业和生活案例，学生的整个学习过程，以生活或专业案例为引入，让学生对学习数学感兴趣，又通过案例加深对概念的理解，让学生知道数学学习对他们专业学习和生活的益处。课程组人员大部分是国家精品课《经管数学》建设的主要参与者，有丰富的经验。

3. 实行全程式、多样化的发展性考试评定模式

收集了大量的国内外资料，大胆尝试发展性考核，总成绩=平时表现成绩+建模大作业+阶段性测验+实训测试+期末开卷全应用考试。开卷考试要求学生在掌握基础知识的前提下，要具备较强的分析能力、综合运用能力、书面表达能力等，因此要以期末考试为导向，设计学生日常作业，全方位提高学生的综合能力，课程组建设了合适、恰当的以应用为主的作业库。

4. 任务驱动教学模式

提前布置学习任务，学生定向自学、师生共同研讨等步骤，对每次课不仅设计课件，还设计纸制任务，提前发放，引导学生预习，课堂上通过指导学生对任务的完成，完成教学内容的教授，活跃了课堂气氛，通过下课收取本次课堂学生完成的任务书，对学生的学习状况进行跟

踪，对不交或完成不好的学生下次课堂通过提问，督促他们的学习，充分发挥学生学习的主动性和积极性。这种方法突出了学生自己探索新知识，教师通过情景和问题引导、激发学生学习讨论，活跃课堂气氛。

5. 以教助赛，以赛促教

以数学建模思想为主线贯穿整个教学过程，建设了数学建模题库，学生们三人一组，接受指定任务，通过阅读相应的参考文献，运用 MATLAB 软件包，相互讨论、分析，寻求解决的方法，得到有关的结论，写出完整的报告，提交数学建模大作业。让学生亲身去体验一下数学的创造过程，这样可以充分发挥每个学生的特长，使他们养成与别人合作的良好习惯。也调动了同学们学数学、用数学的兴趣，取得了很好的效果。通过将数学建模实践和带领学生参加大学生建模比赛，进一步增强课程的应用性。

6. 增加实践教学环节，提升学生计算能力

随着现代科技的进步，很多实际问题不是简单的手工数学计算能解决的，应用、繁杂计算这一块，学生能利用 MATLAB 数学软件包来解决。提高学生综合解决问题的能力，建设了数学实验报告库。

7. 引入数学文化进课堂

《教育部关于加强高职高专教育人才培养工作的意见》明确提出，高职人才培养的目标是要造就符合社会需求、具有较强应用能力的高等技术应用开型专门人才。评价一个学生是否具有较强的应用能力，一是具有较强的专业技术能力，二是具有较强的社会适应能力。对于高职数学教育，前者需要我们突出数学应用的"工具性"，后者则需要我们强调数学应用的"文化性"，因为社会适应能力是学生自身综合素质的表现，它的高低决定了学生在今后的职场中能否持续发展。由于数学素质是一种具有数学思维能力和运用数学思想方法解决实际问题能力的特殊素质，是一个人数学素养和专业素养的双重体现，所以《工程应用数学（计算机类）》课程建设既要突出为专业服务，又要加强数学思维、思想和方法等文化性的教育。本书在高职数学工具性与文化性相互结合的指导思想下，建设与专业相结合、培养应用能力，融入数学文化，提高学生综合素质的内容体系。

本书共 8 章，主要内容有函数模型、极限思想、变化率思想——导数、导数的应用、不定积分、定积分及其应用、线性代数、趣味图论，附录中介绍了 MATLAB 软件基础。本书考虑到高职院校学生的复杂结构，既便于学生自学，又为学生提供了丰富的拓展学习内容，满足不同层次学生的需求。本书建议最少 64 学时完成。

本书的微积分部分函数模型、极限思想、变化率思想——导数、导数的应用，以及趣味图论部分由郑红编写，积分部分不定积分、定积分及其应用由梁兵编写，线性代数部分由罗葵编写，Matlab 软件基础部分由刘志勇编写。

由于时间仓促，编者水平有限，书中难免存在错误和不妥之处，恳请广大读者、同行批评指正。E-mail 地址：zhenghong@szpt.edu.cn。

郑　红

目　　录

第1章 函数模型

音乐能激发或抚慰情怀，绘画使人赏心悦目，诗歌能动人心弦，哲学使人获得智慧，科学可改善物质生活，但数学能给予以上的一切。

——克莱因

 学习目标

1. 了解数学对人类的影响。
2. 了解学习微积分的作用。
3. 领会函数概念和特性。
4. 领会复合函数及分段函数。
5. 通过生活实例，建立函数模型。

 教学提示

数学对人类的影响很多，绝大部分发挥了数学工具性的作用，本章重点讲述数学对人的素质方面的影响。学生在学习微积分时只知道使用微积分，本章让学生知道为什么学习微积分。学生通过学习函数概念，重新温习函数及基本初等函数的特性，应深入领会函数思想、复合函数、分段函数。由于微积分研究的对象就是函数，所以，对函数思想的领会程度直接影响着微积分的学习。

1.1 数学对人的影响

有很多学生高中毕业了，但并不知道为什么从小学到高中世界各地都要学数学，如若问他们，他们会思考一下并回答因为中考、高考要考。数学教育的重要性不仅仅体现在数学知识与方法的广泛应用上，更重要的是它对人的素质的影响，其价值远非一般专业技术教育能比的。

按传统分类，数学隶属于自然科学，与物理、化学等并列。20 世纪 80 年代，兴起了一种新的分类法，认为数学因具有不同于其他自然科学的独立性，而应独立成为一类。新的分类方法同时把思维科学也独立起来，从而把数学看做与自然科学、社会科学、思维科学并列的第四大类。

1. 数学的作用

1）数学是人们认识客观世界数量规律的法宝

数学的抽象性和严谨性为我们在更深的层次上认识世界提供了重要途径。我国数学家华罗庚曾这样描述数学应用的普遍性："宇宙之大，粒子之微，火箭之速，化工之巧，地球之变，日用之繁，无处不用数学。"数学应用的广泛性及其重要性是无可争议的。

2）数学是人们改造客观世界的重要工具

首先，工程技术离不开数学这个重要工具。自古以来，数学就是土地丈量、手工业制作的重要工具。如今高科技开发，更需要数学和计算机，进行周密的理论分析和正确的数值计算。

其次，生产、管理和经济的竞争都需要数学这个重要工具。

3）数学在提高人们的文化素质方面起着十分重要的作用

人们通晓数学，不仅作为工具来用，更重要的是用来训练受教育者的思维能力，培养他们客观地、合乎逻辑地分析问题与解决问题的能力。

下面的两个事实更能说明这个问题。

① 英国大学中律师专业的学生规定要学习许多数学课程。

② 美国西点军校也开设了较多的数学课程。

2. 数学教育对人的素质的影响

1）数学知识的起点——概念的抽象

受过良好数学教育的人，善于抓住事物的本质，做事简练、不拖泥带水，具有统一处理一类问题的能力，具有创新的胆略和勇气。

2）数学理论的形成过程——推理的严密性

数学教育使人具有做事思路开阔、举一反三的类比与创新能力；具有化繁为简、分解困难的归纳能力；具有思维严谨、思考周密、结果清晰、层次分明、有条理、无漏洞的组织管理能力。

3）数学中得到的结论——结论的确定性

数学教育能使人做事严肃认真，做事、做人目标明确，前后一致。

3. 数学教育本质上是素质教育

人的素质可以划分为三个方面：科学素质、文化素质、艺术素质。科学素质的核心是数学素质。数学除了具有工具性以外，数学教育更重要的价值和目的是培养以思考力为核心的数学素质。

数学教育不可替代，由于数学的抽象性等原因，数学学习是困难的，但纵观目前开设的各种课程，没有一门能替代，即使所学数学知识已经淡忘，这些素质依然不会消失，并始终发挥作用。知识靠记忆、方法靠操练、思想靠领悟。知识是短暂的、方法是长久的、思想是永恒的。知识、方法和思想的关系，犹如鱼、渔和道的关系。给你一条鱼，可以应你一时之需；给你一种打鱼的方法，可以让你长期无虑；然而，给你一种创造打鱼方法的理念，你便可以应对各种不同环境、不同时代、不同品种的鱼，保你一世无忧。数学知识与思想能加强我们的逻辑推理能力，这个好处在离开学校到社会工作后，更能凸显出它的实用性及重要性。

数学能力的培养，不仅表现在对数学知识点的一般理解和良好记忆上，更重要的是依赖对数学思想方法的掌握和运用。若把数学知识点比喻为金子，那么数学思想方法就是"点金术"。数学方法以静识动、以直表曲、以反论正、以点知线，尽显神奇之威。

1.2　微积分对人类的影响

文艺复兴之后，资本主义开始发展并兴盛起来，家庭手工业作坊被工厂手工业生产所替代，并进而发展为机器大工业，贸易的发达及殖民地的出现，使航海业空前发展。这对运动和变化的研究十分必要，并成为自然科学的中心问题，因此，对数学也提出了新的要求：需要研究各种变化过程和各种变化着的量之间的依赖关系。变量数学的里程碑是解析几何的发现，解析几何的基本思想是在平面上引入坐标的概念，这样就对平面上的点和有序实数建立起了一一对应的关系，进而可以将一个代数方程与平面上的一条曲线对应起来，于是，几何问题便转化为代数问题，反过来又可以通过代数方法发现新的几何结论，解析几何是代数和几何相结合的产物，它将变量引入到数学中，使运动和变化的定量表示成为可能，由此产生了变量和函数的概念，变量数学的时期开始了。

变量数学发展的第二个里程碑是英国大科学家牛顿（Newton, Isaac, 1642—1727）和德国数学家莱布尼兹（Leibniz, Gottfried Wilhelm, 1646—1716），他们在 17 世纪后半叶分别独立地建立了微积分的知识体系。

微积分是微分学和积分学的总称，它的研究对象是函数，通过函数可以用数学方法对运动现象进行准确的描述。微积分学的研究工具是极限，是人类研究不断变化中的运动的重要手段，由于人类生理的原因，人类能够准确认识的对象只能是有限的、静止的、平直的、离散的，但现实中人们又无法避免无限的、运动的、弯曲的、连续的。极限思想为人类提供了一个人通过有限认识无限、通过直线认识曲线、通过常量认识变量的桥梁。微积分的研究内容包括函数的微分、积分、联系微分和积分的桥梁——微积分基本定理，微解决的是函数的局部性质，积分解决的是函数的整体性质，反映函数整体与局部关系的就是微积分基本定理。

微积分的发现是科学史上划时代的事件，在整个现代科学技术中的地位都是十分重要的，它也是继欧氏几何后，全部数学中的最大的一个创造。微积分及其中的变量、函数和极限等概念，运动、变化等思想，使辩证法渗入了全部数学，并使数学成为精确地表述自然科学和技术的规律及有效地解决问题的有力工具。微积分学极大地推动了数学的发展，同时也极大地促进了天文学、力学、物理学、化学、生物学、工程学、经济学等自然科学和社会科学各个分支的发展，并在这些学科中有越来越广泛的应用。

1.3 变量

1. 变量

案例 1.1 运行中的高铁的速度 v 。

案例 1.2 2016 年深圳超市某品牌的盐以单价 2 元出售，销售价格记为 P 。

定义 1.1 在某过程中数值保持不变的量称为常量，通常用字母 a、b、c 等表示；而数值变化的量称为变量，用字母 x、y、t 等表示。

案例 1.1 中的速度 v 是变量，案例 1.2 中的销售价格 P 是常量。

2. 区间

我们已经知道，实数与数轴上的点具有一一对应的关系，即任给一个实数，总能在数轴上找到唯一的点与之对应；反之，数轴上的任何一点，也必有唯一的实数与之对应。正是基于这样一一对应的关系，我们把一个实数 a 与数轴上与之对应的点 a 不加区别地看待。

在数学上，常用数轴上的区间表示一个变量的变化范围。设 a、b 是两个实数，且 $a<b$，则有表 1-1 所列的几种情形。

表 1-1

变化范围	区间表示	区间名称
满足 $a \leqslant x \leqslant b$ 的一切实数 x 构成的集合	$[a, b]$	闭区间
满足 $a < x < b$ 的一切实数 x 构成的集合	(a, b)	开区间
满足 $a \leqslant x < b$ 的一切实数 x 构成的集合	$[a, b)$	半开半闭区间
满足 $a < x \leqslant b$ 的一切实数 x 构成的集合	$(a, b]$	半开半闭区间
满足 $x \leqslant b$，$x < b$ 的一切实数 x 构成的集合	$(-\infty, b]; (-\infty, b)$	无穷区间
满足 $x \geqslant a$，$x > a$ 的一切实数 x 构成的集合	$[a, +\infty); (a, +\infty)$	
全体实数构成的集合 R	$(-\infty, +\infty)$	

注意：这里的 "∞" （读作 "无穷大"）只是引用的记号，不能作为数对待，$+\infty$ 和 $-\infty$ 统一记为 ∞。

【数学文化】集合思想

人类在认识世界、解决实际问题中，总会将在某些方面具有共同特性的事物放在一起，把它们看做一个整体，进而对它们开展各方面的研究，从而得到一类事物的某些结论，这在数学中的体现就是大家熟悉的集合。集合思想贯穿于数学的各部分。

1.4　函数

1.4.1　函数概念

在同一过程中的几个变量常是相互关联的，某些变量之间可能存在着对应关系。

案例 1.3　已知一圆板的半径为 r 米，求其面积。

案例 1.4　深圳的房价多少钱一平方米？

显然，案例 1.3 中半径 r 与圆板面积之间存在着对应关系 $S = \pi r^2$，当半径 r 取定某一数值时，圆板面积也对应着一个确定的数值。圆板面积随半径 r 的变化而变化。看到案例 1.4 马上会想到此题有问题，因为大家都知道深圳不同的地区在不同的时期房价是不同的，也就是说，深圳的房价是随着地区不同而变化的，同样也随着时间的不同在变化着。

总结以上两个案例会发现，两个变量之间存在着一种对应关系。我们将这种对应关系称之为**函数**。下面给出函数的确切定义。

定义 1.1　设有两个变量 x 和 y，如果对于变量 x 在允许取值范围内的每一个值，变量 y 按照某一对应法则 f，都有唯一确定的值与之对应，则称 y 是 x 的函数，记为

$$y = f(x)$$

其中，x 为自变量，y 为因变量，f 为对应法则。x 的取值范围叫做函数的定义域，y 的取值范围叫做函数的值域。

注意：理解函数的概念。

函数本质上是描述变量和变量之间的变化规律，$x \xrightarrow{\text{信息输入}} \boxed{f} \xrightarrow{\text{信息输出}} y = f(x)$，某种信息输入到函数机器 f 后转变为另外一种信息。

注意：f 和 $f(x)$ 之间的区别和联系如下。

f 代表函数 $y = f(x)$ 的对应关系，$f(x)$ 代表函数 $y = f(x)$ 的函数值，习惯上 f 和 $f(x)$ 都称为函数，因此，有时也把表示因变量的字母和表示函数的字母写成相同的，如 $y = y(x),\ s = s(t)$。

【思考题】你能否列举出生活中 2 个函数的实例？

1.4.2　函数的两个要素

函数是由定义域与对应法则所决定的，因此，对于两个函数而言，当且仅当它们的定

义域和对应法则都分别相同时，它们才表示同一个函数，而与自变量及因变量用什么字母表示无关，例如，如果没有特别说明，函数 $s=t^2$ 和 $y=x^2$ 表示同一个函数，因为它们的定义域都是 $(-\infty, +\infty)$，而对应法则都表示"函数的因变量等于自变量的平方"。

在实际问题中，函数的定义域是由问题的实际意义来确定的。例如，设 x 表示正方形的边长，S 表示正方形的面积，则有 $S=x^2$，显然，此时函数 $S=x^2$ 的定义域为 $[0,+\infty)$。一般情况下，不考虑函数的实际意义，而抽象地研究用算式表达的函数，这时函数的定义域就是使算式有意义的自变量的取值范围。例如，函数 $y=\dfrac{1}{\sqrt{1-x^2}}$ 的定义域为 $(-1,1)$。一般情况下可通过以下关系式确定。

（1）分母不为零；

（2）$\sqrt[2n]{f(x)}$（n 为正整数）中的函数 $f(x)$ 满足 $f(x) \geqslant 0$；

（3）$\ln f(x)$ 中的函数 $f(x)$ 满足 $f(x) > 0$；

（4）$\arcsin f(x)$ 和 $\arccos f(x)$ 中的函数 $f(x)$ 满足 $|f(x)| \leqslant 1$。

例 1.1　求函数 $f(x)=\sqrt{3+2x-x^2}$ 的定义域。

解　要使函数有意义，必须有 $3+2x-x^2 \geqslant 0$ 成立，
解此不等式组得 $-1 \leqslant x \leqslant 3$，即 $[-1,3]$，故所求函数定义域为 $[-1,3]$。

例 1.2　求下列函数定义域。

（1）$y=\dfrac{\ln(1-x)}{\sqrt{1-x^2}}$，（2）$y=\arccos\dfrac{x-2}{5}$。

解　（1）要使函数有意义，必须同时满足 $1-x>0$ 和 $1-x^2>0$ 成立，解此不等式组得 $-1<x<1$，即 $(-1,1)$，故所求函数定义域为 $(-1,1)$。

（2）要使函数有意义，必须满足 $\left|\dfrac{x-2}{5}\right| \leqslant 1 \Rightarrow |x-2| \leqslant 5 \Rightarrow -5 \leqslant x-2 \leqslant 5$ 成立，解此不等式组得 $-3 \leqslant x \leqslant 7$，即 $[-3,7]$，故所求函数定义域为 $[-3,7]$。

例 1.3　判断函数 $y=\ln x^2$ 与 $y=2\ln x$ 是否相同。

解　由于 $y=\ln x^2$ 的定义域为不为零的一切实数，而 $y=2\ln x$ 的定义域为 $x>0$，所以这两个函数不是同一函数。

【思考题】你能总结出判断两个函数是否相同的步骤吗？

1.4.3　函数的表示方法

函数 $f(x)$ 的具体表达方式视实际问题而不同，通常有解析法（又称公式法）、表格法和图示法。

1. 解析法

用一个（或几个）数学式子表示因变量与自变量的函数关系的方法称为解析法。前面

所列举的函数大都是用解析法表示的。解析法是函数的精确描述，便于对函数进行理论分析和研究，但不够直观，而且有些实际问题中的函数关系是难以用解析法来表示的。一个函数的解析法可能不唯一，如绝对值函数 $y=|x|=\begin{cases} x, & x \geqslant 0 \\ -x, & x < 0 \end{cases}$ 也可以表示为 $y=\sqrt{x^2}$。

2. 表格法

将自变量的取值与对应的函数值列成表格表示函数的方法称为表格法，如大家熟悉的平方表、平方根表、三角函数表、对数表等就是用表格的形式表示的函数。这种方法简单明了，便于应用，但表中所列的数值不一定完全，一般不能完整地表示函数，也不够直观，不便于进行理论分析。

3. 图示法

用图形来表示自变量与因变量的对应关系的方法称为图示法，如图 1-1 所示，用图像来研究函数不仅直观性强，还便于观察函数的变化趋势。但由图形往往得不到准确的函数值和不便于进行精确地理论分析。

图 1-1

1.4.4　函数的特性

1. 奇偶性

定义 1.3　设函数 $f(x)$ 的定义域关于原点对称，如果对定义域内的任何 x 值，总有 $f(-x)=f(x)$，则称函数 $f(x)$ 为偶函数；而对于定义域内的 x 值，总有 $f(-x)=f(x)$，则称函数 $f(x)$ 为奇函数。

偶函数的图形关于 y 轴对称（图 1-2），奇函数的图形关于原点对称（图 1-3）。

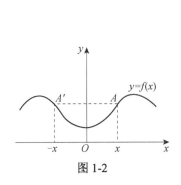

图 1-2

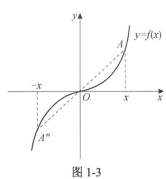

图 1-3

2. 周期性

定义 1.4 如果存在一个不为零的常数 1，对于函数 $f(x)$ 的定义域内的一切x值，总有 $f(x+l)=f(x)$ 成立，则称函数 $f(x)$ 为周期函数，1 称为函数 $f(x)$ 的一个周期。对于周期函数 $f(x)$，这样的 1 不是唯一的，如果 $f(x)$ 存在最小正周期，通常也把最小正周期简称为周期。

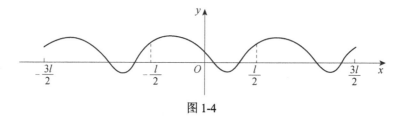

图 1-4

如图 1-4 所示，周期为l的周期函数在定义域内的每个长度为l的区间上，函数图形有相同的形状。

3. 单调性

定义 1.5 设函数 $y=f(x)$ 在区间 I 内有定义，如果对于区间 I 内的任意两点 x_1 与 x_2，当 $x_1<x_2$ 时，总有 $f(x_1)<f(x_2)$，则称函数 $f(x)$ 在区间 (a,b) 内单调增加（或递增），这时，区间 I 称为函数 $f(x)$ 的单调增加区间；而如果对于区间 I 内的任意两点 x_1 与 x_2，当 $x_1<x_2$ 时，总有 $f(x_1)>f(x_2)$，则称函数 $f(x)$ 在区间 I 内单调减少（或递减），这时，区间 I 称为函数 $f(x)$ 的单调减少区间。函数 $f(x)$ 在区间 I 上单调增加或单调减少，则统称为函数 $f(x)$ 在区间 I 上单调，区间 I 称为函数 $f(x)$ 的单调区间；如果这里所说的区间 I 恰好是函数的定义域，则称函数 $f(x)$ 为单调函数。

从几何上看，函数单调增加就是当自变量 x 从左向右变化时，函数图形是上升的曲线（图 1-5），而函数单调减少就是当自变量x从左向右变化时，函数图形是下降的曲线（图 1-6）。

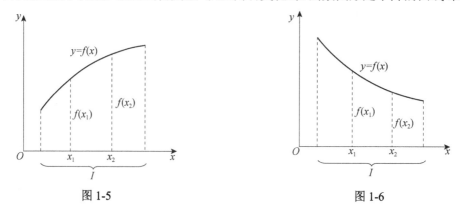

图 1-5   图 1-6

4. 有界性

定义 1.6 设函数 $f(x)$ 在区间 I 上有定义，若存在一个正数 M，当对于区间 I 上的任

意 x 值，总有 $|f(x)| \leqslant M$ 时，则称函数 $f(x)$ 在区间 I 上有界，如果这样的正数 M 不存在，则称 $f(x)$ 在区间 I 上无界。

值得注意的是，有的函数在定义域的某一部分有界，而在另一部分无界。例如，$y = x^3$ 在区间 $[-1, 1]$ 上是有界的，但在定义域（$-\infty$，$+\infty$）上是无界的。如果函数在其整个定义域上有界，则称其为有界函数，如 $y = \sin x$，$y = \cos x$。

【思考题】你能举出 1 个函数，使其同时具有函数的 4 个特性吗？

【能力训练 1.1】

1. 求下列函数的定义域。

（1）$f(x) = \sqrt{4 - x^2}$；   （2）$f(x) = \dfrac{x}{\sqrt{x^2 - 1}}$；   （3）$f(x) = x - \sqrt{x^2 - 1}$；

（4）$f(x) = \dfrac{x^2 - 3}{x - 2}$；   （5）$f(x) = \sqrt{\ln(x - 1)}$；   （6）$f(x) = \dfrac{\ln(x + 5)}{x^2 - 1}$。

2. 已知 $f(x - 1) = x^2 - 1$，求 $f(x) = ($ $)$。

3. 判断下列各对函数是否表示同一函数，为什么？

（1）$f(x) = \dfrac{(x - 1)(x + 3)}{x - 1}$，$g(x) = x + 3$

（2）$f(x) = \sqrt{x^2}$， $g(x) = |x|$；

（3）$f(x) = \ln(x + 2)^2$，$g(x) = 2\ln(x + 2)$。

4. 若 $f\left(x + \dfrac{1}{x}\right) = x^2 + \dfrac{1}{x^2}$，求函数 $f(x)$。

5. 设 $f(x) = x^2 + ax + b$ 且 $f(-3) = f(2) = 0$，求 $f(x)$。

【数学文化】类分思想（并集思想）

生活中经常会遇到很复杂的问题，可将问题所涉及的对象的全体划分成若干两两不相交的部分，对每一小部分进行研究和论证，最终得到整体复杂问题的解决方案，这就是类分思想，也称为逻辑划分思想。从集合论的观点看，类分思想就是将问题所研究的对象的整体记为一个集合，将该集合划分为若干子集，对每个子集进行研究和论证，从而该集合的问题得以解决，因此，又称为并集思想。常用的分类讨论、穷举法等均是这种思想的具体体现，解决问题的思想就是大化小、整体化部分、一般化特殊。

1.5 基本初等函数

1.5.1 基本初等函数

我们将下面五类函数称为基本初等函数。

（1）幂函数：$y=x^{\alpha}$（α 为实数）．

（2）指数函数：$y=a^{x}$（$a>0,a\neq1$）；特别，$y=\mathrm{e}^{x}$．

（3）对数函数：$y=\log_{a}x$（$a>0,a\neq1$）；特别的，$y=\ln x$．

（4）三角函数：$y=\sin x$，$y=\cos x$，$y=\tan x$，$y=\cot x$，$y=\sec x$，$y=\csc x$．

（5）反三角函数：$y=\arcsin x$，$y=\arccos x$，$y=\arctan x$，$y=\operatorname{arccot} x$．

表 1-2 中列举了中学数学课程中所学到的一些基本初等函数及其图形和基本性态。

表 1-2

函　数		定义域与值域	图　像	特　性
幂函数 $y=x^{\alpha}$	$y=x$ （$\alpha=1$）	$x\in(-\infty,+\infty)$ $y\in(-\infty,+\infty)$		奇函数 单调增加
	$y=x^{2}$ （$\alpha=2$）	$x\in(-\infty,+\infty)$ $y\in[0,+\infty)$		偶函数 在 $(-\infty,0)$ 内单调减少 在 $(0,+\infty)$ 内单调增加
	$y=x^{3}$ （$\alpha=3$）	$x\in(-\infty,+\infty)$ $y\in(-\infty,+\infty)$		奇函数 单调增加
	$y=x^{-1}$ （$\alpha=-1$）	$x\in(-\infty,0)\cup(0,+\infty$ $y\in(-\infty,0)\cup(0,+\infty$		奇函数 单调减少
	$y=x^{\frac{1}{2}}$ （$\alpha=\frac{1}{2}$）	$x\in[0,+\infty)$ $y\in[0,+\infty)$		单调增加
指数函数 $y=a^{x}$ （$a>0$，$a\neq1$）		$x\in(-\infty,+\infty)$ $y\in(0,+\infty)$		单调增加
				单调减少

（续表）

函 数	定义域与值域	图 像	特 性
对数函数 $y = \log_a \log_a x$ （$a > 0$，$a \neq 1$）	$x \in (0, +\infty)$ $y \in (-\infty, +\infty)$	$y=\log_a x$ O $(1,0)$ x $(a>1)$	7 单调增加
		$(1,0)$ O x $y=\log_a x$ $(0<a<1)$	单调减少
三角函数 $y = \sin x$	$x \in (-\infty, +\infty)$ $y \in [-1, 1]$	$y=\sin x$	奇函数，周期 2π，有界； 在 $\left(2k\pi-\dfrac{\pi}{2}, 2k\pi+\dfrac{\pi}{2}\right)$ 内单调增加， 在 $\left(2k\pi+\dfrac{\pi}{2}, 2k\pi+\dfrac{3\pi}{2}\right)$ 内单调减少。 其中，$k \in \mathbf{Z}$
$y = \cos x$	$x \in (-\infty, +\infty)$ $y \in [-1, 1]$	$y=\cos x$	偶函数，周期 2π， 有界； 在 $(2k\pi, 2k\pi+\pi)$ 内单调减少， 在 $(2k\pi+\pi, 2k\pi+2\pi)$ 内单调增加其中，$k \in \mathbf{Z}$
$y = \tan x$	$x \neq k\pi + \dfrac{\pi}{2}$（$k \in \mathbf{Z}$） $y \in (-\infty, +\infty)$	$y=\tan x$	奇函数，周期 π， 在 $\left(k\pi-\dfrac{\pi}{2}, k\pi+\dfrac{\pi}{2}\right)$ 内单调增加（$k \in \mathbf{Z}$）
$y = \cot x$	$x \neq k\pi$（$k \in \mathbf{Z}$） $y \in (-\infty, +\infty)$	$y=\cot x$	奇函数，周期 π， 在 $(k\pi, k\pi+\pi)$ 内单调减少（$k \in \mathbf{Z}$）
反三角函数 $y = \arcsin x$	$x \in [-1, 1]$ $y \in \left[-\dfrac{\pi}{2}, \dfrac{\pi}{2}\right]$	$y=\arcsin x$	奇函数 单调增加 有界
$y = \arccos x$	$x \in [-1, 1]$ $y \in [0, \pi]$	$y=\arccos x$	单调减少 有界

函 数	定义域与值域	图 像	特 性
反三角函数	$y = \arctan x$	$x \in (-\infty, +\infty)$ $y \in \left(-\dfrac{\pi}{2}, \dfrac{\pi}{2}\right)$		奇函数 单调增加 有界
	$y = \operatorname{arccot} x$	$x \in (-\infty, +\infty)$ $y \in (0, \pi)$		单调减少 有界

在以后的高等数学学习中还会涉及以下两个三角函数，由于生活中不常用，在此仅做简单介绍。

正割函数：$y = \sec x = \dfrac{1}{\cos x}$。

余割函数：$y = \csc x = \dfrac{1}{\sin x}$。

【思考题】查找资料，画出正割和余割函数的图像，分析它们的函数特性。

基本初等函数有一些关系式，常用的关系如表 1-3 所示。

表 1-3

函数类	关系式
幂函数	$a^2 - b^2 = (a+b)(a-b), (a \pm b)^2 = a^2 \pm 2ab + b^2$
指数函数	$a^x \cdot a^y = a^{x+y}, \dfrac{a^x}{a^y} = a^{x-y}, (a^x)^y = a^{xy}, (ab)^y = a^y b^y, (a/b)^y = a^y / b^y$
对数函数	$\ln(xy) = \ln x + \ln y, \ln(x/y) = \ln x - \ln y, \ln(x^y) = y \ln x,\ e^{\ln x} = x$
三角函数	$\sin^2 x + \cos^2 x = 1, \tan x = \sin x / \cos x, \cot x = \cos x / \sin x$ $\sin 2x = 2\sin x \cos x, \cos 2x = \cos^2 x - \sin^2 x, \sin^2 \dfrac{x}{2} = \dfrac{1-\cos x}{2}$ $\cos^2 \dfrac{x}{2} = \dfrac{1+\cos x}{2}, \sec x = \dfrac{1}{\cos x}, \csc x = \dfrac{1}{\sin x}$

1.5.2　反函数

定义 1.7　设函数 $y = f(x)$ 的定义域为 D，值域为 V，如果对于 V 中的每一个数 y，在 D 中只能找到唯一的数 x，使 $f(x) = y$，这样建立了一个以 y 为自变量，而以 x 为因变量的函数，记 $x = \varphi(y) = f^{-1}(y)$，则称这个函数为函数 $y = f(x)$ 的反函数。

在几何上, 函数 $y = f(x)$ 与它的反函数 $x = \varphi(y) = f^{-1}(y)$ 的图形是相同的。但习惯上, 自变量常用 x 表示, 因变量用 y 表示。因此, 通常函数 $y = \varphi(x) = f^{-1}(x)$ 称为函数 $y = f(x)$ 的反函数, 此时, 二者的图形关于直线 $y = x$ 对称, 如图 1-7 所示。

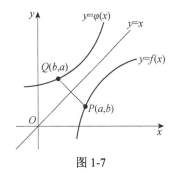

图 1-7

例 1.4 求函数 $y = 3x - 5$ 的反函数。

解 由 $y = 3x - 5$ 解出 x 得

$$x = \frac{1}{3}(y + 5),$$

将 x, y 对换得 $y = \frac{1}{3}(x + 5)$。

所以 $y = 3x - 5$ 的反函数为 $y = \frac{1}{3}(x + 5)$。

还有许多反函数的例子。例如, $y = \log_a x$ 与 $y = a^x$ 互为反函数, 而 $y = \arcsin x$ 是 $y = \sin x$ 在 $x \in [-\frac{\pi}{2}, \frac{\pi}{2}]$ 上的反函数。

【能力训练 1.2】

1. 函数 $y = 2x + \sqrt[3]{x}$ 的奇偶性是（　　　）。

A. 奇函数 　　　　　　　　　　B. 偶函数

C. 非奇非偶函数 　　　　　　　D. 既是奇函数又是偶函数

2. 下列函数中偶函数是（　　　）。

A. xe^{-x^2} 　　　　　　　　　B. $\dfrac{2\sin x}{x^2}$

C. $\dfrac{e^x - e^{-x}}{2}$ 　　　　　　　D. $\dfrac{e^x + e^{-x}}{2}$

3. 函数 $f(x) = x\cos x$ 的图形是关于（　　　）的。

A. 原点对称 　　　　　　　　　B. y 轴对称

C. x 轴对称 　　　　　　　　　D. 直线 $y = x$ 对称

4. 下列函数中为偶函数, 且在 $(0, +\infty)$ 内递减的是（　　　）。

A. $y = x^2$ 　　　　　　　　　B. $y = \dfrac{1}{x^2}$

C. $y = x^3$ 　　　　　　　　　D. $y = \dfrac{1}{x}$

5. 在实数范围内, 下列函数中有界函数是（　　　）。

A. e^x 　　　　　　　　　　　B. $\ln x$

C. $1 + \sin x$ 　　　　　　　　D. $\tan x$

【数学文化】求同思想（交集思想）

在生活中我们经常会采用从问题所涉及的双方或多方事物之间探求它们的共同特性、共同点，促使该问题在某个范围里得以解决的数学思想，这种思想就是求同思想。从集合的观点来看，集合 A 具有性质 1，集合 B 具有性质 2，则集合 A 与 B 的交集同时具有性质 1 和 2，因此，交集思想也称为求同思想，文字表述中经常会用"和"、"且"等词反映交集思想。

1.6 复合函数

案例 1.5 一圆形金属薄板，对它加热时，半径随时间发生变化，求此圆板面积。

仔细分析案例 1.5，要求的圆板的面积应由 $y = \pi r^2$ 得到，假设半径随时间发生变化的关系式为 $r = 1 + t^2$，这样就很容易想到将半径与时间的关系式代入圆板面积中的半径，可得表达式 $y = \pi(1 + t^2)^2$，这个表达式显示了圆板面积与时间的关系，这种迭代函数称为复合函数。

定义 1.8 设 y 是 u 的函数 $y = f(u)$，而 u 又是 x 的函数 $u = \varphi(x)$，如果 $\varphi(x)$ 的值域包含在 $y = f(u)$ 的定义域内，则 y 是 x 的函数，记为

$$y = f[\varphi(x)]$$

我们称 $y = f[\varphi(x)]$ 为 $y = f(u)$ 与 $u = \varphi(x)$ 的复合函数。其中，u 称为中间变量。

例 1.5 求由下列函数所组成的复合函数，并确定复合函数的定义域。

（1）$y = u^8$，$u = 3x + 2$；　　　（2）$y = \ln u$，$u = x^2 - 4$。

解 （1）$y = (3x + 2)^8$，$x \in (-\infty, +\infty)$；

（2）$y = \ln(x^2 - 4)$，$x \in (-\infty, -2) \bigcup (2, +\infty)$　。

例 1.6 设 $f(x) = 2x^2 + 1$，$g(x) = \sin x$，求复合函数 $f[g(x)]$，$g[f(x)]$。

解 $f[g(x)] = 2(\sin x)^2 + 1 = 2\sin^2 x + 1$，$g[f(x)] = \sin(2x^2 + 1)$。

对于复合函数，我们不但要知道复合的过程，也要掌握复合函数的分解，因为人类对基本初等函数的研究很深，基本初等函数的各种运算人类都已掌握，而复合函数是由函数迭代而成的复杂函数，因此，若复合函数能分解成若干个基本初等函数或基本初等函数的四则运算，那么对复合函数的各种运算也能进行。

复合函数 $y = f[g(x)]$ 的分解步骤如下。

第一步：由外向里观察，把里面的整体用新变量 u 替代，确定外层函数 $y = f(u)$（y 是 u 的函数）。

第二步：确定内层函数 $u = g(x)$（u 是 x 的函数）。

第三步：复合函数 $y = f[g(x)]$ 分解为 $y = f(u)$ 和 $u = g(x)$。

注意： 分解原则：$y = f(u)$ 和 $u = g(x)$ 均为基本初等函数或基本初等函数的四则运算，若里层函数 $u = g(x)$ 不是基本初等函数，将继续分解。

例 1.7 分解下列复合函数。

(1) $y = e^{-x^2+1}$ ；　　　　　　(2) $y = \ln^2(1-x^2)$ ；　　　　　　(3) $y = \arcsin\sqrt{x}$ ；

(4) $y = \sin^4 x$ ；　　　　　　(5) $y = \ln(1+\sqrt{1+x^3})$ ；　　　　(6) $y = \dfrac{1}{4x-5}$ 。

解 (1) 函数 $y = e^{-x^2+1}$ 可分解为 $y = e^u, u = -x^2+1$ ；

(2) 函数 $y = \ln^2(1-x^2)$ 可分解为 $y = u^2, u = \ln v, v = 1-x^2$ ；

(3) 函数 $y = \arcsin\sqrt{x}$ 可分解为 $y = \arcsin u,\ u = \sqrt{x}$ ；

(4) 函数 $y = \sin^4 x = (\sin x)^4$ 可分解为 $y = u^4,\ u = \sin x$ ；

(5) 函数 $y = \ln(1+\sqrt{1+x^3})$ 可分解为 $y = \ln u,\ u = 1+\sqrt{v},\ v = 1+x^3$ ；

(6) 函数 $y = \dfrac{1}{4x-5}$ 可分解为 $y = \dfrac{1}{u},\ u = 4x-5$ 。

【思考题】函数 $y = f(u)$ 和 $u = g(x)$ 能复合成函数 $y = f\big[g(x)\big]$ 的条件是什么？

1.7 初等函数

由基本初等函数经过有限次的加、减、乘、除运算和复合运算得到的能用一个式子表示的函数，称为初等函数。

例如，$y = x + \sqrt{1-\sin x}$ 、$y = e^{-x^2+1}$ 、$y = \dfrac{x+1}{\sin x^2}$ 都是初等函数。

【能力训练 1.3】

1. 下列各对函数中，互为反函数的是（　　　）。

A. $y = \sin x$，$y = \cos x$　　　　　　B. $y = e^x$，$y = e^{-x}$

C. $y = \tan x$，$y = \cot x$　　　　　　D. $y = 2x$，$y = \dfrac{1}{2}x$

2. 函数 $y = -\sqrt{x-1}$ 的反函数是（　　　）。

A. $y = x^2 + 1$ $(-\infty, +\infty)$　　　　B. $y = x^2 + 1$ $(x \geq 0)$

C. $y = x^2 + 1$ $(x \leq 0)$　　　　　　D. 不存在

3. 下列函数中为基本初等函数的是（　　　）。

A. $y = \begin{cases} 4x, & x > 0 \\ -4x+1, & x < 0 \end{cases}$　　　　B. $y = x^2 + \sin x$

C. $y = x$　　　　　　　　　　　　D. $y = \cos\sqrt{x} - \sin x$

4. 下列函数不是初等函数的是（　　　）。

A. $y = e^{x+1} - 1$　　　　　　　　B. $y = \dfrac{x^2-1}{1-x} + 2$

C. $y = \dfrac{1-x}{1+x}$ 　　　　　　　　D. $y = \begin{cases} x^2, & x \geqslant 0 \\ ax+b, & x < 0 \end{cases}$

5. 设 $f(x) = \dfrac{1}{1-x}$ $(x \neq 0,1)$，则 $f[f(x)] = $＿＿＿＿＿，$f\left[\dfrac{1}{f(x)}\right] = $＿＿＿＿＿。

6. 设 $f(x) = 3x^2 + 2x$，$\varphi(t) = \ln(1+t)$，则 $f[\varphi(t)] = $＿＿＿＿＿，$\varphi[f(x)] = $＿＿＿＿＿。

7. 指出下列函数是怎样复合而成的，即分解下列复合函数。

（1）$F(x) = (x-9)^5$；　　（2）$F(x) = \sin\sqrt{x}$；　　（3）$F(x) = \ln(x^2+1)$；

（4）$F(x) = \dfrac{1}{x+3}$；　　（5）$F(x) = \cos x^4$；　　（6）$F(x) = \ln^2 x$。

8. 将下列函数表示为 x 的函数。

（1）$y = \arcsin u$，$u = \mathrm{e}^v$，$v = -\sqrt{x}$；　　（2）$y = \sqrt{1+u^2}$，$u = \sin v$，$v = \log_2 x$。

【数学文化】函数思想

函数思想反映的是变量与变量之间的变化规律，为人类研究运动和变化的现象打开了通向成功的大门。

早在 1692 年德国数学家莱布尼兹（G. W. Leibniz，1646—1716）就使用了"函数（Function）"一词。

到了 1734 年，瑞士数学家欧拉（L. Euler，1707—1783）较为模糊地提出了函数的概念，引入了函数符号 c，并认为函数是由一个公式确定的数量关系。

直到 1837 年，经过人类对事物的认识，德国数学家狄利克雷（P. G. L. Dirichlet，1805～1859）在权威刊物上提出了函数的定义，这个定义清晰地说明了函数是变量和变量之间的一种对应关系。

我国清代数学家李善兰（1811—1882）于 1859 年第一次将 function 引入中国，并翻译为函数。

到了 19 世纪 70 年代以后，随着集合理论的产生，函数的定义又有了更为严谨的描述。

在运用函数思维策略去解决问题时，科学家们经过总结发现这些问题都有着共同的属性，那就是定量和变量之间的联系。科学家们用简洁的公式描述了它的性质："已知+未知+规定思想"。其中，"已知"代表着"定量"；"未知"代表着"变量"；"规定思想"代表着人们根据事物的规律，人为地构造的一种客观函数关系去解决问题的一种策略。

函数思想体现了"联系和变化"的辩证唯物主义观点。函数思想是构造一种"规定思想"——函数，进而利用"已知+未知+规定思想"的函数性质去解决问题，也就是说，函数思想就是运用运动变化的观点进行变换的思想。

人类在长期运用函数思想去解决问题的过程中发展，用函数解决问题后都有一个共同特点——函数总是用短小而有限的表达式去描述一个有着无限数据的事物。客观地讲，宇宙间的各种规律变化都离不开函数思想。

在解题过程中，善于挖掘题目中的隐含条件，构造出函数的解析式，并巧妙利用函数的性质，是很好地应用函数思想的关键。应对所给的问题进行观察、分析和判断，深入、充分、全面地研究量和量之间的联系，构造出函数模型。

有很多人有各种各样的密码需要设置，若只用一个密码，安全性又不高，现有一学生需设多个密码，他利用函数思想轻松地解决了这个问题。

第一步，他自己构造了函数——密码公式。为了便于记忆，密码公式是"521baobeiX"，意思是"我爱你，宝贝，还有 X"，其中"521baobei"是定量，"X"是变量，他主动去构造这个函数，通过这种"规定思想"创造出具有其个性的多个密码的设定。

第二部，应用。他的第一个账号密码是"521baobeiQQ"，记忆为"我爱你，宝贝 QQ"，他依次设置了很多不同的密码。

1.8 分段函数

案例 1.6 某市出租车起步价为 12 元（3km 以内），3km 以外按每千米 2.5 元的计算方式，试建立出租车费与行车距离之间的函数关系式。

解 设行车距离为 x km 时，其出租车费为 y 元，等待红灯时间不计费，根据题意可得

$$y = \begin{cases} 12, & 0 < x \leqslant 3 \\ 12 + 2.5(x-3), & x > 3 \end{cases}$$

案例 1.7 税法规定，对适用照顾税率的企业，当月（或季末）应纳税所得额适用税率按下列方法确定：计税所得额在 10 万元（不含）以上的，所得税率为 33%；计税所得额在 10 万元（含）以下、3 万元（不含）以上的，所得税率减为 27%；计税所得额在 3 万元（含）以下的，所得税率减为 18%。试列出企业应纳税额与计税所得额间的函数关系式。

解 设企业计税所得额为 x，应纳税额为 y，则其函数关系为

$$y = \begin{cases} 0.18x, & 0 \leqslant x \leqslant 3 \\ 0.27x, & 3 < x \leqslant 10 \\ 0.33x, & x > 10 \end{cases}$$

在生活中，经常会遇到因变量与自变量的对应关系不一定总是用一个数学式来表示，而在自变量的不同的取值范围，用不同的数学式来表示的情况，如案例 1.6 和案例 1.7，这类函数称为分段函数。一般来说，分段函数不是初等函数。很明显，在案例 1.6 和案例 1.7 中，y 与 x 间的函数关系均为分段函数关系。

例 1.8 $y = \operatorname{sgn} x = \begin{cases} -1, & x < 0 \\ 0, & x = 0 \\ 1, & x > 0 \end{cases}$ 称为符号函数，作出其图像，并求 $f(-1)$，$f(0)$，$f(5)$。

解 在绘制分段函数的图形时，先分区间画，每个区间都绘制完，整个分段函数的图像就完成了。

符号函数图形如图 1-8 所示，$f(-1)=-1$，$f(0)=0$，$f(5)=1$。

例 1.9 做出分段函数 $f(x)=\begin{cases} 2x-1, & x>0 \\ x^2-1, & x\leqslant 0 \end{cases}$ 的图像，并求 $f(-2)$，$f(5)$。

解 先画 $x>0$ 的图，是一条直线；再画 $x\leqslant 0$ 的部分，是一条抛物线，所以，函数图形如图 1-9 所示，$f(-2)=(-2)^2-1=3$，$f(5)=2\times 5-1=9$。

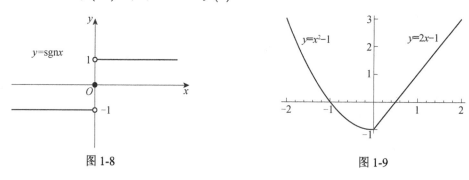

图 1-8　　　　　　　　　　　　　　　　图 1-9

【思考题】分段函数的定义域如何确定？

【能力训练 1.4】

1. 已知 $f(x)=\begin{cases} e^x, & x\leqslant 0 \\ 2x+5, & x>0 \end{cases}$；求 $f(0)$，$f(-2)$，$f(2)$。

2. 已知 $f(x)=\begin{cases} -1, & x\leqslant -1 \\ 2x+1, & -1<x<1 \\ 6-x, & x\geqslant 1 \end{cases}$；求 $f(-3)$，$f(0)$，$f(1)$，并作其图。

【数学文化】数形结合思想

"数"是抽象思维范畴，是人类的左半脑思维的产物，"形"则是形象思维范畴，是人类的右半脑思维的产物。自从笛卡儿把坐标和变量引入数学，数与形的结合与转化变得容易了，几何目标可以通过代数形式表达，反过来，抽象的代数语言通过直观的几何加以解释，是抽象问题生活化，这种数与形相互结合的思想就是数形结合思想。

数形结合思想是通过数与形间的对应与互助来研究和解决问题的，如函数就其表达式是抽象的、难以理解的，但有了其对应的图像，函数的各种性质一目了然。运用好数形结合思想能提高人类的逻辑思维与形象思维双向发展，不仅能有效地解决问题，还能够认识到问题的本质。

1.9　建立函数模型

1.9.1　数学建模

数学建模（Mathematical Modeling）就是运用数学知识去解决实际问题，即用数学的语言、方法去近似地刻画实际问题。这种刻画的数学表述就是一个数学模型（Mathematical Model），它可以是数学公式、图形或算法等。建立数学模型的过程就是数学建模。

数学建模实质：数学模型是对现实世界的特定对象，为了一个特定的目的，根据特有的内在规律，做出一些必要的简化假设，运用适当的数学工具，得到一个数学结构。

1.9.2　数学建模步骤

建立数学模型没有固定的模式，通常与实际问题的性质和建模目的相关，一般情况下可通过以下几步完成。

第一步：模型准备。

为了对问题的实际背景和内在机理有更深的了解，应在建模前对问题进行深入调查和研究，掌握与问题相关的资料，并明确所解决问题的目的，搞清实际对象的特征，按解决问题的目的和要求合理地收集数据。

都是解决实际问题，有很多同学会问：数学建模与我们高中前所学的解应用题有什么不同呢？以前我们在解应用题时，问题的条件和要解决问题的目的都已明确，而且正好是我们当时所学知识的应用；而数学建模所解决的问题中条件和解决的目的没有，由于影响因素较多，所以会多种多样。此外，数学建模使用的方法多样，无论以前学的知识还是现在学的知识，只要是正确的方法即可，由于问题的条件和解决目的的差异，所以数学建模没有唯一正确的答案，也就是说，数学建模是开放地解应用题。

第二步：模型假设。

以前在解应用题时，经常会说"在理想状态下"，也就是很多与解题无关的因素是不考虑的。数学建模所解决的问题都是现实问题，现实问题错综复杂，若不经过适当地简化假设，就很难转化为数学问题，因此要建立一个数学模型没有必要对现实问题面面俱到，简化掉那些与建立模型无关或关系不大的因素，当然，对问题的抽象、简化也不是无条件的，假设条件要符合情理。

第三步：模型建立。

根据所做的假设，首先明确问题的常量、变量、已知量、未知量，搞清各种量之间的关系，按照解决问题的目的，建立相应的数学结构。

第四步：模型求解。

第五步：模型检验。

结果能否解释实际问题，或用历史数据、实验数据、现场实测数据来检验结果是否正确，误差越小，建立的模型越成功，成功的模型可以广泛地推广应用，若误差较大，则需重新假设。

第六步：模型应用。

总体而言，数学建模的步骤如图 1-10 所示。

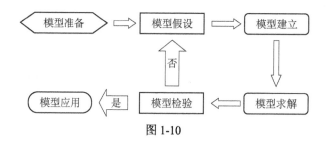

图 1-10

1.9.3 函数模型

函数关系是一种变量之间相互依存关系的数学模型，函数是解决很多实际问题的最关键一步，函数解决了一些简单的实际问题，通过建立函数模型可以初步了解建立数学建模的过程和方法，从而更好地解决实际问题。

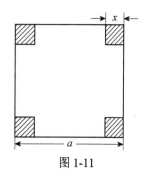

图 1-11

对实际问题建立函数关系的步骤如下。

第一步：变量说明——明确题中的常量与变量。

第二步：模型假设——确立实际问题中已知条件。

第三步：模型建立——确定要求的问题，即常量与变量之间的关系，建立函数模型。

例 1.10 在一块边长为 a 的正方形铁板的四个角上各截去一个边长为 x 的小正方形，如图 1-11 所示，然后把四边折起来做成一个无盖的水箱，试把水箱的容积表示成 x 的函数，并求其定义域。

解 假设在制作水箱过程中环境没有发生突变，设水箱的容积为 V，由题意知水箱底边长为 $a-2x$，高为 x，则容积为

$$V=(a-2x)^2 \times x,$$

由实际意义知，截去的小正方形边长 x 必须满足 $0<x<\dfrac{a}{2}$，

所以所求函数的定义域为 $\left(0, \dfrac{a}{2}\right)$。

例 1.11 欲造一个底半径和高相等的无盖的圆柱形水池，若侧壁的造价为 50 元/米^2，底面的造价为 30 元/米^2，试建立总造价与底半径的关系。

解 假设建造水池时在理想状态下，设水池的总造价为 R，由题意知水池底半径和高均为 r，则水池总造价为

$$R=30\pi r^2 + 50 \times 2\pi r \times r = 130\pi r^2$$

由实际意义知，水池底半径 r 满足 $r>0$ 即可。

例 1.12 小王需寄两篇稿件。按照邮局的规定，对国内的外埠平信，按邮件重量，每 20g 应付邮资 0.80 元，不足 20g 以 20g 计算；当信件的重量在 40g 以内，并超过 20g 时，应付邮资 1.60 元。现小王有重量 18g、32g 共两封信，他应付多少邮资？

解　假设小王选择题中邮局规定的形式邮寄信件，不选择各种快递形式。设邮资为 y 元，邮件重量 x g，则邮资和邮件重量之间的函数关系为

$$y = \begin{cases} 0.8, & 0 < x \leqslant 20 \\ 1.6, & 20 < x \leqslant 40 \end{cases}$$

$$y(18) = 0.8, \quad y(32) = 1.6 \text{。}$$

因此，小王应向邮局支付 2.4 元。

例 1.13　旅客乘火车时，随身可免费携带的物品不超过 20kg，超过 20kg 而不超过 50kg 的部分，每千克收费 0.4 元，超过 50kg 的部分，每千克再加收 50% 的费用，试建立旅客随身携带物品的重量和费用之间的函数关系。

解　假设任何情形都按题中规定收费，设 x 为旅客随身携带物品的重量，y 为旅客为携带物品所要花的费用，由实际意义知，该函数的定义域为 $[0, +\infty)$。

当 $0 \leqslant x \leqslant 20$ 时，$y = 0$；

当 $20 < x \leqslant 50$ 时，$y = 0.4(x - 20)$；

当 $x > 50$ 时，$y = 0.4(50 - 20) + 0.4(x - 50)(1 + 50\%)$。

综合起来，这个函数关系可以用下式表示

$$y = \begin{cases} 0, & 0 \leqslant x \leqslant 20 \\ 0.4x - 8, & 20 < x \leqslant 50 \\ 0.6x - 18, & x > 50 \end{cases} \text{。}$$

【思考题】总结函数思想的本质是描述什么。

【能力训练 1.5】

1. 靠墙围一个面积为 128 m² 的矩形，建立所用材料长与矩形长或宽的函数关系。

2. 用 20m 长的材料倚墙围一个矩形，建立所围矩形面积与矩形的长或宽的函数关系。

3. 制作一个底面为正方形体、积为 125 m³ 的立方体容器（无盖）。已知底面单位造价是周围单位造价的 2 倍，建立总造价与底面正方形边长的函数关系。

4. A、B 两厂与码头均位于一东西向直线河流的同一侧，河岸边的 A 厂离码头 10km，B 厂在码头的正北方，离码头 4km，现两厂欲在 A 厂与码头间的河岸边建造一公用变电站。如果沿河架设电线，费用为 3 千元/千米，不沿河岸架设费用为 5 千元/千米。建立由变电站通往 A、B 两厂的架设电线的总费用与 A 厂到变电站之间距离的函数关系。

5. 设某企业在生产一种商品 x 件时的总收益为 $R(x) = 100x - x^2$，总成本函数 $C(x) = 200 + 50x + x^2$，在全部销售出去的情况下，建立企业获得利润与生产商品数量的函数关系。

6. 制作一个体积为 54 π m³ 封口的圆柱体容器，建立容器表面积与底面半径的函数关系。

【数学文化】模型思想

数学模型是实际问题的简化和抽象。模型思想则借助数学模型来解决和处理各种各样

的问题。模型思想的学习、掌握及运用一般按：模型的模仿——模型的转换——模型的构建三步实现，构建数学模型是一项既富有意义又富有挑战的工作，构建一个好的模型如同证明定理一样意义重大。

【综合能力训练1】

1. 求下列函数的定义域。

（1） $f(x) = 5x^2 + \ln(4-x)$ ；　　（2） $f(x) = \sqrt{x-2} + \dfrac{1}{x-3}$ ；　　　（3） $y = \arcsin\dfrac{x-1}{2}$ 。

2. 在下列函数中，哪些是奇函数，哪些是偶函数，哪些是非奇非偶函数？

（1） $y = x^3 - x$ ；　　　　　　　　（2） $y = 2^x + x^2$ ；

（3） $y = \dfrac{1}{2}(e^x + e^{-x})$ ；　　　　　　（4） $y = \ln(x + \sqrt{x^2 - 1})$ 。

3. 已知 $f(x) = \begin{cases} x+2, & 0 \leqslant x < 1 \\ 3^x, & 1 \leqslant x \leqslant 5 \end{cases}$ ；求 $f(0)$, $f(1)$, $f(2)$ 。

4. 设函数 $\varphi(x) = \begin{cases} 3+x^4, & x \leqslant 0 \\ 2^x, & x > 0 \end{cases}$ ，求 $\varphi(2) = $ ＿＿＿＿＿， $\varphi(-2) = $ ＿＿＿＿＿。

5. 求由下列函数复合而成的函数 $f[g(x)]$ 和 $g[f(x)]$ 。

（1） $f(x) = e^x$, $g(x) = x^2$ ；　　　　（2） $f(x) = 2^x$, $g(x) = x^2$ 。

6. 指出下列复合函数的构成，即把下列函数分解成几个简单函数。

（1） $y = \ln(1-x^2)$ ；　　　　（2） $y = (5-4x)^7$ ；　　　　（3） $y = 2^{1-3x}$ ；

（4） $y = \cos^2(1-2x)$ ；　　　　（5） $y = \sqrt{1+e^{4x}}$

7. 有一长为 a 、宽为 b 的长方形铁片，从它的四个角截去相等的小方块，然后折起四边做成一个无盖的盒子（见图1-12），求它的容积与截去的小方块边长之间的函数关系。

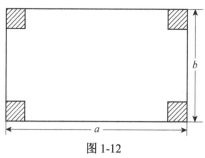

图1-12

8. 某房地产公司有50套公寓要出租，当租金定为每月180元时，公寓会全部租出去。当租金每月增加10元时，就有一套公寓租不出去，而租出去的房子每月需花费20元的整修维护费。试建立出租公寓的收入与租金的函数关系。

能力训练与综合能力训练参考答案

【能力训练 1.1】

1. （1）$[-2,2]$；（2）$(-\infty,-1)\bigcup(-\infty,-1)$；（3）$(-\infty,-1]\bigcup[1,+\infty)$；（4）$x\neq2$；（5）$[2,+\infty)$；（6）$[-5,+\infty)$且$x\neq\pm1$。

2. x^2+2x。

3. （1）不同，定义域不同；（2）相同；（3）不同，定义域不同。

4. x^2-2。

5. x^2+x-6。

【能力训练 1.2】

1. A；2. D；3. A；4. B；5. C。

【能力训练 1.3】

1. D；2. C；3. C；4. D。

5. $\dfrac{x-1}{x}$，$\dfrac{1}{x}$。

6. $3\ln^2(1+t)+2\ln(1+t)$，$\ln(1+3x^2+2x)$。

7. （1）$y=u^5,u=x-9$；　　（2）$y=\sin u,u=\sqrt{x}$；　　　　（3）$y=\ln u,u=x^2+1$；

（4）$y=\dfrac{1}{u},u=x+3$；　　（5）$y=\cos u,u=x^4$；　　（6）$y=u^2,u=\ln x$。

8. （1）$y=\arcsin \mathrm{e}^{-\sqrt{x}}$；　　（2）$y=\sqrt{1+\sin^2(\log_2 x)}$。

【能力训练 1.4】

1. $f(0)=1$；$f(-2)=\mathrm{e}^{-2}$；$f(2)=9$。

2. $f(-3)=-1$；$f(0)=1$；$f(1)=5$。

【能力训练 1.5】

1. $C=\dfrac{256}{x}+x=2y+\dfrac{128}{y}$。

2. $S=(20-2y)y=\dfrac{x(20-x)}{2}$。

3. $R=2x^2+\dfrac{500}{x}$。

4. $y=3x+5\sqrt{16+(10-x)^2}$。

5. $R(x)-C(x)=-2x^2+50x-200$。

6. $S=2\pi r^2+\dfrac{108}{r}$。

【综合能力训练 1】

1. （1）$[-\infty,4]$；　　　（2）$[2,+\infty)$且$x\neq3$；　　　（3）$[-1,3]$。

2. 奇函数有（1）；偶函数有（3）；非奇非偶函数有（2）、（4）。

3. $f(2)=9$；$f(0)=2$；$f(1)=3$。

4. 4 ； 19。

5. （1）$e^{x^2}, (e^x)^2$；（2）$2^{x^2}, (2^x)^2$。

6. （1）$y=\ln u, u=1-x^2$；　　　（2）$y=u^7, u=5-4x$；

　（3）$y=2^u, u=1-3x$；　　　（4）$y=u^2, u=\cos v, v=1-2x$；

　（5）$y=\sqrt{u}, u=1+e^v, v=4x$。

7. $V=(a-2x)(b-2x)x$。

8. $R=(x-20)\left(50-\dfrac{x-180}{10}\right)$。

第2章　极限思想

没有任何问题可以像无穷那样深深地触动人的情感，很少有别的观念能像无穷那样激励理智产生富有成果的思想，然而也没有任何其他的概念能像无穷那样需要加以阐明。

——希尔伯特

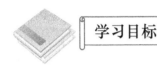

1. 领会极限思想。
2. 通过数列和函数极限，认识变量无限变化趋势思想。
3. 领会无穷大、无穷小的概念。
4. 通过学习极限运算方法，解决生活中的极限模型。
5. 领会函数的连续性，深刻认识变量连续变化思想。

本章主要关注的是变量的变化过程，在变量的变化过程中如何观察变量的变化趋势——极限思想，这是本章的重点，也是难点。极限思想是人们从有限中认识无限、从近似中认识精确、从量变中认识质变的辩证思想和数学方法，极限是研究变量的变化趋势最重要的方式。有了极限思想可以帮助学生进一步认识无穷大和无穷小的概念，注意与以前所学很大数和很小数的区别。此外，重点是极限的各种运算方法，以及帮助学生理解函数的连续性，也就是变量的连续变化思想。

2.1　极限思想的引入

极限的思想是数学史上一颗璀璨的明珠，它是整个微积分的基础，有着重要的应用。利用极限的思想，可以解决许多以前不能解决的问题。下面通过案例分析来学习极限思想在解决实际问题中的应用。

案例 2.1 割之弥细，所失弥少，割之又割，以至于不可割，则与圆周合体而无所失矣。

——刘徽

案例 2.1 是我国大数学家刘徽巧妙利用极限的思想解决了圆周长的计算问题，在圆周长计算结论出来以前，人们所能计算的是正多边形周长问题。所以人们的想法是能否通过圆内接正多边形的周长来近似求得圆周长的计算公式。

如图 2-1 所示，仔细观察圆内接正多边形的周长与圆周长的关系。我们马上会想到用内接正四边形的周长来近似计算圆周长，大家会发现误差太大，马上会想到增加正四边形的边数，用内接正六边形的周长来近似计算圆周长，显然比用正四边形误差要小，但还是有不小的误差，照着这样的想法一直操作下去。设内接正四边形的周长记为 L_4，内接正六边形的周长记为 L_6，……，内接正 n 边形的周长记为 L_n，……，从图 2-1 中可以发现随着多边形边数的增多，多边形的周长越来越接近圆的周长。随着正多边形的边数的增加，正多边形的周长会越来越接近圆的周长。我们让多边形的边数无限增加，即 $n \to +\infty$，会发现多边形周长的变化趋势（极限）最终就是圆的周长。

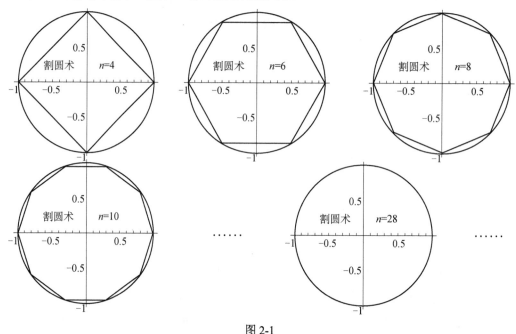

图 2-1

内接多边形相当于对圆周进行了分割，分点间用直线连接，并用直线段的长度去替代这段弧的长度，最后用多边形周长去逼近圆的周长。这正是我国古代数学家刘徽的割圆术的思想。

案例 2.2 中国古代数学家庄周（约公元前 369 年—公元前 286 年）在《庄子·天下篇》中引述惠施的话："一尺之棰，日取其半，万世不竭。"这句话的意思是指一尺的木棒，第一天取它的一半，即 1/2 尺；第二天再取第一天剩下的一半，即 1/4 尺；第三天再取第二天剩下的一半，即 1/8 尺；可以这样一天天地取下去，大家可以想象木棒是永远也取不完的。虽然截了很多天后，感觉剩下的部分已经很小很小了，肉眼可能已看不到了，但事实上它还是存在的。将每天剩余的木棒长度写出来就是：

$$\frac{1}{2}, \frac{1}{4}, \frac{1}{8}, \cdots, \frac{1}{2^n}, \cdots$$

n 可以无穷无尽地取值，大家想一下，当 n 很大时，$\frac{1}{2^n}$ 就会很小；观察它的变化趋势，当 n 越来越大时，$\frac{1}{2^n}$ 的变化趋势越来越接近于 0，此时就称 0 为 $\frac{1}{2^n}$ 的极限，记为

$$\lim_{n \to +\infty} \frac{1}{2^n} = 0$$

案例 2.3　阿吉利斯悖论（Achilles Paradox）。

这是由古希腊哲人芝诺（Zenon of Eleates）提出的一个经典悖论。阿吉利斯是古希腊神话中善跑如飞的英雄。阿吉利斯悖论就是乌龟先跑，再让阿吉利斯追赶乌龟，他却永远追不上。

因为无论阿吉利斯跑得多快，他必须先跑完从他出发的起点到乌龟当下距离的一半，等他赶完这段路程，乌龟又往前挪动了一些，他则必须再追其间的一半，如此一来，永无止境，尽管阿吉利斯会离乌龟越来越近，但他不可能穷尽那个没有尽头的二分法过程，因此他终究不可能追上前面的乌龟。

例如，阿吉利斯的速度是乌龟的 10 倍，龟在前面 100m 处，当阿吉利斯跑了 100m 到乌龟出发点时，乌龟已向前走了 10m，阿吉利斯追赶 10m，乌龟又走了 1m，阿阿吉利斯再追赶 1m，龟又向前走了 0.1m……这样永远隔一小段距离，所以总也赶不上。

显然，这是芝诺的诡辩，下面就用极限的理论驳倒他的谬论，我们不妨设阿吉利斯的跑步速度为 $v_1=10$m/s，乌龟的挪动速度为 $v_2=1$m/s，阿吉利斯赶上乌龟的时间为 t，于是根据题意就有 $100+v_2 t = v_1 t \Rightarrow t = \frac{100}{v_1 - v_2} = \frac{100}{9} = 11.111\cdots \leqslant 12(\text{s})$

同时，可得阿吉利斯赶上乌龟所走的路程为

$$S = v_1 t = 10 \times 11.111\cdots = 111.11\cdots < 112(\text{m})$$

也就是说，阿吉利斯赶上乌龟的时间不超过 12s，路程不超过 112m。那么，为什么芝诺会断言"阿吉利斯永远追不上乌龟"呢？症结在于芝诺用无限的概念迷惑了大家，芝诺将阿吉利斯赶上乌龟的有限时间和路程都分解为无限段，让人产生一种错觉，以为阿吉利斯永远也追不上乌龟了。

$$S = 111.11\cdots = 100 + 10 + 1 + 0.1 + \cdots = S_0 + S_1 + S_2 + \cdots$$
$$t = 11.111\cdots = 10 + 1 + 0.1 + 0.01 + \cdots = t_0 + t_1 + t_2 + \cdots$$

案例 2.4　通常，汽车做变速运行，假设运行的路程 s 与时间 t 的关系为

$$s = s(t) = t^2$$

如何得到汽车在某时刻 $t=1$ 时的瞬时速度？

现在要求的是变速运动的瞬时速度，有同学会想到用公式 $v=\dfrac{S}{t}$ 计算，但会发现这个公式适用对象的是做匀速直线运动的。只有用以前的知识去解决现在的问题了，即用匀速的公式去解决变速的问题。下面来考察如何利用匀速运动去刻画变速的汽车运动。

从时刻 $t=1$ 开始，给一个时间段 $[1,1+t]$，汽车在该时间段内运行的路程为

$$\Delta s = s(1+t) - s(1) = 2t + t^2$$

当时间段 t 很小很小时，汽车在该时间段内的运行完全可近似地看做匀速运动，那么汽车在这一小时间段里的平均速度为

$$\bar{v} = \frac{\Delta s}{t} = 2 + t$$

当 t 无限小，接近于 0 时，观察时间的变化趋势是终点时刻 $1+t$ 非常非常接近起点时刻 $t=1$，那么平均速度 $\bar{v}$ 的变化趋势会无限地接近于 $t=1$ 的瞬时速度 $v(1)$，故

$$v(1) = 2$$

本例中，通过平均速度在时间段趋于零时的极限得到了瞬时速度，是利用极限思想通过已知知识去解决实际问题的非常好的案例。

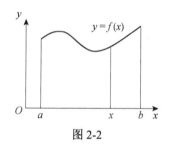

图 2-2

案例 2.5 如何求出曲边梯形的面积？

在平面直角坐标系下，由闭区间 $[a, b]$ 上的连续曲线 $y = f(x)$（$f(x) \geqslant 0$），以及直线 $x=a$、$x=b$、x 轴所围成的梯形图就称为曲边梯形，如图 2-2 所示。

高中前我们学习过了规则物体的面积求解公式，如圆形、矩形、梯形的面积公式。

对于曲边梯形来说，上述规则物体的面积公式都不能直接应用。若用一个矩形面积近似替代曲边梯形的面积，误差会很大，同学们马上会想到用多个小矩形的面积和来替代曲边梯形的面积，这显然会使误差很小，小矩形数量越多，近似替代的误差越小。如何得到小矩形呢？用平行于 y 轴的直线将曲边梯形分割成若干个小曲边梯形。对于每个小曲边梯形，由于底边很窄，其顶部曲线可近似看做直线，因而形成了一个小矩形。所有这些小矩形面积的和可作为曲边梯形面积的一个近似值。显然，分割越细，近似程度也就越高。依此，将曲边梯形无限细分，所有小矩形面积之和的变化趋势（极限）就是曲边梯形面积的精确值，如图 2-3 所示。

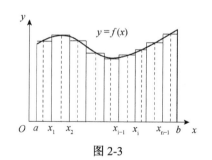

图 2-3

这也是利用极限思想解决问题的一个经典案例，这个问题的具体解答将在定积分的学习时给出。

极限的重要作用在于许多用以前知识不能直接解决的问题，可以用已知知识构造数列或函数列去逼近它，从而利用极限思想使问题得到解决。

【数学文化】换元思想

换元思想是指通过变量（或表达式）替换，将原式转化为等量的另外一种表达形式，其目的就是将原来的复杂问题转化为简单可解问题，化难为易，从而达到化未知为已知，最终达到所求目标的一种思维方式。如中学中解不等式 $\sqrt{3x-8}>x-2$，若采用换元思想则会变得很容易求解，令 $\sqrt{3x-8}=t$，则有 $x=\dfrac{t^2+8}{3}$，那么将原不等式化为简单的 2 次不等式 $t^2-3t+2<0$，很容易即可得到解。换元思想具有减元、降次、分层、转化、简化、显化等功能，换元思想的学习有利于培养人们思维的灵活性和创新性。

2.2　数列极限

定义 2.1　无穷多个数按照一定的规律 $x_n=f(n)$ 排成一列，即可构成一个数列

$$x_1,\ x_2,\ \cdots x_n,\ \cdots$$

简记为 $\{x_n\}$，其中第 n 项 x_n 称为该数列的通项。

例 2.1　简记下列数列。

（1）$2,\ 4,\ 8,\ \cdots,\ 2^n,\ \cdots$；

（2）$\dfrac{1}{2},\ \dfrac{1}{4},\ \dfrac{1}{8},\ \cdots,\ \dfrac{1}{2^n},\ \cdots$；

（3）$1,\ -1,\ 1,\ \cdots,\ (-1)^{n+1},\ \cdots$；

（4）$2,\ \dfrac{1}{2},\ \dfrac{4}{3},\ \cdots,\ \dfrac{n+(-1)^{n-1}}{n},\ \cdots$。

解（1）$2,\ 4,\ 8,\ \cdots,\ 2^n,\ \cdots=\{2^n\}$；　（2）$\dfrac{1}{2},\ \dfrac{1}{4},\ \dfrac{1}{8},\ \cdots,\ \dfrac{1}{2^n},\ \cdots=\{\dfrac{1}{2^n}\}$；

　（3）$1,\ -1,\ 1,\ \cdots,\ (-1)^{n+1},\ \cdots=\{(-1)^{n+1}\}$；

　（4）$2,\ \dfrac{1}{2},\ \dfrac{4}{3},\ \cdots,\ \dfrac{n+(-1)^{n-1}}{n},\ \cdots=\{\dfrac{n+(-1)^{n-1}}{n}\}=\{1+\dfrac{(-1)^{n-1}}{n}\}$。

注意：数列对应着数轴上的一个点列；

注意：数列是正整数为自变量的函数，即 $x_n=f(n)$。

案例 2.6　观察数列 $2,\ \dfrac{1}{2},\ \dfrac{4}{3},\ \cdots,\ \dfrac{n+(-1)^{n-1}}{n},\ \cdots=\{\dfrac{n+(-1)^{n-1}}{n}\}=\{1+\dfrac{(-1)^{n-1}}{n}\}$ 当 $n\to\infty$ 时的变化趋势。

【思考题】　当 n 无限增大时，$\{x_n\}$ 是否无限接近于某一确定的数值？如果是，如何确定？

通过图 2-4 演示实验的结果，可以看出当 n 无限增大时，数列 $\left\{1+\dfrac{(-1)^{n-1}}{n}\right\}$ 从 1 的上下两侧无限地靠近 1。

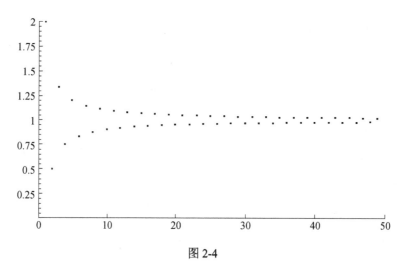

图 2-4

也可以通过表 2-1 取数值来观察，同样会发现当 n 无限增大时，数列 $\left\{1+\dfrac{(-1)^{n-1}}{n}\right\}$ 从大于 1 和小于 1 两侧无限地接近 1。

表 2-1

n	99	100	999	1 000	9 999	…
$1+\dfrac{(-1)^{n-1}}{n}$	1.010 1	0.99	1.001	0.999 99	1.000 1	…

【思考题】 "无限接近"意味着什么？如何用数学语言刻画它？

定义 2.2 对于数列 $\{x_n\}$，当项数 n 无限增大（$n \to \infty$）时，如果数列通项 $x_n = f(n)$ 能与一个确定的常数 a 无限接近，则称该数列以 a 为极限，或者说常数 a 是数列 $\{x_n\}$ 的极限，记为

$$\lim_{n\to\infty} x_n = a \qquad \text{或者} \qquad x_n \to a \;(n \to \infty)$$

有极限的数列也称为收敛数列，如果数列没有极限，则称数列是发散的。

例 2.2 观察下列数列的变化趋势，指出它们的极限。

（1）$2,\ 4,\ 8,\ \cdots,\ 2^n,\ \cdots$；　　（2）$\dfrac{1}{2},\ \dfrac{1}{4},\ \dfrac{1}{8},\ \cdots,\ \dfrac{1}{2^n},\ \cdots$　　（3）$1,\ -1,\ 1,\ \cdots,\ (-1)^{n+1},\ \cdots$。

解 （1）当 n 无限增大时，2^n 也无限增大而不趋近于一个确定常数，所以，这个数列没有极限，记为 $\lim\limits_{n\to\infty} 2^n = \infty$；

（2）当 n 无限增大时，$\dfrac{1}{2^n}$ 的变化趋势是无限减小而趋近于一个确定常数 0，所以，这个数列有极限，记为 $\lim\limits_{n\to\infty}\dfrac{1}{2^n} = 0$；

（3）当 n 无限增大时，$(-1)^{n+1}$ 的变化趋势是在 1 和 -1 两个数中来回摆动，而不趋近于一个确定常数，所以，这个数列没有极限，记为 $\lim\limits_{n\to\infty}(-1)^{n+1}$ 不存在。

数列的极限定义强调的是当数列的项数 n 无限增大时，通项 x_n 无限趋近于一个确定的常数。对于常数数列 $x_n=C$（C 为常数），当 n 无限增大时，x_n 总是等于常数 C，所以，常数数列的极限就是这个常数本身，即 $\lim\limits_{n\to\infty}C=C$。

收敛数列 $\{x_n\}$ 有如下性质（性质的证明省略）。

（1）收敛数列的极限是唯一的。

（2）收敛数列必是有界数列。

（3）（数列极限的四则运算法则）假定 $\lim\limits_{n\to\infty}x_n$ 及 $\lim\limits_{n\to\infty}y_n$ 存在，则有：

① $\lim\limits_{n\to\infty}(x_n\pm y_n)=\lim\limits_{n\to\infty}x_n\pm\lim\limits_{n\to\infty}y_n$；

② $\lim\limits_{n\to\infty}(x_n\cdot y_n)=\lim\limits_{n\to\infty}x_n\cdot\lim\limits_{n\to\infty}y_n$；

$\lim\limits_{n\to\infty}(C\cdot x_n)=C\cdot\lim\limits_{n\to\infty}x_n$。

③ $\lim\limits_{n\to\infty}\dfrac{x_n}{y_n}=\dfrac{\lim\limits_{n\to\infty}x_n}{\lim\limits_{n\to\infty}y_n}$（其中，$\lim\limits_{n\to\infty}y_n\neq 0$）。

例 2.3　求 $\lim\limits_{n\to\infty}\dfrac{7n^2+3n+5}{2n^2+n+1}$。

解　分子分母同时除以它们的最高次方，可得

$$\lim_{n\to\infty}\frac{7n^2+3n+5}{2n^2+n+1}=\lim_{n\to\infty}\frac{7+\dfrac{3}{n}+\dfrac{5}{n^2}}{2+\dfrac{1}{n}+\dfrac{1}{n^2}}=\frac{7+0+0}{2+0+0}=\frac{7}{2}。$$

例 2.4　求 $\lim\limits_{n\to\infty}\dfrac{3n^2}{2n^3+n}$。

解　$\lim\limits_{n\to\infty}\dfrac{3n^2}{2n^3+n}=\lim\limits_{n\to\infty}\dfrac{\dfrac{3n^2}{n^3}}{\dfrac{2n^3+n}{n^3}}=\dfrac{0}{2+0}=0$（分子分母同时除以它们的最高次方）。

【数学文化】方程思想

从小学到大学，我们已遇到很多方程问题，如一元一次方程、一元二次方程、多元一次方程组等，方程思想就是研究已知量与未知量之间的等量关系，通过合理假设未知量，根据实际问题中已知量与未知量的关系写出方程或方程组，再通过解方程或方程组，实现求出未知量的思维方式。方程思想培养人类借助已知和未知的关系寻求解决问题的思维模式。

例如，小明 12 岁那年，梦想的礼物是一辆漂亮的自行车，可妈妈认为小明太小，骑自行车不安全，妈妈对他说："当我的年龄是你的 3 倍时，我一定送你一辆漂亮的自行车。"那时妈妈 44 岁，小明到底几岁得到自行车的？解这个问题时，根据已有的关系建立方程会非常简单，先设再过 r 年得到自行车，则有方程 $44+r=3(12+r)\Rightarrow r=4$，所以小明 16 岁那年得到自行车，妈妈正好 48 岁。

2.3 函数极限

案例 2.7 连续复利函数问题。

设现在有本金 A 元，r 为银行的年利率，如果一年计息一次，那么年末本利和应为

$$A + Ar = A(1+r)$$

如果一年计算利息两次（每半年计算一次利息），每次利率为 $\dfrac{r}{2}$，半年本利和应为

$$A + A\frac{r}{2} = A\left(1 + \frac{r}{2}\right)$$

一年末本利和就应为

$$A\left(1 + \frac{r}{2}\right) + A\left(1 + \frac{r}{2}\right)\frac{r}{2} = A\left(1 + \frac{r}{2}\right)\left(1 + \frac{r}{2}\right) = A\left(1 + \frac{r}{2}\right)^2$$

同理可得，一年计算三次利息时，一年末本利和应为 $A\left(1 + \dfrac{r}{3}\right)^3$……如果一年计息 n 次，那么一年末本利和应为

$$A\left(1 + \frac{r}{n}\right)^n$$

如果按连续复利方式计算利息，也就是随时计算利息，一年计算利息无穷多次，它的数学表示就是 $n \to \infty$，那么由极限思想可知，一年末本利和应为

$$S = \lim_{n \to \infty} A\left(1 + \frac{r}{n}\right)^n$$

这就是连续复利函数的计算方法。（其极限值我们在后面的内容中给出）

1. 自变量 x 的六种变化趋势

在函数 $y = f(x)$ 中，自变量 x 的变化趋势有以下六种：

① x 沿 x 轴正向无限增大，记为 $x \to +\infty$；

② x 沿 x 轴负向绝对值无限增大，记为 $x \to +\infty$；

③ x 的绝对值无限增大，记为 $x \to \infty$；

④ x 从 x_0 左边无限趋近常数 x_0，记为 $x \to x_0^-$；

⑤ x 从 x_0 右边无限趋近常数 x_0，记为 $x \to x_0^+$；

⑥ x 从 x_0 左右两边无限趋近常数 x_0，记为 $x \to x_0$。

2. 当 $x \to \infty$ 时，函数 $y = f(x)$ 的极限

案例 2.8 观察函数 $y = \dfrac{\sin x}{x}$ 当 $x \to \infty$ 时的变化趋势。

通过图 2-5 演示实验的结果，可以看出当 $x \to \infty$ 时，函数从 x 轴的上下两侧无限地靠

近 x 轴，也就是说，$y = \dfrac{\sin x}{x}$ 的函数值的变化趋势是无

限地趋近于数值 0。

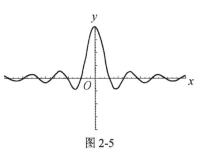

图 2-5

【思考题】 函数 $y = f(x)$ 在 $x \to \infty$ 的过程中，对应函数值 $f(x)$ 能否无限趋近于一个确定的值？

定义 2.3　如果当 x 的绝对值无限增大时，即 $x \to \infty$ 时，函数 $f(x)$ 与一个确定的常数 A 无限接近，那么称 A 为函数 $f(x)$ 当 $x \to \infty$ 时的极限（也称当 $x \to \infty$ 时，$f(x)$ 收敛于 A），记为

$$\lim_{x \to \infty} f(x) = A \qquad 或者 \qquad f(x) \to A \quad (x \to \infty)$$

注意： 定义 2.3 中 x 的绝对值无限增大，即 $x \to \infty$ 是指 $x \to +\infty$ 且 $x \to -\infty$。

注意： 只考查 $x \to +\infty$ 时的极限，记为 $\lim\limits_{x \to +\infty} f(x) = A$；

只考查 $x \to -\infty$ 时的极限，记为 $\lim\limits_{x \to -\infty} f(x) = A$。

案例 2.8　通过定义 2.3 可以确定函数 $y = \dfrac{\sin x}{x}$ 在 $x \to \infty$ 的极限为 0，可写为 $\lim\limits_{x \to \infty} \dfrac{\sin x}{x} = 0$。

例 2.5　确定函数 $f(x) = \dfrac{1}{x}$ 在 $x \to \infty$ 时的极限。

解　通过观察图 2-6，当 $x \to +\infty$ 时，$\dfrac{1}{x}$ 沿着 x 轴右侧从 x 轴上方无限地靠近 x 轴；当 $x \to -\infty$ 时，$\dfrac{1}{x}$ 沿着 x 轴左侧从 x 轴下方无限地靠近 x 轴；也就是说，当 $x \to \infty$ 时，函数值 $\dfrac{1}{x}$ 沿着 x 轴左右两侧从 x 轴上下两方无限趋近于常数 0，所以 $\lim\limits_{x \to \infty} \dfrac{1}{x} = 0$。

例 2.6　确定函数 $f(x) = \arctan x$ 在 $x \to \infty$ 时的极限。

解　通过观察图 2-7，当 $x \to +\infty$ 时，有 $\lim\limits_{x \to +\infty} \arctan x = \dfrac{\pi}{2}$，当 $x \to -\infty$ 时，有 $\lim\limits_{x \to -\infty} \arctan x = -\dfrac{\pi}{2}$，也就是说，当 $x \to \infty$ 时，$\arctan x$ 不趋于一个确定的常数，所以 $\lim\limits_{x \to \infty} \arctan x$ 不存在。

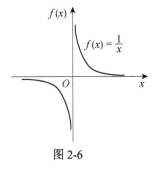

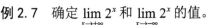

图 2-6

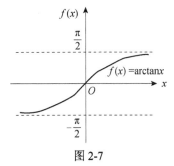

图 2-7

例 2.7　确定 $\lim\limits_{x \to +\infty} 2^x$ 和 $\lim\limits_{x \to -\infty} 2^x$ 的值。

解 通过观察指数函数的图像可得 $\lim\limits_{x \to +\infty} 2^x = +\infty$ ， $\lim\limits_{x \to -\infty} 2^x = 0$ 。

【思考题】 $x \to +\infty$ 和 $x \to -\infty$ 时函数 $f(x)$ 的极限与 $x \to \infty$ 时函数 $f(x)$ 的极限有何关系？

定理 2.1 $\lim\limits_{x \to \infty} f(x) = A$ 的充分必要条件是 $\lim\limits_{x \to +\infty} f(x) = \lim\limits_{x \to -\infty} f(x) = A$ 。

3. 当 $x \to x_0$ 时，函数 $y = f(x)$ 的极限

案例 2.9 观察函数 $y = x$ 当 $x \to 1$ 时的变化趋势。

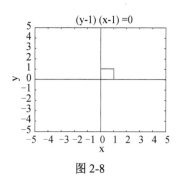

图 2-8

通过图 2-8 演示实验的结果，可以看出在 x 轴上，当 x 从 1 的左右两侧无限靠近 1 时，即 $x \to 1$ 时，在直线 $y = x$ 上 $x = 1$ 对应的点 $(1,1)$ 的上下两侧无限地靠近 $(1,1)$ 点，也就是说，$y = x$ 的函数值的变化趋势是无限地趋近数值 1。

【思考题】 函数 $y = f(x)$ 在 $x \to x_0$ 的过程中，对应函数值 $f(x)$ 能否无限趋近于一个确定的值？

定义 2.4 设函数 $f(x)$ 在点 x_0 附近有定义（但在点 x_0 处可以没有定义），如果当自变量 x 与定值 x_0 无限接近时，即 $x \to x_0$ 时，函数 $f(x)$ 无限接近一个确定的常数 A，那么称 A 为函数 $f(x)$ 当 $x \to x_0$ 时的极限，记为

$$\lim\limits_{x \to x_0} f(x) = A \qquad 或 \qquad f(x) \to A \ （x \to x_0）$$

注意： 定义 2.4 中 $x \to x_0$ 指的是 x 从 x_0 左右两侧同时趋近 x_0，即 $x \to x_0^+$ 且 $x \to x_0^-$。

注意： $\lim\limits_{x \to x_0} f(x) = A$ 与函数 $f(x)$ 在点 x_0 处是否有定义无关。

注意： 只考查 $x \to x_0^+$ 时的极限，记为 $\lim\limits_{x \to x_0^+} f(x) = A$；

只考查 $x \to x_0^-$ 时的极限，记为 $\lim\limits_{x \to x_0^-} f(x) = A$。

案例 2.9 通过定义 2.4 可以确定函数 $y = x$ 在 $x \to 1$ 的极限为 1，可写为 $\lim\limits_{x \to 1} x = 1$。

例 2.8 确定函数 $f(x) = \dfrac{x^2 - 1}{x - 1}$ 在 $x \to 1$ 时的极限。

解 当 $x = 1$ 时，$f(x)$ 没有定义，但在 $x = 1$ 附近，有

$$f(x) = \frac{x^2 - 1}{x - 1}$$
$$= \frac{(x + 1)(x - 1)}{x - 1}$$
$$= x + 1$$

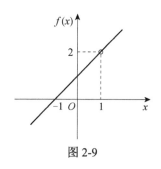

图 2-9

如图 2-9 所示，当 $x \to 1$ 时，函数 $y = x + 1$ 的函数值无限接近 2，即 $f(x) \to 2$，所以，

$$\lim\limits_{x \to 1} \frac{x^2 - 1}{x - 1} = \lim\limits_{x \to 1} (x + 1) = 2$$

由此例可知，函数 $f(x)$ 当 $x \to x_0$ 时，是否有极限与 $f(x)$ 在 x_0 处有无定义没有关系，即函数 $f(x)$ 当 $x \to x_0$ 时的极限与 $f(x)$ 在 $x \to x_0$ 处的函数值并不是一回事儿，两者不能混淆。

4. 单侧极限

【思考题】 设函数 $f(x) = \begin{cases} 1-x, & x < 0 \\ x^2+1, & x \geqslant 0 \end{cases}$，如何求 $\lim\limits_{x \to 0} f(x)$？

开始计算时才会发现，$f(x)$ 在 $x = 0$ 的周围有两个表达式，到底代入哪个表达式呢？下面来讲解左右极限。

定义 2.5　设函数 $f(x)$ 在点 x_0 左侧附近有定义（但在点 x_0 处可以没有定义），如果当自变量 x 从 x_0 的左侧无限接近 x_0 时，即 $x \to x_0^-$ 时，函数 $f(x)$ 无限接近于一个确定的常数 A，那么称 A 为函数 $f(x)$ 当 $x \to x_0$ 时的左极限，记为

$$\lim_{x \to x_0^-} f(x) = A \text{ 或 } f(x) \to A \text{（} x \to x_0^- \text{）或 } f(x_0 - 0) = A$$

同样，设函数 $f(x)$ 在点 x_0 右侧附近有定义（但在点 x_0 处可以没有定义），如果当自变量 x 从 x_0 的右侧无限接近 x_0 时，即 $x \to x_0^+$ 时，函数 $f(x)$ 无限接近于一个确定的常数 A，那么称 A 为函数 $f(x)$ 当 $x \to x_0$ 时的右极限，记为

$$\lim_{x \to x_0^+} f(x) = A \text{ 或 } f(x) \to A \text{（} x \to x_0^+ \text{）或 } f(x_0 + 0) = A$$

定理 2.2　$\lim\limits_{x \to x_0} f(x) = A$ 的充分必要条件是 $\lim\limits_{x \to x_0^+} f(x) = \lim\limits_{x \to x_0^-} f(x) = A$。

这就是说，当 $\lim\limits_{x \to x_0^+} f(x)$ 与 $\lim\limits_{x \to x_0^-} f(x)$ 中有一个不存在或虽然都存在但不相等时，$\lim\limits_{x \to x_0} f(x)$ 一定不存在。

例 2.9　求函数 $f(x) = \begin{cases} 2x, & 0 \leqslant x < 2 \\ 8-2x, & 2 \leqslant x \leqslant 4 \end{cases}$ 当 $x \to 2$ 时，$f(x)$ 的左、右极限，并说明当 $x \to 2$ 时，$f(x)$ 的极限是否存在。

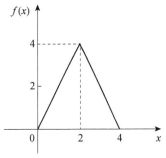

图 2-10

解　由图 2–10 可以看出，当 $x \to 2$ 时，
左极限 $\lim\limits_{x \to 2^-} f(x) = \lim\limits_{x \to 2^-} (2x) = 4$，右极限 $\lim\limits_{x \to 2^+} f(x) = \lim\limits_{x \to 2^+} (8 - 2x) = 4$，由于当 $x \to 2$ 时，函数 $f(x)$ 的左、右极限存在且相等，所以当 $x \to 2$ 时，函数 $f(x)$ 的极限存在，且有 $\lim\limits_{x \to 2} f(x) = 4$。

例 2.10　设函数 $f(x) = \begin{cases} x^2+1, & x < 0 \\ x-1, & x \geqslant 0 \end{cases}$，求 $\lim\limits_{x \to 0} f(x)$。

解　$\lim\limits_{x \to 0^-} f(x) = \lim\limits_{x \to 0^-} (x^2 + 1) = 1$，
　　$\lim\limits_{x \to 0^+} f(x) = \lim\limits_{x \to 0^+} (x - 1) = -1$，

虽然当 $x \to 0$ 时，$f(x)$ 的左、右极限都存在，但是它们不相等，

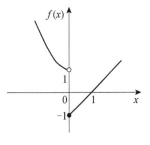

图 2-11

所以 $\lim\limits_{x \to 0} f(x)$ 不存在，从图 2-11 可以看出在 $x = 0$ 处曲线发生了跳跃。

例 2.11 设函数 $f(x) = \begin{cases} 1 - x, & x < 0 \\ x^2 + 1, & x \geqslant 0 \end{cases}$，证明 $\lim\limits_{x \to 0} f(x) = 1$。

证明 $\lim\limits_{x \to 0^-} f(x) = \lim\limits_{x \to 0^-}(1 - x) = 1$，

$\qquad \lim\limits_{x \to 0^+} f(x) = \lim\limits_{x \to 0^+}(x^2 + 1) = 1$，

当 $x \to 0$ 时，$f(x)$ 的左、右极限都存在且相等，所以 $\lim\limits_{x \to 0} f(x) = 1$。

例 2.12 验证 $\lim\limits_{x \to 0} \dfrac{|x|}{x}$ 不存在。

证明 $\lim\limits_{x \to 0^-} f(x) = \lim\limits_{x \to 0^-} \dfrac{-x}{x} = \lim\limits_{x \to 0^-}(-1) = -1$，

$\qquad \lim\limits_{x \to 0^+} f(x) = \lim\limits_{x \to 0^+} \dfrac{x}{x} = \lim\limits_{x \to 0^+} 1 = 1$，

虽然当 $x \to 0$ 时，$f(x)$ 的左、右极限都存在，但它们不相等，所以 $\lim\limits_{x \to 0} f(x)$ 不存在。

例 2.13 设函数 $f(x) = |x| = \begin{cases} -x, & x < 0 \\ x, & x \geqslant 0 \end{cases}$，求 $\lim\limits_{x \to 0} f(x)$。

解 $\lim\limits_{x \to 0^-} f(x) = \lim\limits_{x \to 0^-}(-x) = 0$，

$\qquad \lim\limits_{x \to 0^+} f(x) = \lim\limits_{x \to 0^+}(x) = 0$，

当 $x \to 0$ 时，$f(x)$ 的左、右极限都存在且相等，所以 $\lim\limits_{x \to 0} f(x) = 0$。

例 2.14 设函数 $f(x) = \begin{cases} \dfrac{1 - x^2}{1 - x}, & x \neq 1 \\ 1, & x = 1 \end{cases}$，求 $\lim\limits_{x \to 1} f(x)$，

解 当 $x \to 1$ 时，求函数 $f(x)$ 的极限，此时观察的是 $x = 1$ 周围函数 $f(x)$ 的变化趋势，所以 $f(x)$ 代入的表达式是 $x = 1$ 周围的表达式，而不是 $x = 1$ 的表达式，因此有

$$\lim\limits_{x \to 1} f(x) = \lim\limits_{x \to 1} \frac{1 - x^2}{1 - x} = \lim\limits_{x \to 1} \frac{(1 - x)(1 + x)}{1 - x} = \lim\limits_{x \to 1}(1 + x) = 2$$

极限的定义汇总如表 2-2 所示。

表 2-2

自变量变化趋势	函数变化	极限记号
当 $x \to +\infty$ 时		$\lim\limits_{x \to +\infty} f(x) = A$
当 $x \to -\infty$ 时		$\lim\limits_{x \to -\infty} f(x) = A$
当 $x \to -\infty$ 时	$f(x) \to A$	$\lim\limits_{x \to \infty} f(x) = A$
当 $x \to x_0^-$ 时		$\lim\limits_{x \to x_0^-} f(x) = A$
当 $x \to x_0^+$ 时		$\lim\limits_{x \to x_0^+} f(x) = A$
当 $x \to x_0$ 时		$\lim\limits_{x \to x_0} f(x) = A$

【能力训练 2.1】

1. 观察下列数列的变化趋势，并求极限。

（1）$\lim\limits_{n\to\infty}\left(1+\dfrac{1}{n}\right)$；　　　　　（2）$\lim\limits_{n\to\infty}(-1)^n$；　　　　　（3）$\lim\limits_{n\to\infty}\left(1-\dfrac{1}{n}\right)$；

（4）$\lim\limits_{n\to\infty}\left[1+\dfrac{(-1)^n}{n}\right]$；　　　　（5）$\lim\limits_{n\to\infty}\dfrac{2n^2+3n+1}{n^2-n}$；　　　（6）$\lim\limits_{n\to\infty}\dfrac{n^2-1}{n^3+n}$。

2. 判断下列函数极限是否存在，若存在，求出其极限。

（1）$\lim\limits_{x\to\pi}\cos x$；　　　（2）$\lim\limits_{x\to0}(2^x-1)$；　　　（3）$\lim\limits_{x\to\infty}\sin x$；　　　（4）$\lim\limits_{x\to0}e^{\frac{1}{x}}$

3. 已知 $f(x)=\begin{cases}x+2,\ 0\leqslant x<1\\ 3^x,\quad 1\leqslant x\leqslant5\end{cases}$，求 $\lim\limits_{x\to1}f(x)$。

4. 已知 $f(x)=\begin{cases}e^x,\quad x\leqslant0\\ 2x+5,\ x>0\end{cases}$，求 $\lim\limits_{x\to0}f(x)$。

5. 已知 $f(x)=\begin{cases}-1,\quad x\leqslant-1\\ 2x+1,\ -1<x<1\\ 6-x,\quad x\geqslant1\end{cases}$，求 $\lim\limits_{x\to1}f(x)$ 和 $\lim\limits_{x\to-1}f(x)$。

6. 出口一件毛衣需材料费、工人工资等共 30 元，织毛衣的设备每台需 5000 元（包括场地等开支），每台的生产能力是每月 100 件。现在考虑分散建立一批生产能力不超过每月 300 件的出口毛衣加工厂，若每月产量是 q 件，则一家这样的小厂的成本 C 为

$$C(q)=\begin{cases}5000+30q & 0<q\leqslant100\\ 5000\times2+30q & 100<q\leqslant200\\ 5000\times3+30q & 200<q\leqslant300\end{cases}$$

计算 $\lim\limits_{q\to100^+}C(q)$ 和 $\lim\limits_{q\to100^-}C(q)$，并判断 $\lim\limits_{q\to100}C(q)$ 是否存在。

7. （人口预测）现要对某地区人口进行预测，以科学地进行城市建设。已知这一地区 t（年）的人口数量 N（万）满足：

$$N(t)=\dfrac{567t^2+79t+230}{t^2+9t+50}$$

（1）求这一地区在 5 年规划、10 年规划中的人口数。

（2）预测这一地区人口数量的变化趋势。

【数学文化】极限思想

极限思想是近代数学的一个非常重要的思想，极限思想就是用极限概念分析问题和解决问题的一种数学思维方法。用极限思想解决问题的一般步骤如下：对于被考察的未知量，先设法构造一个与它有关的变量，被考察的未知量通过这个变量无限变化过程的结果来决定，最后利用极限计算得到结果。

极限思想是微积分的基本思想，极限思想方法是高等数学中必不可少的一种重要方法，也是高等数学与初等数学的本质区别之处。高等数学之所以能解决许多初等数学无法解决的问题，正是因为它运用了极限的思想方法。

通常要确定某一个量，但由于解决方法有限，能确定的不是这个量的本身而是它的近似值，并且所确定的近似值不是一个而是很多越来越准确的近似值。通过考察这些近似值的趋向，确定这个量的准确值，这就是极限的思想方法。

与一切科学的思想方法相同，极限思想也是社会实践的重要产物。极限思想最早可以追溯到我国古代，我国大数学家刘徽的割圆术就是建立在直观基础上的极限思想的应用；古希腊人常用的穷竭法也蕴含了极限思想。

到了 16 世纪，荷兰数学家斯泰文在研究三角形重心的过程中，他借助几何的直观性，大胆地运用极限思想来思考问题。他指出了把极限方法发展成为一个实用概念的方向。

极限思想的进一步发展与微积分的建立联系密切。16 世纪，资本主义萌芽时期的欧洲处于生产力得到极大的发展的时期，生产和技术中大量的问题，单用初等数学的方法已无能为力了，要求数学冲破只研究常量的壁垒，发现能够用以描述和研究运动、变化过程的新工具，这就促进了极限的发展。当时正因为缺乏严格的极限定义，牛顿和莱布尼兹用无穷小概念建立的微积分受到人们的怀疑与攻击。

在相当长一段时间里，微积分理论基础的问题一直都未能解决。这是因为数学的研究对象已从常量扩展到变量，但人们对变量数学的规律还不清晰，对变量数学和常量数学的区别和联系还缺乏认识；对有限和无限的对立统一关系也不明确。因此，人们习惯了处理常量数学的传统思想方法，很难适应变量数学的新需求。到了 18 世纪，罗宾斯、达朗贝尔与罗依里埃等人先后明确地提出将极限作为微积分的基础概念，并且各自对极限做出了定义。然而，这些人的定义都无法摆脱对几何直观的依赖，而关于极限的本质也仍未说清楚。到了 19 世纪，在前人工作的基础上，法国数学家柯西较完整地阐述了极限概念及其理论，他试图消除极限概念中的几何直观性，但柯西的定义中还存在描述性的词语，如"无限趋近"、"要多小就多小"等词，仍然存在着几何的直观痕迹，没有实现彻底严谨。最终，由魏尔斯特拉斯提出了极限的静态的定义，为微积分提供了严格的理论基础。

2.4　无穷小与无穷大

2.4.1　无穷小

案例 2.10　用洗衣机洗衣物时要使用洗衣液，漂洗次数越多，衣物上残留的洗衣液就越少，当洗涤次数无限增多时，衣物上残留的洗衣液就会趋于零。

定义 2.6　如果在自变量的某一变化趋势 $x \to a$ 下，a 可以是任何实数 x_0 或 ∞，函数

$f(x)$ 的极限为零，即 $\lim\limits_{x\to a} f(x)=0$，则称 $f(x)$ 是自变量在 $x\to a$ 下的无穷小。

例如，由于 $\lim\limits_{x\to 3}(x-3)=0$，因此 $x-3$ 是当 $x\to 3$ 时的无穷小，而当 $x\to 5$ 时，$x-3$ 就不是无穷小；又如，考察函数 $y=\dfrac{1}{x}$ 可知 $\lim\limits_{x\to\infty}\dfrac{1}{x}=0$，即当 $x\to\infty$ 时，$\dfrac{1}{x}$ 是无穷小，而当 $x\to 9$ 时，$\dfrac{1}{x}$ 并不与数 0 无限接近，而与数 1/9 无限接近，此时 $\dfrac{1}{x}$ 就不是无穷小。所以指出一个函数 $f(x)$ 是无穷小时，必须指明自变量 x 的变化趋势。

注意：无穷小是变量，不能与很小的数混淆。

注意：零是可以作为无穷小的唯一的数。

无穷小有着很好的运算性质。

性质 2.1　有限个无穷小的代数和仍是无穷小。

性质 2.2　有界函数（当然包括常数）与无穷小的乘积仍是无穷小。

性质 2.3　有限个无穷小的乘积仍是无穷小。（以上各性质的证明省略。）

例 2.15　求当 $x\to 0$ 时，$x\sin\dfrac{1}{x}$ 及 $x^2\arctan\dfrac{1}{x}$ 是否为无穷小。

解　由于 $\lim\limits_{x\to 0} x=0$，即当 $x\to 0$ 时，x 是无穷小，

而 $\left|\sin\dfrac{1}{x}\right|\leqslant 1$ 恒成立，

由性质 2.2 得　$\lim\limits_{x\to 0} x\sin\dfrac{1}{x}=0$，

所以，$x\sin\dfrac{1}{x}$ 是 $x\to 0$ 时的无穷小。

同理，由于 $\lim\limits_{x\to\infty} x^2=0$，即当 $x\to 0$ 时，x^2 是无穷小，

而 $\left|\arctan\dfrac{1}{x}\right|<\dfrac{\pi}{2}$ 恒成立，

由性质 2.2 得　$\lim\limits_{x\to 0} x^2\arctan\dfrac{1}{x}=0$，

所以，$x^2\arctan\dfrac{1}{x}$ 是 $x\to 0$ 时的无穷小。

2.4.2　无穷大

定义 2.7　如果在自变量的某一变化趋势 $x\to a$ 下，a 可以是任何实数 x_0 或 ∞，函数 $f(x)$ 的极限为 ∞，即 $\lim\limits_{x\to a} f(x)=\infty$，则称 $f(x)$ 是自变量在 $x\to a$ 下的无穷大。

而把总取正值的无穷大称为正无穷大，把总取负值的无穷大称为负无穷大，分别记为

$$\lim\limits_{x\to a} f(x)=+\infty，\quad \lim\limits_{x\to a} f(x)=-\infty$$

例如，观察对数函数 $y=\ln x$ 的图像可得到 $\lim\limits_{x\to+\infty}\ln x=+\infty$，$\lim\limits_{x\to 0^+}\ln x=-\infty$，即可有结论

$y = \ln x$ 在 $x \to +\infty$ 时为正无穷大，在 $x \to 0$ 的右侧时为负无穷大。

注意： 无穷大是变量，不能与很大的数混淆。

注意： 切勿将 $\lim\limits_{x \to a} f(x) = \infty$ 认为函数的极限存在。

注意： 一个函数是无穷大时，必须指明自变量的变化趋势。

例如，观察函数 $y = 2^x$ 的图形知 $\lim\limits_{x \to +\infty} 2^x = +\infty$，即当 $x \to +\infty$ 时，$y = 2^x$ 是无穷大，但由于 $\lim\limits_{x \to -\infty} 2^x = 0$，可知当 $x \to -\infty$ 时，$y = 2^x$ 是无穷小，而不是无穷大。

2.4.3　无穷小与无穷大的关系

对无穷小和无穷大，我们有下面的定理。

定理 2.3　在自变量的同一变化过程中，如果 $\lim f(x) = \infty$，则 $\lim \dfrac{1}{f(x)} = 0$；反之，如果 $\lim f(x) = 0$，且 $f(x)$ 恒不为零，则 $\lim \dfrac{1}{f(x)} = \infty$。

例 2.16　求 $\lim\limits_{x \to \infty} \dfrac{1}{x^5 + 2}$。

解　因为 $x \to \infty$ 时，$x^5 + 2 \to \infty$，

所以 $x^5 + 2$ 为 $x \to \infty$ 时的无穷大，由定理 2.3 知

$$\lim\limits_{x \to \infty} \frac{1}{x^5 + 2} = 0$$

例 2.17　求 $\lim\limits_{x \to 1} \dfrac{1}{x^2 - 1}$。

解　因为 $x \to 1$ 时，$x^2 - 1 \to 0$，

所以 $x^2 - 1$ 为 $x \to 1$ 时的无穷小，由定理 2.3 知

$$\lim\limits_{x \to 1} \frac{1}{x^2 - 1} = \infty$$

【思考题】$y = x$ 是无穷大，对吗？

【能力训练 2.2】

1. 选择题。

（1）下列变量在给定的变化过程中为无穷小量的是（　　　）。

A. $2^x - 1 \ (x \to 0)$ 　　　　　　　　　　B. $\dfrac{1}{2x} \ (x \to 0)$

C. $\dfrac{1}{(x-1)^2} \ (x \to 0)$ 　　　　　　　D. $2^{-x} - 1 \ (x \to 1)$

（2）当 $x \to 0^+$ 时，下列变量中为无穷大量的是（　　　）。

A. $\ln x$ 　　　　　　B. e^{-x} 　　　　　　C. $\cos\dfrac{1}{x}$ 　　　　　　D. $\sin\dfrac{1}{x}$

（3）$x \to 0$ 时，以下变量不是无穷小量的是（　　　）。

A. $x \sin x$ 　　　　B. $x \sin \dfrac{1}{x}$ 　　　　C. $\cos \dfrac{1}{x}$ 　　　　D. $x \cos \dfrac{1}{x}$

2. 填空题。

（1）设 $\alpha(x)$、$\beta(x)$ 分别表示在给定某变化过程中的无穷小量、无穷大量，则在该变化过程中 $\dfrac{1}{\alpha(x)}$ 是 _____，$\dfrac{1}{\beta(x)}$ 是 _____。

（2）$f(x) = \dfrac{(x-1)(x-3)}{(x+1)(x-2)}$，若 $f(x)$ 为无穷小量，则 $x \to$ ____ 或 $x \to$ ____。

若 $f(x)$ 为无穷大量，则 $x \to$ ____ 或 $x \to$ ____。

3. 当 $x \to 0$ 时，下列变量中哪些是无穷小量，哪些是无穷大量？

（1）$100x$；　　　　（2）$\sqrt{x}$；　　　　（3）$\dfrac{2}{x}$；　　　　（4）$\dfrac{x}{0.001}$；

（5）$\dfrac{3x^2}{x}$；　　　　（6）$\sin x$；　　　　（7）$\dfrac{x}{2x^2}$；　　　　（8）$\cos x$。

【数学文化】沃利斯发明无穷符号

莫比乌斯带（图 2-12）常被认为是无穷大符号"∞"的创意来源，因为如果某个人站在一个巨大的莫比乌斯带的表面上沿着他能看到的"路"一直走下去，他就永远不会停下来。实际上，"∞"的发明比莫比乌斯带要早。

图 2-12

"∞"这个符号曾被罗马人用来表示 1000，后来又被用来表示很大的数，将 8 水平置放成"∞"来表示"无穷大"符号是在英国数学家沃利斯 1655 年出版的论文《算术的无穷大》中首次提出的。无穷的符号∞来自于拉丁文的"infinitas"，即"没有边界"的意思。它在神学、哲学、数学和日常生活中有着不同的理解。在气象学中，一个白色的无穷大符号"∞"表示"霾"。

沃利斯是 17 世纪最有才华的数学家之一，是微积分学的先驱者。他于 1616 年 12 月 3 日生于英国肯特郡的阿什福德，1703 年 11 月 8 日卒于牛津。他早年在剑桥大学学习神学、医学、天文、数学等，据说他是历史上第一个提出血液循环理论的人。1649 年起，他任牛津大学萨维尔教授；1662 年英国皇家学会成立，沃利斯是创建人之一；1655 年他出版的名著《算术的无穷大》，对牛顿产生了极大的影响，促使了微积分学的诞生。

2.5　函数的连续性

2.5.1　函数连续的概念

在现实生活中，许多量都是连续变化的，如植物的生长高度、气温升降、江河水位的变化等。这些量的变化图形是一条连续不断的曲线，反映到数学上就形成了连续的概念。

定义 2.8 如果函数 $f(x)$ 在点 x_0 处同时满足下面的三个条件：

（1）$f(x)$ 在 x_0 处有定义，即 $f(x_0)$ 有意义；

（2）$f(x)$ 在 x_0 处有极限，即 $\lim\limits_{x \to x_0} f(x)$ 存在；

（3）$f(x)$ 在 x_0 处的极限值等于 x_0 处的函数值，即 $\lim\limits_{x \to x_0} f(x) = f(x_0)$；

则称函数 $f(x)$ 在点 x_0 处是连续的，否则称函数 $f(x)$ 在点 x_0 处不连续（又称间断）。

例 2.18 试证函数 $f(x) = \begin{cases} x\sin\dfrac{1}{x}, & x \neq 0 \\ 0, & x = 0 \end{cases}$ 在 $x = 0$ 处连续。

证明 因为 $\lim\limits_{x \to 0} f(x) = \lim\limits_{x \to 0} x\sin\dfrac{1}{x} = 0$，$f(0) = 0$，

即 $\lim\limits_{x \to 0} f(x) = f(0)$，根据定义 2.8 可知函数 $f(x)$ 在 $x = 0$ 处连续。

若函数 $f(x)$ 在 $(a, x_0]$ 上有定义，且有 $\lim\limits_{x \to x_0^-} f(x) = f(x_0)$，则称函数 $f(x)$ 在点 x_0 处左连续，

若函数 $f(x)$ 在 $[x_0, a)$ 上有定义，且 $\lim\limits_{x \to x_0^+} f(x) = f(x_0)$，则称函数 $f(x)$ 在点 x_0 处右连续。

定理 2.4 函数 $f(x)$ 在点 x_0 处连续的充分必要条件是函数 $f(x)$ 在点 x_0 处既左连续又右连续。

例 2.19 讨论分段函数 $f(x) = \begin{cases} x^2 - 1, & -1 \leqslant x < 0 \\ x, & 0 \leqslant x < 1 \\ 2 - x, & 1 \leqslant x \leqslant 2 \end{cases}$ 在分段点 $x = 0$、$x = 1$ 处的连续性。

解 首先，讨论函数在 $x = 0$ 处的连续性，因为 $f(0) = 0$，

又因
$$\lim\limits_{x \to 0^-} f(x) = \lim\limits_{x \to 0^-} (x^2 - 1) = -1,$$
$$\lim\limits_{x \to 0^+} f(x) = \lim\limits_{x \to 0^+} x = 0,$$
$$\lim\limits_{x \to 0^-} f(x) \neq \lim\limits_{x \to 0^+} f(x),$$

于是就有 $\lim\limits_{x \to 0} f(x)$ 不存在，所以，$f(x)$ 在 $x = 0$ 处间断；

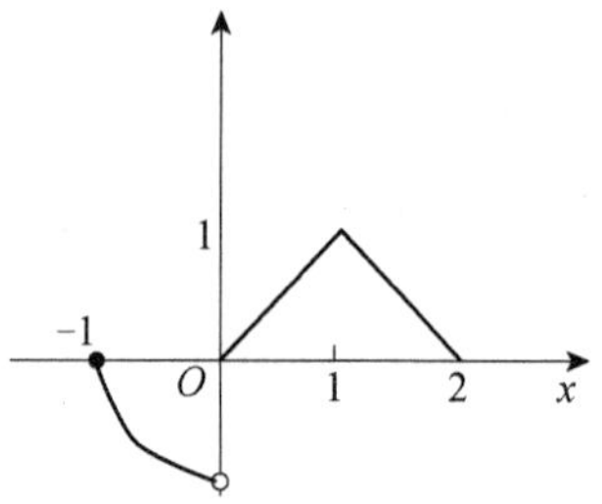

其次，讨论函数在 $x = 1$ 处的连续性，因为 $f(1) = 1$，

又因
$$\lim\limits_{x \to 1^-} f(x) = \lim\limits_{x \to 1^-} x = 1, \quad \lim\limits_{x \to 1^+} f(x) = \lim\limits_{x \to 1^+} (2 - x) = 1,$$

从而
$$\lim\limits_{x \to 1} f(x) = 1 = f(1),$$

图 2-13

所以，函数 $f(x)$ 在点 $x = 1$ 处连续，曲线如图 2-13 所示。

从图 2-13 可以看出，如果函数 $f(x)$ 在点 x_0 处连续，则曲线 $y = f(x)$ 在点 x_0 处没有发生断裂，是连绵不断的。

例 2.20 讨论函数 $f(x) = \begin{cases} x + 2, & x \geqslant 0 \\ x - 2, & x < 0 \end{cases}$ 在点 $x = 0$ 处的连续性。

解 在 $x = 0$ 处，因为 $f(0) = 2$，

又因

$$\lim_{x \to 0^-} f(x) = \lim_{x \to 0^-} (x-2) = -2 \neq f(0) ,$$

$$\lim_{x \to 0^+} f(x) = \lim_{x \to 0^+} (x+2) = 2 = f(0) ,$$

$$\lim_{x \to 0^-} f(x) \neq \lim_{x \to 0^+} f(x) ,$$

于是在 $x = 0$ 处右连续但不左连续，即 $\lim_{x \to 0} f(x)$ 不存在，所以，$f(x)$ 在 $x = 0$ 处不连续。

【思考题】 例 2.20 中函数 $f(x)$ 在 $x = 1$ 处的连续性如何判断？

如果函数 $f(x)$ 在开区间 (a,b) 内连续，则称函数 $f(x)$ 在开区间 (a,b) 内连续。如果函数 $f(x)$ 在开区间 (a,b) 内连续，而且在区间的左端点 $x = a$ 处右连续，右端点 $x = b$ 处左连续，则称函数 $f(x)$ 在闭区间 $[a,b]$ 上连续。

注意: 在区间上每一点都连续的函数，称为在该区间上的连续函数，或者说函数在该区间上连续。连续函数的图形是一条连续而不间断的曲线。

由定义 2.8 可知，函数 $f(x)$ 在点 x_0 处不连续（间断），表示至少发生以下三种情形中的一种：

（1）函数 $f(x)$ 在点 x_0 处没有定义；

（2）$\lim_{x \to x_0} f(x)$ 不存在；

（3）$\lim_{x \to x_0} f(x) \neq f(x_0)$ 。

如果函数 $f(x)$ 在点 x_0 处不连续，则把点 x_0 称为函数 $f(x)$ 的不连续点或间断点。

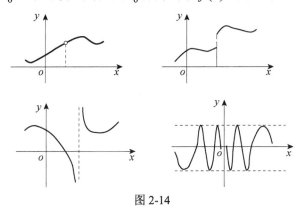

图 2-14

从图 2-14 中可以看出，曲线都不是连续曲线，曲线分别是可去型、跳跃型、无穷型、振荡型的间断。

【思考题】 图 2-24 与间断点的 3 种情形中哪种相对应？

2.5.2 初等函数的连续性

定理 2.5 基本初等函数在其定义域内都是连续的。

由极限的运算性质可以得到以下关于连续函数的运算性质。

定理 2.6 如果函数 $f(x)$ 和 $g(x)$ 都在点 x_0 处连续，那么：

（1）$f(x) \pm g(x)$、$f(x) \cdot g(x)$ 都在点 x_0 处连续；

（2）如果 $g(x_0) \neq 0$，则 $f(x)/g(x)$ 也在点 x_0 处连续。

定理 2.7 设函数 $y = f(u)$ 在点 u_0 处连续，函数 $u = \varphi(x)$ 在点 x_0 处连续，且 $u_0 = \varphi(x_0)$，则复合函数 $f[\varphi(x)]$ 在点 x_0 处也连续，即

$$\lim_{x \to x_0} f[\varphi(x)] = f[\lim_{x \to x_0} \varphi(x)] = f[\varphi(x_0)]$$

利用定理 2.5、定理 2.6 和定理 2.7，可以得到以下定理。

定理 2.8 一切初等函数在其定义区间内都是连续的。

注意：定义区间是指包含在定义域内的区间。

注意：定理 2.8 为我们提供了初等函数求极限的非常好的方法——代入法，即当求初等函数在其定义区间内某一点的极限时，只要把该点的函数值求出即可，即

$$\lim_{x \to x_0} f(x) = f(x_0)$$

例 2.21 求下列函数的极限。

（1）$\lim\limits_{x \to \frac{\pi}{2}} \sin x$ ；

（2）$\lim\limits_{x \to 0} \sqrt{1 - x^2}$ ；

（3）$\lim\limits_{x \to 1} \sin \sqrt{e^x - 1}$ ；

（4）$\lim\limits_{x \to 1} \dfrac{x^2 - 7x + 2}{x - 2}$ ；

（5）$\lim\limits_{x \to 1} \dfrac{e^x - \ln x}{3x - 2}$ 。

解： （1）$\lim\limits_{x \to \frac{\pi}{2}} \sin x = \sin \dfrac{\pi}{2} = 1$ ；

（2）$\lim\limits_{x \to 0} \sqrt{1 - x^2} = \sqrt{1 - 0^2} = 1$ ；

（3）$\lim\limits_{x \to 1} \sin \sqrt{e^x - 1} = \sin \sqrt{e^1 - 1} = \sin \sqrt{e - 1}$ ；

（4）$\lim\limits_{x \to 1} \dfrac{x^2 - 7x + 2}{x - 2} = \dfrac{1^2 - 7 \times 1 + 2}{1 - 2} = 4$ ；

（5）$\lim\limits_{x \to 1} \dfrac{e^x - \ln x}{3x - 2} = \dfrac{e^{1-1} - \ln 1}{3 \times 1 - 2} = 1$ 。

【能力训练 2.3】

1. 求下列函数的极限。

（1）$\lim\limits_{x \to \pi} \cos x$ ；

（2）$\lim\limits_{x \to 2} (3x - 5)$ ；

（3）$\lim\limits_{x \to 2} \dfrac{x^2 + 1}{x - 2}$ ；

（4）$\lim\limits_{x \to 2} \dfrac{x - 2}{\sqrt{x + 5}}$ ；

（5）$\lim\limits_{x \to 1} \dfrac{x^2 + 2x + 1}{2x + 3}$ ；

（6）$\lim\limits_{x \to 2} \ln(2x - 3)$ 。

2. 讨论分段函数 $f(x) = \begin{cases} 2x^2, & -1 \leqslant x < 0 \\ x, & 0 \leqslant x < 1 \\ 2 - 3x, & 1 \leqslant x \leqslant 2 \end{cases}$ 在分段点 $x = 0$、$x = 1$ 处的连续性。

【数学文化】参数思想

在生活中经常会遇到问题的条件和结论之间的关系不明确或很难发生关系的情况，这时若借助元素——参数为桥梁或探测器，可使问题的条件和结论顺利联系起来，它们之间的关系也可以变得明朗，借助外界力量——参数来解决问题的思维方法就是参数思想。参数思想解题的特点如下：引入合理参数、通过推理消去参数、最终显露结论。

例如，我们熟悉的直线方程 $y = kx + b$，若把 k 看做参数，则这个方程代表过定点 $(0, b)$ 的直线族，但消去参数 k，即 k 取定某值时，该方程就成为一条明确的直线；若把 b 看做参数，则这个方程代表斜率 k 为的直线族。

生于布达佩斯的美籍匈牙利数学家波利亚（George Polya，1887—1985）曾说过："引入辅助元素可使问题的概念更完整，更富有启发性，更为人所熟悉。"波利亚青年时期曾在布达佩斯、维也纳、巴黎等地攻读数学和物理及哲学，并获博士学位。1938 年，他在瑞士苏黎世工业大学任数理学院院长，1940 年移居美国，1963 年获美国数学协会功勋奖。他是法国科学院、美国全国科学院和匈牙利科学院的院士。

2.6　极限计算方法

与数列的极限类似，有以下函数极限的四则运算法则。

定理 2.9　在自变量 x 的同一变化趋势下（无论 $x \to \infty$ 还是 $x \to x_0$），若有 $\lim f(x) = A$、$\lim g(x) = B$（A, B 为常数），则有

（1）$\lim[f(x) \pm g(x)] = \lim f(x) \pm \lim g(x) = A \pm B$；

（2）$\lim Cf(x) = C \lim f(x) = C \times A$（$C$ 是常数）；

（3）$\lim[f(x) \times g(x)] = \lim f(x) \times \lim g(x) = A \times B$；

（4）$\lim \dfrac{f(x)}{g(x)} = \dfrac{\lim f(x)}{\lim g(x)} = \dfrac{A}{B}$（$B \neq 0$）；

（5）$\lim[f(x)]^n = [\lim f(x)]^n = A^n$。

其中，法则（1）和法则（3）可以推广到有限个函数的情形。

定理中记号 lim 是 $\lim\limits_{x \to x_0}$ 或 $\lim\limits_{x \to \infty}$ 等的略写，前后极限同属一个极限过程。今后该记号不再说明而直接采用了。

1．初等函数代入法

利用初等函数的连续性，若点 x_0 为初等函数 $f(x)$ 定义区间上的一点，则有在求初等函数 $f(x)$ 在点 x_0 处的极限时，只要把点 x_0 代入到函数 $f(x)$ 中，求得函数值 $f(x_0)$，所求极限即可求出，即

$$\lim_{x \to x_0} f(x) = f(x_0)$$

大家现阶段所接触的函数绝大部分是初等函数，所以在计算极限问题时可以最先考虑代入法。

例 2.22 求函数极限 $\lim\limits_{x \to \frac{\pi}{2}} \ln \sin x$。

解 函数 $\ln \sin x$ 为初等函数，并且 $\dfrac{\pi}{2}$ 为函数 $\ln \sin x$ 定义区间里的点，所以可以用代入法求此极限，即 $\lim\limits_{x \to \frac{\pi}{2}} \ln \sin x = \ln \sin \dfrac{\pi}{2} = 0$。

2. 直接运用极限四则运算法则

例 2.23 求 $\lim\limits_{x \to 2}(x^2 - 3x + 5)$。

解 $\lim\limits_{x \to 2}(x^2 - 3x + 5) = (\lim\limits_{x \to 2} x)^2 - 3\lim\limits_{x \to 2} x + \lim\limits_{x \to 2} 5 = 3$。

例 2.24 求 $\lim\limits_{x \to 1} \dfrac{x^3 - 2x + 3}{x^2 + 7}$。

解 因为在分式中分母的极限为
$$\lim_{x \to 1}(x^2 + 7) = (\lim_{x \to 1} x)^2 + \lim_{x \to 1} 7 = 8 \neq 0$$

分子的极限为
$$\lim_{x \to 1}(x^3 - 2x + 3) = (\lim_{x \to 1} x)^3 - 2\lim_{x \to 1} x + \lim_{x \to 1} 3 = 2$$

所以，由法则（4）得
$$\lim_{x \to 1} \frac{x^3 - 2x + 3}{x^2 + 7} = \frac{\lim\limits_{x \to 1}(x^3 - 2x + 3)}{\lim\limits_{x \to 1}(x^2 + 7)} = \frac{2}{8} = \frac{1}{4}$$

从例 2.23 和例 2.24 可以看出，若函数 $f(x)$ 为多项式函数或多项式的四则运算，则可以用代入法求极限，即 $\lim\limits_{x \to x_0} f(x) = f(x_0)$。

3. 利用无穷小与无穷大关系（$\dfrac{A}{0}$ 型）求极限

求函数极限时，若函数为初等函数，则可采用代入法，如果发现分母为零，分子为非零常数，那么结果就用无穷大与无穷小的关系来确定。

例 2.25 求 $\lim\limits_{x \to 1} \dfrac{4x - 1}{x^2 + 2x - 3}$。

解 因为在分式中分母的极限为 0，商的法则不能使用，即
$$\lim_{x \to 1}(x^2 + 2x - 3) = 1^2 + 2 \times 1 - 3 = 0$$

又因分子的极限为
$$\lim_{x \to 1}(4x - 1) = 4 \times 1 - 1 = 3$$

所以原函数的倒函数的极限为

$$\lim_{x \to 1} \frac{x^2 + 2x - 3}{4x - 1} = \frac{0}{3} = 0$$

由于无穷小量的倒数是无穷大量，所以当 $x \to 1$ 时，$\dfrac{4x-1}{x^2+2x-3}$ 是无穷大量，即

$$\lim_{x \to 1} \frac{4x - 1}{x^2 + 2x - 3} = \infty$$

4. 消去零因子法（$\dfrac{0}{0}$ 型）

求函数极限时，若函数为初等函数，则可采用代入法，如果发现分母为零，分子也为零，那么就说明分子和分母都含有零因子，消去零因子是解决的根本办法。

例 2.26　求 $\lim\limits_{x \to 1} \dfrac{x^2 - 1}{x^2 + 2x - 3}$。

解　因为在分式中分母的极限为 0，商的法则不能用，即

$$\lim_{x \to 1}(x^2 + 2x - 3) = 1^2 + 2 \times 1 - 3 = 0$$

又因分子的极限也为 0，即

$$\lim_{x \to 1}(x^2 - 1) = 0$$

可以看出 $x-1$ 是分子和分母在 $x \to 1$ 时的零因子，所以分子分母先分解因式，消去零因子，则有

$$\lim_{x \to 1} \frac{x^2 - 1}{x^2 + 2x - 3} = \lim_{x \to 1} \frac{(x+1)(x-1)}{(x+3)(x-1)} = \lim_{x \to 1} \frac{x+1}{x+3} = \frac{1}{2}$$

例 2.27　求 $\lim\limits_{x \to 0} \dfrac{\sqrt{1+x} - 1}{x}$。

解　$\lim\limits_{x \to 0} \dfrac{\sqrt{1+x} - 1}{x} = \lim\limits_{x \to 0} \dfrac{(\sqrt{1+x} - 1)(\sqrt{1+x} + 1)}{x(\sqrt{1+x} + 1)}$

$$= \lim_{x \to 0} \frac{1}{\sqrt{1+x} + 1} = \frac{1}{2}$$

例 2.28　求 $\lim\limits_{x \to \frac{\pi}{4}} \dfrac{\sin x - \cos x}{\cos 2x}$。

解　$\lim\limits_{x \to \frac{\pi}{4}} \dfrac{\sin x - \cos x}{\cos 2x} = \lim\limits_{x \to \frac{\pi}{4}} \dfrac{\sin x - \cos x}{\cos^2 x - \sin^2 x}$

$$= \lim_{x \to \frac{\pi}{4}} \frac{-1}{\cos x + \sin x}$$

$$= \frac{-1}{\cos \frac{\pi}{4} + \sin \frac{\pi}{4}} = -\frac{\sqrt{2}}{2}$$

5. 无穷小因子分出法（$\frac{\infty}{\infty}$型）

当求函数极限时，若函数为初等函数，则可采用代入法，如果发现分母为无穷大，分子也为无穷大，那么结果就用无穷小因子分出法来确定。

例 2.29　求 $\lim\limits_{x\to\infty}\dfrac{2x^2+3x}{3x^2+2x-1}$。

解　因为当 $x\to\infty$ 时，分子、分母都是无穷大，因此，先用分子分母的最高次方 x^2 同时去除分子、分母，得

$$\frac{2x^2+3x}{3x^2+2x-1}=\frac{2+\dfrac{3}{x}}{3+\dfrac{2}{x}-\dfrac{1}{x^2}}$$

当 $x\to\infty$ 时，$\dfrac{3}{x}$，$\dfrac{2}{x}$，$\dfrac{1}{x^2}$ 都是无穷小，即它们的极限都为 0，所以，所求极限为

$$\lim_{x\to\infty}\frac{2x^2+3x}{3x^2+2x-1}=\lim_{x\to\infty}\frac{2+\dfrac{3}{x}}{3+\dfrac{2}{x}-\dfrac{1}{x^2}}=\frac{2}{3}$$

上例所采用的方法称为无穷小分出法，一般用分子和分母中自变量的最高次幂分别去除分子、分母，以分出无穷小因子，再求极限。

例 2.30　求 $\lim\limits_{x\to\infty}\dfrac{2x^2+x+5}{x^3+x^2-2}$。

解　先用 x^3 除分子和分母，然后求极限可得

$$\lim_{x\to\infty}\frac{2x^2+x+5}{x^3+x^2-2}=\lim_{x\to\infty}\frac{\dfrac{2}{x}+\dfrac{1}{x^2}+\dfrac{5}{x^3}}{1+\dfrac{1}{x}-\dfrac{2}{x^3}}=0$$

例 2.31　求 $\lim\limits_{x\to\infty}\dfrac{x^3-2x^2+5}{x^2+7}$。

解　分子、分母同时除以 x^3，得

$$\lim_{x\to\infty}\frac{x^3-2x^2+5}{x^2+7}=\lim_{x\to\infty}\frac{1-\dfrac{2}{x}+\dfrac{5}{x^3}}{\dfrac{1}{x}-\dfrac{7}{x^3}}=\infty$$

从例 2.29、例 2.30 和例 2.31 可以看出，当 $a_0\neq0$，$b_0\neq0$ 时，有

$$\lim_{x\to\infty}\frac{a_0x^m+a_1x^{m-1}+\cdots+a_m}{b_0x^n+b_1x^{n-1}+\cdots+b_n}=\begin{cases}0 & ,\quad m<n\\[2mm]\dfrac{a_0}{b_0} & ,\quad m=n\\[2mm]\infty & ,\quad m>n\end{cases}$$

其中，m、n 为正整数。

6. 利用无穷小运算性质求极限

例 2.32 求 $\lim\limits_{x\to\infty}\dfrac{\sin x}{x}$ 。

解 由于 $\lim\limits_{x\to\infty}\dfrac{1}{x}=0$ ，即当 $x\to\infty$ 时，$\dfrac{1}{x}$ 是无穷小，而 $|\sin x|\leqslant 1$ 恒成立，

由性质 2.2 得 $\lim\limits_{x\to\infty}\dfrac{\sin x}{x}=0$ 。

7. 利用左右极限求分段函数分段点处的极限

例 2.33 设函数 $f(x)=\begin{cases}2x-1, & x\leqslant 1 \\ 5x-4, & x>1\end{cases}$ ，求 $\lim\limits_{x\to 1}f(x)$ 。

解 $\lim\limits_{x\to 1^-}f(x)=\lim\limits_{x\to 1^-}(2x-1)=1$ ，
$\lim\limits_{x\to 1^+}f(x)=\lim\limits_{x\to 1^+}(5x-4)=1$ 。

当 $x\to 1$ 时，$f(x)$ 的左、右极限都存在且相等，所以 $\lim\limits_{x\to 1}f(x)=1$ 。

8. 复合函数求极限

对复合函数求极限的方法如下：$\lim\limits_{x\to x_0}f[\varphi(x)]=f[\lim\limits_{x\to x_0}\varphi(x)]$ 。

例 2.34 求 $\lim\limits_{x\to 3}\sqrt{\dfrac{x-3}{x^2-9}}$ 。

解 $\lim\limits_{x\to 3}\sqrt{\dfrac{x-3}{x^2-9}}=\sqrt{\lim\limits_{x\to 3}\dfrac{x-3}{x^2-9}}=\sqrt{\lim\limits_{x\to 3}\dfrac{x-3}{(x-3)(x+3)}}=\sqrt{\lim\limits_{x\to 3}\dfrac{1}{x+3}}=\sqrt{\dfrac{1}{6}}$ 。

9. 两个重要极限

重要极限 1：$\lim\limits_{x\to 0}\dfrac{\sin x}{x}=1$ （$\dfrac{0}{0}$ 型）。

重要极限 1 还可推广为 $\lim\limits_{W\to 0}\dfrac{\sin W}{W}=1$ ，即 $\lim\limits_{x\to 0}\dfrac{\sin x}{x}=\lim\limits_{t\to 0}\dfrac{\sin t}{t}=\lim\limits_{\varphi(x)\to 0}\dfrac{\sin[\varphi(x)]}{\varphi(x)}=1$ 。

例 2.35 求 $\lim\limits_{x\to 0}\dfrac{\sin 5x}{x}$ 。

解 $\lim\limits_{x\to 0}\dfrac{\sin 5x}{x}=\lim\limits_{x\to 0}\left(5\cdot\dfrac{\sin 5x}{5x}\right)=5\lim\limits_{x\to 0}\dfrac{\sin 5x}{5x}=5$ 。

例 2.36 求 $\lim\limits_{x\to 0}\dfrac{\tan x}{x}$ 。

解 $\lim\limits_{x\to 0}\dfrac{\tan x}{x}=\lim\limits_{x\to 0}\left(\dfrac{\sin x}{x}\cdot\dfrac{1}{\cos x}\right)=\lim\limits_{x\to 0}\dfrac{\sin x}{x}\cdot\lim\limits_{x\to 0}\dfrac{1}{\cos x}=1\times 1=1$

例 2.37 求 $\lim\limits_{x\to 0}\dfrac{1-\cos x}{x^2}$ 。

解 $\lim\limits_{x\to 0}\dfrac{1-\cos x}{x^2}=\lim\limits_{x\to 0}\dfrac{2\sin^2\dfrac{x}{2}}{x^2}=\dfrac{1}{2}\lim\limits_{x\to 0}\left(\dfrac{\sin\dfrac{x}{2}}{\dfrac{x}{2}}\right)^2=\dfrac{1}{2}\left(\lim\limits_{\frac{x}{2}\to 0}\dfrac{\sin\dfrac{x}{2}}{\dfrac{x}{2}}\right)^2=\dfrac{1}{2}$

例 2.38 求 $\lim\limits_{x\to 0}\dfrac{\arctan x}{3x}$。

解 设 $\arctan x=t$，则 $\tan t=x$。

显然，当 $x\to 0$ 时，有 $t\to 0$，于是

$$\lim\limits_{x\to 0}\dfrac{\arctan x}{3x}=\lim\limits_{t\to 0}\dfrac{t}{3\tan t}=\dfrac{1}{3}\lim\limits_{t\to 0}\left(\dfrac{t}{\sin t}\cdot\cos t\right)=\dfrac{1}{3}$$

重要极限 2： $\lim\limits_{x\to\infty}\left(1+\dfrac{1}{x}\right)^x=\mathrm{e}$；$\lim\limits_{x\to 0}(1+x)^{\frac{1}{x}}=\mathrm{e}$。

由表 2-3 可以看出，当 $|x|$ 增大时，函数 $\left(1+\dfrac{1}{x}\right)^x$ 的值的变化趋势是无限趋近于无理数 e

（e= 2.7 182 818…），即 $\lim\limits_{x\to\infty}\left(1+\dfrac{1}{x}\right)^x=\mathrm{e}$。

表 2-3

x	10^2	10^3	10^4	10^5	10^6	$\cdots\to+\infty$
$\left(1+\dfrac{1}{x}\right)^x$	2.704 81	2.716 92	2.718 15	2.718 27	2.718 28	$\cdots\to\mathrm{e}$
x	-10^2	-10^3	-10^4	-10^5	-10^6	$\cdots\to-\infty$
$\left(1+\dfrac{1}{x}\right)^x$	2.732 00	2.719 64	2.718 41	2.718 30	2.718 28	$\cdots\to\mathrm{e}$

形如 $f(x)^{g(x)}$ 的函数称为幂指函数，显然，函数 $\left(1+\dfrac{1}{x}\right)^x$、$(1+x)^{\frac{1}{x}}$ 都是幂指函数。当

$x\to\infty$ 时，$\left(1+\dfrac{1}{x}\right)^x$ 呈 "1^∞" 的形式；当 $x\to 0$ 时，$(1+x)^{\frac{1}{x}}$ 也呈 "1^∞" 的形式。这样，重

要极限 2 常用于求 "1^∞" 型的幂指函数的极限。

同理，重要极限 2 也可以推广为 $\lim\limits_{W\to\infty}\left(1+\dfrac{1}{W}\right)^W=\mathrm{e}$；$\lim\limits_{W\to 0}(1+W)^{\frac{1}{W}}=\mathrm{e}$。

例 2.39 求 $\lim\limits_{x\to\infty}\left(1+\dfrac{7}{x}\right)^x$。

解 $\lim\limits_{x\to\infty}\left(1+\dfrac{7}{x}\right)^x=\lim\limits_{x\to\infty}\left(1+\dfrac{1}{\dfrac{x}{7}}\right)^{\frac{x}{7}\times 7}=\lim\limits_{x\to\infty}\left[\left(1+\dfrac{1}{\dfrac{x}{7}}\right)^{\frac{x}{7}}\right]^7$。

令 $t = \dfrac{x}{7}$，显然，当 $x \to \infty$ 时，$t \to \infty$，从而有

$$\lim_{x \to \infty}\left(1+\frac{7}{x}\right)^{x} = \lim_{t \to \infty}\left[\left(1+\frac{1}{t}\right)^{t}\right]^{7} = \left[\lim_{t \to \infty}(1+\frac{1}{t})^{t}\right]^{7} = e^{7}$$

例 2.40　求 $\displaystyle\lim_{x \to \infty}\left(1-\frac{1}{x}\right)^{x}$。

解　令 $t = -x$，显然，当 $x \to \infty$ 时，$t \to \infty$，从而得

$$\lim_{x \to \infty}\left(1-\frac{1}{x}\right)^{x} = \lim_{x \to \infty}\left(1+\frac{1}{-x}\right)^{x} = \lim_{t \to \infty}\left(1+\frac{1}{t}\right)^{-t} = \lim_{t \to \infty}\left[\left(1+\frac{1}{t}\right)^{t}\right]^{-1} = e^{-1} = \frac{1}{e}$$

例 2.41　求 $\displaystyle\lim_{x \to \infty}\left(\frac{3x+2}{3x+1}\right)^{x+\frac{4}{3}}$。

解　先将 $\dfrac{3x+2}{3x+1}$ 转换为 $1+\dfrac{1}{3x+1}$，然后令 $t = 3x+1$，则 $x = \dfrac{t-1}{3}$，

显然，当 $x \to \infty$ 时，$t \to \infty$，从而得

$$\begin{aligned}
\lim_{x \to \infty}\left(\frac{3x+2}{3x+1}\right)^{x+\frac{4}{3}} &= \lim_{x \to \infty}\left(1+\frac{1}{3x+1}\right)^{x+\frac{4}{3}} = \lim_{t \to \infty}\left(1+\frac{1}{t}\right)^{\frac{t}{3}+1} \\
&= \lim_{t \to \infty}\left[\left(1+\frac{1}{t}\right)^{\frac{t}{3}}\left(1+\frac{1}{t}\right)^{1}\right] \\
&= \lim_{t \to \infty}\left[\left(1+\frac{1}{t}\right)^{\frac{t}{3}}\right]\lim_{t \to \infty}\left[\left(1+\frac{1}{t}\right)^{1}\right] \\
&= \sqrt[3]{e}
\end{aligned}$$

现在解案例 2.7，一年末本利和计算模型求解过程为

$$S = \lim_{n \to \infty}A(1+\frac{r}{n})^{n} = A\lim_{\frac{n}{r} \to \infty}(1+\frac{1}{\frac{n}{r}})^{\frac{n}{r} \times r} = Ae^{r}$$

【能力训练 2.4】

1. 选择题。

（1）下列等式正确的是（　　　）。

A. $\displaystyle\lim_{x \to \infty}\frac{\sin x}{x} = 1$ 　　　　　　　　B. $\displaystyle\lim_{x \to \infty}x\sin\frac{1}{x} = 1$

C. $\displaystyle\lim_{x \to 0}x\sin\frac{1}{x} = 1$ 　　　　　　　　D. $\displaystyle\lim_{x \to \infty}\frac{\sin\frac{1}{x}}{x} = 1$

（2）下列等式正确的是（　　　）。

A. $\lim\limits_{x \to 0}\left(1+\dfrac{1}{x}\right)^{x} = e$

B. $\lim\limits_{x \to 0}(1-x)^{\frac{1}{x}} = e$

C. $\lim\limits_{x \to 0}\left(1+\dfrac{1}{x}\right)^{-x} = -e$

D. $\lim\limits_{x \to 0}(1+x)^{\frac{1}{x}} = e$

（3）下列等式不正确的是（　　）。

A. $\lim\limits_{x \to 0}\dfrac{\sin x}{x} = 1$

B. $\lim\limits_{x \to 0}\dfrac{x}{\sin x} = 1$

C. $\lim\limits_{x \to \infty} x\sin\dfrac{1}{x} = 1$

D. $\lim\limits_{x \to 0} x\sin\dfrac{1}{x} = 1$

2. 求下列函数的极限。

（1）$\lim\limits_{x \to \infty}\dfrac{5x^3 - 2x^2 + 1}{3x^3 + 2x^2 - 3}$；

（2）$\lim\limits_{x \to 2}\dfrac{x-2}{x^2-4}$；

（3）$\lim\limits_{x \to \infty}\dfrac{x^3 - 7x^2 + 1}{2x^2 - x - 3}$；

（4）$\lim\limits_{x \to 0}\dfrac{\sin 3x}{x}$；

（5）$\lim\limits_{x \to 0}\dfrac{\tan 2x}{x}$；

（6）$\lim\limits_{x \to 0}(1+4x)^{\frac{1}{x}}$；

（7）$\lim\limits_{x \to \infty}\left(1-\dfrac{8}{x}\right)^{x}$；

（8）$\lim\limits_{x \to 0}\dfrac{\sqrt{x+9}-3}{x}$；

（9）$\lim\limits_{x \to 1}\dfrac{\sin(x-1)}{x^2-1}$；

（10）$\lim\limits_{x \to 0}\dfrac{x^2\sin\dfrac{1}{x}}{\sin x}$；

（11）$\lim\limits_{x \to \infty}\left(1+\dfrac{2}{x}\right)^{x+2}$；

（12）$\lim\limits_{x \to 0}\left(\dfrac{x^3 - 3x + 1}{x - 4} + 1\right)$；

（13）$\lim\limits_{x \to -1}\dfrac{x^2 + 2x + 1}{x^2 - 1}$；

（14）$\lim\limits_{x \to +\infty}\dfrac{3x^2 - 2}{\sqrt{x^4 - x^2 + 1}}$。

【数学文化】归纳思想

通常，在研究一般性问题时，可以先研究几个简单的、个别的、特殊的情况，从中提炼、归纳、总结、发现一般的规律或性质。这种从特殊到一般的思维方法即为归纳思维。

归纳思维的数学表现形式就是数学归纳法，数学归纳法是沟通有限和无限的桥梁，它只关注两点：一是起点，二是传递关系。

1. 归纳法的妙用

一位动漫公司招聘一名设计师，现有三名应聘者，为了测试应聘者对绘画设计掌握的程度，公司人力资源部出了一道题目：要求三名应聘者各自用最经济的笔墨，在一张 A4 纸上画出最多的骆驼。

第一个应聘者为了多画一些，他把骆驼画得很小很小、很密很密，纸上显示出密密麻麻的一群骆驼；第二个应聘者为了节省笔墨，他只画骆驼头，从纸上可以看到许许多多骆驼；第三个应聘者在纸上只用笔勾画出两座山峰，再从山谷中走出一只骆驼，后面还有一只骆驼只露出半截身子。

三张设计画稿交上去，第三个应聘者的设计因构思巧妙、笔墨经济、以少含多而被认定为最佳作品。为什么呢？

第一个和第二个应聘者的设计画，无论画了很多很多的骆驼还是骆驼头，都是有限的骆驼，但第三个应聘者的设计画中画出了无穷的感觉，这里实际上巧妙地利用了人们善于归纳与联想的思想，是归纳法原理的生活化。

2. 归纳法的不当使用

从前，有一个财主给他的儿子找了一位老师，第一天老师画了一横，说这是一个"一"字，第二天老师画了两横，说这是一个"二"字，到了第三天，财主儿子想今天老师一定会教"三"字，就预先在纸上画了三横，果然，这天老师画了三横，说这是"三"字。于是财主儿子就得出了一个结论：四、五……一定是四横、五横……所以就对财主说："爸爸，你用不着请老师了，我都会了。"，于是财主很高兴，就把老师辞退了。过了几天，财主要请一位姓万的亲戚吃饭，就让儿子写请帖，可是等了半天，也不见儿子出来，财主就亲自到儿子房间去催，只见儿子趴在地上，满头大汗，一见到财主就抱怨说："姓什么不好，偏要姓万，从大清早到现在，我才画了五百多横。"

2.7　生活中的极限问题

极限应用较多体现在：对事物的发展做某种预测（包括中长期分析和远期预测），分析其规律以便决策。

例 2.42　（存款利息）现有一笔资金 50 000 元准备以定期方式存入银行，银行年利率为 3%，存款 1 年，问：

（1）按复利计算，1 年后的本利和是多少？

（2）按连续复利计算，1 年后的本利和是多少？

解　案例 2.7 已推出本题（2）的计算模型，设 $A = 50\ 000, r = 3\%$。

按复利计算，1 年后的本利和为 $S = A(1+r) = 50\ 000 \times 1.03 = 51\ 500$。

按连续复利计算，1 年后的本利和为

$$S = \lim_{n \to \infty} A(1 + \frac{r}{n})^n = A \lim_{\frac{n}{r} \to \infty} (1 + \frac{1}{\frac{n}{r}})^{\frac{n}{r} \times r} = A e^r = 50\ 000 \times e^{0.03}$$

例 2.43　某实验室用 500 只老鼠做某一传染性疾病实验，以检验它的传播理论。由实验分析得到 t 天后，感染数目 N 的数学模型如下：

$$N = \frac{500}{1 + 99 e^{-0.2t}}$$

（1）实验开始时，有多少只老鼠感染此疾病？

（2）预测很多天后，传染病的传播数量。

解　（1）$N(0) = \dfrac{500}{1+99\mathrm{e}^{-0.2t}}\Big|_{t=0} = 5$。

（2）预测很多天后，传染病的传播数量，实际上是观察时间无限增大时，感染数目的极限，即

$$\lim_{t \to +\infty} \frac{500}{1+99\mathrm{e}^{-0.2t}} = \lim_{t \to +\infty} \frac{500}{1+99\dfrac{1}{\mathrm{e}^{0.2t}}} = 500$$

例 2.44　（游戏软件销售）现开发出一新的游戏软件，短期内销售量迅速增加，过了一段时间开始下降，销售量与月份 t 有如下关系：

$$Q(t) = \frac{300t}{t^2 + 150}$$

（1）现要统计游戏推出一年、四年后的销售量；

（2）现预测此游戏的长期销售情况。

解　（1）游戏推出一年和四年后的销售量分别为 $Q(12) \approx 12.25$，$Q(48) \approx 5.87$。

（2）预测此游戏的长期销售情况，实际上是观察时间无限延长时，销售量的变化趋势，即

$$\lim_{t \to +\infty} Q(t) = \lim_{t \to +\infty} \frac{300t}{t^2 + 150} = 0$$

例 2.45　（人口预测）现要对某地区人口进行预测，以科学地进行城市建设。已知这一地区 t（年）的人口数量 N（万）满足：

$$N(t) = 387\mathrm{e}^{-2\mathrm{e}^{-0.6t}}$$

（1）这一地区在 5 年规划、10 年规划中的人口数；

（2）预测这一地区人口数量的变化趋势。

解　（1）这一地区在 5 年规划、10 年规划中的人口数为 N（5）、N（10）；

（2）预测这一地区人口数量的变化趋势为

$$\lim_{t \to +\infty} N(t) = \lim_{t \to +\infty} 387\mathrm{e}^{-2\mathrm{e}^{-0.6t}} = \lim_{t \to +\infty} 387\mathrm{e}^{-2\frac{1}{\mathrm{e}^{0.6t}}} = 387$$

【思考题】例 2.45 中问题（1）中的 N（5）和 N（10）如何计算？尝试用 MATLAB 来计算。

2.8　拓展学习

2.8.1　函数的连续性

1. 连续的第二定义

定义 2.9　设函数 $f(x)$ 在点 x_0 的附近有定义，当自变量 x 由 x_0 变到 x_1 时，则称 $x_1 - x_0$ 为自变量 x 在 x_0 处的增量（或改变量），记为 Δx，即

$$\Delta x = x_1 - x_0$$

相应的，$f(x)$ 由函数值 $f(x_0)$ 变到函数值 $f(x_1)$，则称 $f(x_1) - f(x_0)$ 为函数 $f(x)$ 在 x_0 处的增量（或改变量），并记为 Δy，即

$$\Delta y = f(x_1) - f(x_0) \text{ 或 } \Delta y = f(x_0 + \Delta x) - f(x_0)$$

定义 2.10 设函数 $f(x)$ 在点 x_0 的附近有定义，自变量在点 x_0 处的增量 Δx 无限趋于零时，函数的增量 Δy 也无限趋于零，即

$$\lim_{\Delta x \to 0} \Delta y = \lim_{\Delta x \to 0} [f(x_0 + \Delta x) - f(x_0)] = 0$$

则称函数 $f(x)$ 在点 x_0 处是连续的，点 x_0 为函数 $f(x)$ 的连续点。

2. 闭区间上连续函数的性质

定义 2.11 设函数 $f(x)$ 在区间 I 上有定义，x_0 是区间 I 上的一点，如果对于区间 I 上的所有点 x，总有 $f(x_0) \geqslant (\leqslant) f(x)$ 成立，则称 $f(x_0)$ 为函数 $f(x)$ 在区间 I 上的最大（小）值。

定理 2.10 （最大值与最小值定理）若函数 $f(x)$ 是闭区间 $[a,b]$ 上的连续函数，则 $f(x)$ 在 $[a,b]$ 上一定能取得最大值和最小值。

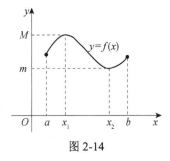

图 2-14

函数 $y = f(x)$ 在闭区间 $[a,b]$ 上连续，如图 2-14 所示，显然，在 $x = x_1$ 处取得最大值 $f(x_1) = M$，在 $x = x_2$ 处取得最小值 $f(x_2) = m$。

注意： 如果函数在开区间内连续，或者在闭区间上不连续，那么函数在该区间上不一定取得最大值和最小值。

例如，函数 $y = \dfrac{1}{x}$ 在开区间（0，1）内连续，但它在开区间（0，1）内既无最大值，也无最小值，而在闭区间 $[-1,1]$ 上有一个间断点 $x = 0$，可以发现该函数在 $[-1,1]$ 上既无最大值，也无最小值。

由最大值与最小值定理很容易可以得到，若函数 $y = f(x)$ 在闭区间 $[a,b]$ 上连续，则 $f(x)$ 在 $[a,b]$ 上一定有界。

定理 2.11 （介值定理）若函数 $f(x)$ 是闭区间 $[a,b]$ 上的连续函数，不妨设 M 和 m 分别是 $f(x)$ 的最大值和最小值，那么对于满足条件 $m \leqslant \mu \leqslant M$ 的任一数 μ，在闭区间 $[a,b]$ 上至少能够找到一点 ξ，使得 $f(\xi) = \mu$。

这个定理表明在闭区间上连续的函数可以取得最大值和最小值之间的任何值，如图 2-15 所示。

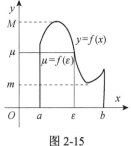

图 2-15

定理 2.12 （根的存在定理）若函数 $f(x)$ 是闭区间 $[a,b]$ 上的连续函数，且两端点函数值 $f(a)$ 与 $f(b)$ 异号，则在开区间 (a,b) 内至少能找到一点 ξ，使 $f(\xi) = 0$。

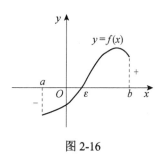

图 2-16

根的存在定理从另一角度解释,即方程 $f(x)=0$ 在 (a,b) 内至少存在一个实根 ξ。其几何意义如图 2-16 所示,两个端点函数值 $f(a)$ 与 $f(b)$ 异号,说明两个端点分别在 x 轴上下两侧,那么连续曲线 $f(x)$ 至少与 x 轴有一个交点,即点 ξ。

例 2.46 证明方程 $x^6+9x^3-7=0$ 在区间(0,1)内至少有一个实根。

证明 设 $f(x)=x^6+9x^3-7$,因为 $f(x)$ 是初等函数,它在[0,1]上是连续的,且 $f(0)=-7<0$,$f(1)=3>0$,由根的存在定理可知,在(0,1)内至少能找到一点 ξ,使得 $f(\xi)=0$,即 $\xi^6+9\xi^3-7=0$($0<\xi<1$),即方程 $x^6+9x^3-7=0$ 在区间(0,1)内至少有一个实根。

2.8.2　无穷小的比较

由无穷小的性质可知两个无穷小的和、差、积仍为无穷小,但两个无穷小的商还会是无穷小吗?

例如,当 $x\to0$ 时,$x,3x,x^3$ 都是无穷小,它们的商的极限有 $\lim\limits_{x\to0}\dfrac{x^3}{x}=0$、$\lim\limits_{x\to0}\dfrac{3x}{x}=3$、$\lim\limits_{x\to0}\dfrac{3x}{x^3}=\infty$,它反映了无穷小趋于零的快慢程度的不同。其中,$x^3$ 比 x 和 $3x$ 趋于零的速度快一些,而 x 与 $3x$ 趋于零的速度差不多,这说明,可以用两个无穷小的比的极限来刻画无穷小趋于零的速度的快慢。

定义 2.12 设 α 和 β 是 x 在同一变化过程下的两个无穷小:

(1)如果 $\lim\dfrac{\beta}{\alpha}=0$,就称 β 是较 α 高阶的无穷小,记为 $\beta=o(\alpha)$;

(2)如果 $\lim\dfrac{\beta}{\alpha}=\infty$,就称 β 是较 α 低阶的无穷小;

(3)如果 $\lim\dfrac{\beta}{\alpha}=C\neq0$($C$ 是常数),就称 β 与 α 是同阶无穷小;

(4)如果 $\lim\dfrac{\beta}{\alpha}=1$,就称 β 与 α 是等价无穷小,记为 $\alpha\sim\beta$。

例 2.47 当 $x\to-7$ 时,比较 $x+7$ 与 x^2+6x-7 的阶。

解 由于 $\lim\limits_{x\to-7}(x+7)=0$,$\lim\limits_{x\to-7}(x^2+6x-7)=0$,且 $\lim\limits_{x\to-7}\dfrac{x+7}{x^2+6x-7}=\lim\limits_{x\to-7}\dfrac{1}{x-1}=-\dfrac{1}{8}$,

所以,当 $x\to-7$ 时,$x+7$ 与 x^2+6x-7 是同阶无穷小。

定理 2.13 (等价无穷小代换)设 $\alpha\sim\alpha'$,$\beta\sim\beta'$,且 $\lim\dfrac{\alpha'}{\beta'}$ 存在,则 $\lim\dfrac{\alpha}{\beta}=\lim\dfrac{\alpha'}{\beta'}$。

在求极限时,利用等价无穷小代换可以使计算过程简化,即分子分母的无穷小因子可用其等价无穷小替换。

当 $x \to 0$ 时，下列函数之间为等价无穷小。

(1) $\sin x : x$;　　　(2) $\tan x : x$;　　　(3) $\arcsin x : x$;　　　(4) $\arctan x : x$;

(5) $1-\cos x : \dfrac{1}{2}x^2$;　　(6) $\ln(1+x) : x$;　　(7) $e^x-1 : x$;　　(8) $\sqrt{1+x}-1 : \dfrac{1}{2}x$。

例 2.48　求 $\lim\limits_{x \to 0} \dfrac{\sin 7x}{\sin 3x}$。

解　因为当 $x \to 0$ 时，$\sin 7x : 7x$，$\sin 3x : 3x$，所以

$$\lim_{x \to 0} \frac{\sin 7x}{\sin 3x} \lim_{x \to 0} \frac{7x}{3x} = \frac{7}{3}$$

例 2.49　求 $\lim\limits_{x \to 0} \dfrac{\tan x - \sin x}{x \sin^2 x}$。

解　$\lim\limits_{x \to 0} \dfrac{\tan x - \sin x}{x \sin^2 x} = \lim\limits_{x \to 0} \dfrac{\sin x(1-\cos x)}{x \sin^2 x \cos x} = \lim\limits_{x \to 0} \dfrac{2\sin^2 \dfrac{x}{2}}{x \sin x \cos x}$，

因为当 $x \to 0$ 时，$\sin \dfrac{x}{2} : \dfrac{x}{2}$，$\sin x : x$，所以

$$\lim_{x \to 0} \frac{\tan x - \sin x}{x \sin^2 x} = \lim_{x \to 0} \frac{2\left(\dfrac{x}{2}\right)^2}{x^2 \cos x} = \lim_{x \to 0} \frac{1}{2\cos x} = \frac{1}{2}$$

【数学文化】极限思想之美

极限思想揭示了常量与变量、有限与无限的对立统一关系，是唯物辩证法的对立统一规律在数学领域中的非常好的应用。借助极限思想，人们可以通过有限认识无限，通过"不变"认识"变"，通过直线形认识曲线形，通过量变认识质变，通过近似认识精确。

有限与无限有着本质的不同，然而二者又有着联系，无限是有限的发展。无限个数的和不是平常的加减，将它定义看做"部分和"的极限，就是借助于极限思想，通过有限来认识无限的。

"变"与"不变"反映了事物运动变化与相对静止两种不同的状态，但两者在一定条件下又可相互转化。如求变速直线运动的瞬时速度，用初等数学的方法是无法解决的，困难在于速度是一个变量。因此，先在小范围内用匀速替代变速，求得其平均速度，将瞬时速度定义为平均速度的极限就是极限思想的巧妙应用。

曲线与直线有着本质的差异，但两者在一定条件下也可相互转化。在小范围里以直近似代替曲，通过极限思想解决曲线问题。规则形状的面积容易求得，求不规则形状的面积问题用初等的方法是不能解决的，但用极限思想可以非常完美地解决。刘徽的割圆术是从直线来认识曲线的经典极限思想例子。

量变和质变既有区别又有联系，两者之间有着辩证的关系。对于任何一个圆内接正多边形，当它边数加倍后，得到的仍然是内接正多边形，这个过程是量变而不是质变；但当

不断地让边数加倍时，内接正多边形经过无限过程之后，多边形就质变成圆了，多边形面积便转化为了圆的面积。

近似与精确也是对立统一关系，两者在一定条件下也可相互转化，这种转化是数学解决实际问题的重要诀窍。前面所讲到的"部分和"、"平均速度"、"圆内接正多边形面积"，分别是"无穷级数和"、"瞬时速度"、"圆面积"的近似值，这些近似值的极限就是相应的精确值。

【综合能力训练 2】

1. 观察并写出下列极限。

（1）$\lim_{x \to 1} \dfrac{1}{x^2}$；
（2）$\lim_{x \to 1}(x^3 + 1)$；
（3）$\lim_{x \to e} \ln x$；
（4）$\lim_{x \to \frac{\pi}{2}} \sin 2x$。

2. 当 $x \to +\infty$ 时，下列各函数哪些是无穷小？哪些是无穷大？

（1）$y = \dfrac{1}{3^x}$；
（2）$y = 1 - 5x$；
（3）$y = \dfrac{1}{x^3}$；
（4）$y = 9x^2$。

3. 以下函数在什么情况下是无穷小？在什么情况下是无穷大？

（1）$y = \dfrac{2}{x-1}$；
（2）$y = x - 1$。

4. 求下列各函数的极限。

（1）$\lim_{x \to 1} \dfrac{x^2 + 8}{3 - x}$；
（2）$\lim_{x \to 2} \dfrac{x^2 - 4}{x - 11}$；
（3）$\lim_{x \to 2} \dfrac{x - 2}{x^2 - x - 2}$；

（4）$\lim_{x \to 0} \dfrac{x^2}{1 - \sqrt{1 + x^2}}$；
（5）$\lim_{x \to \infty} \dfrac{15x^3 + x}{x^4 + x^2 - 1}$；
（6）$\lim_{x \to 0} \dfrac{x + 4}{\sqrt{1 + 3\cos x}}$。

5. 设 $f(x) = \dfrac{x^2 - 9}{3 - x}$，求 $\lim_{x \to 0} f(x)$，$\lim_{x \to 3} f(x)$，$\lim_{x \to \infty} f(x)$；并确定在点 $x = 0$、$x = 3$ 处的连续性。

6. 讨论函数 $f(x) = \begin{cases} x^2 - 1, & 0 \le x \le 1 \\ x + 5, & x > 1 \end{cases}$ 在点 $x=1$、$x=2$ 处的连续性。

7. 求下列各函数的极限。

（1）$\lim_{x \to 0} \dfrac{\tan 6x}{x}$；
（2）$\lim_{x \to 0} \dfrac{\sin 4x}{\sin 9x}$；
（3）$\lim_{x \to \infty} x \sin \dfrac{1}{x}$；
（4）$\lim_{x \to 0} \dfrac{\sin 2x}{5x}$；

（5）$\lim_{x \to \infty}\left(1 - \dfrac{1}{x}\right)^{2x}$；
（6）$\lim_{x \to 0}(1 - 2x)^{\frac{4}{x}}$；
（7）$\lim_{x \to \infty}\left(1 + \dfrac{1}{x}\right)^{x+7}$；
（8）$\lim_{x \to 2} \dfrac{\sin(x-2)}{x - 2}$。

能力训练和综合能力训练参考答案

【能力训练 2.1】

1. （1）1；（2）不存在；（3）1；（4）1；（5）2；（6）0。

2. （1）−1；（2）0；（3）不存在；（4）∞。

3. 3。   4. 不存在。   5. 不存在，-1。

6. 13 000；8000，不存在。

7.（1）123.33 万，240.5 万；   （2）567 万。

【能力训练 2.2】

1.（1）A；   （2）A；   （3）C。

2.（1）无穷大，无穷小；   （2）1 , 3。 -1 , 2。

3. 无穷小量是（1）（2）（4）（5）（6）；无穷大量是（3）（7）。

【能力训练 2.3】

1.（1）-1；   （2）1；   （3）∞；   （4）0；   （5）1；   （6）0。

2. 在 $x=0$ 处连续，在 $x=1$ 处不连续。

【能力训练 2.4】

1.（1）B；   （2）D；   （3）D。

2.（1）5/3；   （2）1/4；   （3）∞；   （4）3；   （5）2；   （6）e^4；   （7）e^{-8}；
　（8）1/6；   （9）1/2；   （10）1；   （11）e^2；（12）3/4；（13）0；   （14）3。

【综合能力训练 2】

1.（1）1/121；   （2）2；   （3）1；   （4）0。

2. 无穷小为（1）（3）；无穷大为（2）（4）。

3.（1）$x \to 1$ 时函数为无穷大；$x \to \infty$ 时函数为无穷小。

　（2）$x \to \infty$ 时函数为无穷大；$x \to 1$ 时函数为无穷小。

4.（1）9/2；   （2）0；   （3）1/3；   （4）-2；   （5）0；   （6）2。

5. -3 , -6 , ∞，在 $x=0$ 处连续，在 $x=3$ 处不连续。

6. 在 $x=2$ 处连续，在 $x=1$ 处不连续。

7.（1）6；   （2）4/9；   （3）1；   （4）2/5；
　（5）e^{-2}；   （6）e^{-8}；   （7）e；   （8）1。

第3章 变化率思想——导数

数学中的转折点是迪卡儿的变数。有了变数，运动进入了数学；有了变数，辩证法进入了数学；有了变数，微分和积分立刻成为必要的了。

——恩格斯

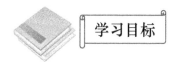

学习目标

1. 领会导数的概念——变化率思想。
2. 通过导数的四则运算法则计算导数。
3. 通过复合函数链式法则计算复合函数的导数。
4. 了解隐函数求导方法。
5. 领会微分的概念，通过生活实例解决函数增量问题。

教学提示

导数描述的是变化率的问题，也就是研究变量变化的"快慢"问题，要让学生深刻领会变化率思想，这是本章的重点，也是难点；要很好地解决变化率模型的求解，需学生熟练掌握导数的四则运算和复合函数的求导，这是本章的重点；为了拓展学生知识面，本章对隐函数及参数方程所确定的函数的求导也做了讲解，学生可根据需要学习；微分解决的是函数增量问题，这是本章的重点和难点，其思想为积分学的学习奠定了基础，需学生深刻领会。

3.1 函数的变化率——导数的概念

3.1.1 函数的变化率问题

学习案例 3.1，总结变速直线运动物体在 t_0 时刻的瞬时速度求解步骤。

案例 3.1 求做自由落体运动的物体在 t_0 时刻的瞬时速度。

分析：设物体从 O 点开始做自由落体运动下落（图 3-1），由物理学可知，物体在真空中自由下落的运动方程是

$$s = \frac{1}{2}gt^2$$

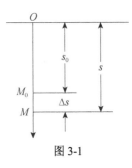

图 3-1

显然，该物体下降的速度越来越快，即该物体在做变速直线运动，用匀速直线运动计算某时刻速度的公式 $v = \frac{s}{t}$ 就不适用了，但可以在很小段中运用，再运用极限思想，就可以非常完美地解决该问题。假设物体在 t_0 时刻落到 M_0 点，观察物体在 t_0 时刻经过很小时间段 Δt 到达 $t_0 + \Delta t$ 时刻落到 M 点的过程，由于时间段 Δt 很小，可将物体运动近似看做匀速运动，则时间段 Δt 的平均速度为

$$\overline{v} = \frac{\Delta s}{\Delta t} = \frac{s - s_0}{\Delta t} = \frac{\frac{1}{2}g(t_0 + \Delta t)^2 - \frac{1}{2}gt_0{}^2}{\Delta t} = gt_0 + \frac{1}{2}g\Delta t$$

从上式可以发现，在匀速运动中，平均速度 $\overline{v}$ 是常量，但在变速运动中，它不仅与 t_0 有关，还与 Δt 有关，而且平均速度 $\overline{v}$ 是随着时间段 Δt 变化而变化的。当时间段 Δt 很小时，平均速度 $\overline{v}$ 可以作为物体在 t_0 时刻速度的近似值，时间段 Δt 越小，这种描述的精确度就越高，当 $\Delta t \to 0$ 时，平均速度 $\overline{v}$ 的极限就是物体在 t_0 时刻的瞬时速度，从而有

$$v\big|_{t=t_0} = \lim_{\Delta t \to 0} \frac{\Delta s}{\Delta t} = \lim_{\Delta t \to 0}\left(gt_0 + \frac{1}{2}g\Delta t\right) = gt_0$$

一般的，若物体做变速直线运动的方程为 $s = s(t)$，物体在 t_0 时刻经过很小时间段 Δt 到达 $t_0 + \Delta t$ 时刻，在 Δt 这段时间内的平均速度为

$$\overline{v} = \frac{\Delta s}{\Delta t} = \frac{s(t_0 + \Delta t) - s(t_0)}{\Delta t}$$

使 $\Delta t \to 0$，平均速度的极限即为物体在 t_0 时刻的瞬时速度，即

$$v\big|_{t=t_0} = \lim_{\Delta t \to 0} \frac{\Delta s}{\Delta t} = \lim_{\Delta t \to 0} \frac{s(t_0 + \Delta t) - s(t_0)}{\Delta t}$$

牛顿通过建立这个问题的数学模型，发明了微积分。

学习案例 3.2，总结曲线 $y = f(x)$ 在点 x_0 处的切线斜率的求解步骤，并指出案例 3.1 和案例 3.2 有哪些共同点。

案例 3.2 求曲线 $y = f(x)$ 在点 $P_0\left(x_0, f\left(x_0\right)\right)$ 处的切线的斜率。

分析：在曲线 $y = f(x)$ 上确定定点 P_0 及一个动点 Q，作割线 P_0Q [图 3-2（a）]，于是割线 P_0Q 的斜率为

$$k_{割线} = \tan\varphi = \frac{\Delta y}{\Delta x} = \frac{f(x_0 + \Delta x) - f(x_0)}{\Delta x}$$

当点 Q 沿曲线移动并无限靠近于点 P_0 时，如果这条割线的极限位置存在，那么处于极限位置的直线 P_0T 就是曲线 $y = f(x)$ 在点 P_0 处的切线，如图 3-2（b）所示，即当

$\Delta x \to 0$ 时，点 Q 沿曲线移动并无限靠近于点 P_0，割线 P_0Q 的倾斜角 φ 无限趋近于切线 P_0T 的倾斜角 α，即割线 P_0Q 的斜率 $k_{割线}$ 的极限就是曲线 $y = f(x)$ 在点 P_0 处的切线 P_0T 的斜率，即

$$k_{切} = \tan\alpha = \lim_{\Delta x \to 0} \frac{\Delta y}{\Delta x} = \lim_{\Delta x \to 0} \frac{f(x_0 + \Delta x) - f(x_0)}{\Delta x}$$

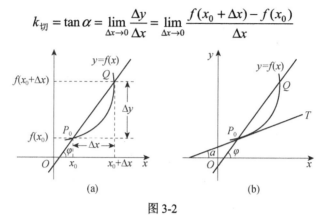

图 3-2

伟大的数学家莱布尼兹就是从研究曲线的切线问题入手独立地发现了微积分。

以上的两个案例，一个是物理问题，另一个是几何问题，虽然它们的实际意义有所不同，但是都可以归结为函数改变量与自变量改变量的商及这个商的极限，分别称它们为平均变化率和瞬时变化率。

定义 3.1 设函数 $y = f(x)$，$\dfrac{\Delta y}{\Delta x} = \dfrac{f(x_0 + \Delta x) - f(x_0)}{\Delta x}$ 称为函数 $y = f(x)$ 在区间 $[x_0, x_0 + \Delta x]$ 上的平均变化率；$\lim\limits_{\Delta x \to 0} \dfrac{\Delta y}{\Delta x} = \lim\limits_{\Delta x \to 0} \dfrac{f(x_0 + \Delta x) - f(x_0)}{\Delta x}$ 称为函数 $y = f(x)$ 在点 x_0 处的瞬时变化率。

【思考题】如何理解平均变化率？

具体到实际问题中，都有其具体含义，如案例 3.1 中，$\dfrac{\Delta s}{\Delta t} = \dfrac{s(t_0 + \Delta t) - s(t_0)}{\Delta t}$ 表示时间段 $[t_0, t_0 + \Delta t]$ 上的平均速度，如图 3-3（a）、（b）所示，平均速度 $\bar{v} = \dfrac{\Delta s}{\Delta t}$ 代表着路程的改变 Δs 相对于时间的改变 Δt 而改变的大小，如图 3-3（a）所示，当平均速度 $\bar{v} = \dfrac{\Delta s}{\Delta t}$ 中时间的改变 Δt 不变，路程的改变 Δs 由小变大时，如图 3-3（b）所示，当平均速度 $\bar{v} = \dfrac{\Delta s}{\Delta t}$ 中路程的改变 Δs 不变，时间的改变 Δt 由大变小时，下行的坡度由缓 L 变陡 L'，假设一小球不加外力从山顶沿坡 L 和 L' 向下沿直线自然滚动，显然，在陡坡 L' 上小球的滚动速度快，因为平均速度大；在缓坡 L 上小球的滚动速度略慢，因为平均速度小。因此，要注意平均速度 $\bar{v} = \dfrac{\Delta s}{\Delta t}$ 和单纯的路程改变 Δs 是两个不同的概念。

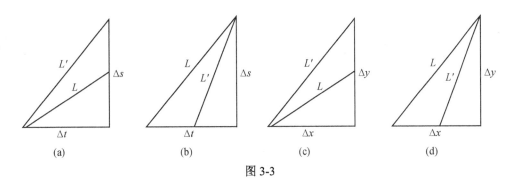

图 3-3

在案例 3.2 中，$\dfrac{\Delta y}{\Delta x} = \dfrac{f(x_0 + \Delta x) - f(x_0)}{\Delta x}$ 表示区间段 $[x_0, x_0 + \Delta x]$ 上的平均倾斜率，如图 3-3（c）、（d）所示，平均变化率 $\dfrac{\Delta y}{\Delta x}$ 代表着函数的改变 Δy 相对于自变量的改变 Δx 而改变的大小，如图 3-3（c）所示，当平均变化率 $\dfrac{\Delta y}{\Delta x}$ 中自变量的改变 Δx 不变，函数的改变 Δy 由小变大时，或如图 3-3（d）所示，当平均变化率 $\dfrac{\Delta y}{\Delta x}$ 中函数的改变 Δy 不变，自变量的改变 Δx 由大变小时，下行的坡度由缓 L 变陡 L'，显然，在陡坡 L' 上小球的滚动速度快，因为平均倾斜率（即平均变化率）大；在缓坡 L 上小球的滚动速度略慢，因为平均倾斜率（即平均变化率）小。

3.1.2　导数的定义

学习导数的定义，写出函数 $y = f(x)$ 在点 x_0 处的导数符号，如何求出 $y = f(x)$ 在点 x_0 处的导数值？

前面两个案例都是平均变化率和瞬时变化率的问题，瞬时变化率在自然科学和工程技术的许多问题中都会遇到，抛开这些问题的不同实际意义，只考虑它们的数量关系方面的共同性质，就可抽象出下面的导数定义。

定义 3.2　若函数 $y = f(x)$ 在 x_0 附近有定义，若 $\lim\limits_{\Delta x \to 0} \dfrac{\Delta y}{\Delta x} = \lim\limits_{\Delta x \to 0} \dfrac{f(x_0 + \Delta x) - f(x_0)}{\Delta x}$ 存在，则称函数 $f(x)$ 在 x_0 处可导，并称这个极限为函数 $y = f(x)$ 在 x_0 处的导数，记为 $f'(x_0)$ 或 $y'\big|_{x=x_0}$ 或 $\dfrac{\mathrm{d}y}{\mathrm{d}x}\big|_{x=x_0}$ 或 $\dfrac{\mathrm{d}f}{\mathrm{d}x}\big|_{x=x_0}$ 或 $\dfrac{\mathrm{d}}{\mathrm{d}x}f(x)\big|_{x=x_0}$；若 $\lim\limits_{\Delta x \to 0} \dfrac{\Delta y}{\Delta x}$ 不存在，则称函数 $f(x)$ 在 x_0 处的导数不存在或在 x_0 处不可导。也就是说，

$$f'(x_0) = \lim_{\Delta x \to 0} \frac{\Delta y}{\Delta x} = \lim_{\Delta x \to 0} \frac{f(x_0 + \Delta x) - f(x_0)}{\Delta x} = \lim_{h \to 0} \frac{f(x_0 + h) - f(x_0)}{h} = \lim_{x \to x_0} \frac{f(x) - f(x_0)}{x - x_0}$$

注意：　如果函数 $y = f(x)$ 在开区间 I 内的每一点都可导，则称函数 $f(x)$ 在开区间 I 内可导。

注意：　对于开区间 I 内每一个确定的 x，按照对应法则 $f'(x) = \lim\limits_{\Delta x \to 0} \dfrac{f(x + \Delta x) - f(x)}{\Delta x}$ 都

有唯一的导数值 $f'(x)$ 与之对应，因此，$f'(x)$ 也是 x 的函数，称它为函数 $y=f(x)$ 的导函数，记为 y'，$f'(x)$，$\dfrac{\mathrm{d}y}{\mathrm{d}x}$，$\dfrac{\mathrm{d}}{\mathrm{d}x}f(x)$。

开区间 I 称为函数 $y=f(x)$ 的可导区间，于是在开区间 I 上的导函数的定义可写为

$$y'=f'(x)=\lim_{\Delta x\to 0}\frac{f(x+\Delta x)-f(x)}{\Delta x}=\lim_{h\to 0}\frac{f(x+h)-f(x)}{h}$$

$\boxed{注意：}$ 导数符号 $\dfrac{\mathrm{d}y}{\mathrm{d}x}$ 比 y' 更清晰，它明确地指出了因变量 y 对自变量 x 的求导，为了明确对自变量 x 求导，也可记为 $y'=y'_x$。

$\boxed{注意：}$ 函数 $y=f(x)$ 在点 x_0 处的导数 $f'(x_0)$ 就是导函数 $f'(x)$ 在点 x_0 处的函数值，即 $f'(x_0)=f'(x)|_{x=x_0}$。

【思考题】点导数 $f'(x_0)$ 和导函数 $f'(x)$ 的联系与区别分别是什么？总结求导步骤。

根据导数的定义，函数 $y=f(x)$ 的导数一般通过以下三个步骤来完成。

（1）求函数的增量 Δy；

（2）计算平均变化率 $\dfrac{\Delta y}{\Delta x}=\dfrac{f(x+\Delta x)-f(x)}{\Delta x}$；

（3）求瞬时变化率，即导数，$y'=f'(x)=\lim\limits_{\Delta x\to 0}\dfrac{f(x+\Delta x)-f(x)}{\Delta x}$。

例 3.1 求函数 $y=C$（C 为常数）在 $x=17$ 处的导数。

解 （1）求增量：由于不论 x 取何值，y 的值总等于 C，所以 $\Delta y=C-C=0$。

（2）计算平均变化率：$\dfrac{\Delta y}{\Delta x}=0$。

（3）求导数：$y'=\lim\limits_{\Delta x\to 0}\dfrac{\Delta y}{\Delta x}=\lim\limits_{\Delta x\to 0}0=0$。

也就是说，常数的导数总为零，即 $(C)'=0$（C 为常数）。

例 3.2 求函数 $y=x^2$ 的导数。

解 （1）$\Delta y=f(x+\Delta x)-f(x)=(x+\Delta x)^2-x^2=2x\Delta x+\Delta x^2$；

（2）$\dfrac{\Delta y}{\Delta x}=\dfrac{2x\Delta x+\Delta x^2}{\Delta x}=2x+\Delta x$；

（3）$y'=\lim\limits_{\Delta x\to 0}\dfrac{\Delta y}{\Delta x}=\lim\limits_{\Delta x\to 0}(2x+\Delta x)=2x$。

即 $(x^2)'=2x$，同理可得 $(x^n)'=nx^{n-1}$。

【思考题】$[f(x_0)]'=f'(x_0)$ 成立吗？说明理由。

例 3.3 求函数 $y=\mathrm{e}^x$ 的导数。

解 （1）$\Delta y=f(x+\Delta x)-f(x)=\mathrm{e}^{x+\Delta x}-\mathrm{e}^x=\mathrm{e}^x(\mathrm{e}^{\Delta x}-1)$；

（2）$\dfrac{\Delta y}{\Delta x}=\dfrac{\mathrm{e}^x(\mathrm{e}^{\Delta x}-1)}{\Delta x}=\mathrm{e}^x\dfrac{(\mathrm{e}^{\Delta x}-1)}{\Delta x}$；

（3）$y' = \lim\limits_{\Delta x \to 0} \dfrac{\Delta y}{\Delta x} = \lim\limits_{\Delta x \to 0} e^x \dfrac{(e^{\Delta x} - 1)}{\Delta x} = e^x \lim\limits_{\Delta x \to 0} \dfrac{(e^{\Delta x} - 1)}{\Delta x} = e^x$。

其中，$\lim\limits_{\Delta x \to 0} \dfrac{(e^{\Delta x} - 1)}{\Delta x} = \lim\limits_{t \to 0} \dfrac{t}{\ln(1 + t)}$　（令 $e^{\Delta x} - 1 = t \Rightarrow \Delta x = \ln(1 + t)$）

$$= \lim_{t \to 0} \frac{1}{\frac{1}{t}\ln(1 + t)} = \lim_{t \to 0} \frac{1}{\ln(1 + t)^{\frac{1}{t}}} = 1 \;（利用两个重要极限 \lim_{t \to 0}(1 + t)^{\frac{1}{t}} = e）$$

即 $(e^x)' = e^x$。

同理，根据导数的定义可以得到以下基本初等函数的求导公式。

幂函数：$c' = 0$，$(x^\mu)' = \mu x^{\mu - 1}$。

指数函数：$(e^x)' = e^x$，$(a^x)' = a^x \ln a$。

对数函数：$(\ln x)' = \dfrac{1}{x}$，$(\log_a x)' = \dfrac{1}{x \ln a}$。

三角函数：$(\sin x)' = \cos x$，$(\cos x)' = -\sin x$，

$(\tan x)' = \sec^2 x$，$(\cot x)' = -\csc^2 x$，

$(\sec x)' = \sec x \tan x$，$(\csc x)' = -\csc x \cot x$。

反三角函数：$(\arcsin x)' = \dfrac{1}{\sqrt{1 - x^2}}$，$(\arccos x)' = -\dfrac{1}{\sqrt{1 - x^2}}$，

$(\arctan x)' = \dfrac{1}{1 + x^2}$，$(\text{arccot}\, x)' = -\dfrac{1}{1 + x^2}$。

注意：　以上求导公式默认是函数关于自变量 x 的导数。

【任务】熟记以上 16 个基本初等函数的求导公式，自己试着用导数公式证明。

定义 3.3　左导数：$f'_-(x_0) = \lim\limits_{\Delta x \to -0} \dfrac{\Delta y}{\Delta x} = \lim\limits_{\Delta x \to 0^-} \dfrac{f(x_0 + \Delta x) - f(x_0)}{\Delta x} = \lim\limits_{x \to x_0 - 0} \dfrac{f(x) - f(x_0)}{x - x_0}$。

右导数：$f'_+(x_0) = \lim\limits_{\Delta x \to +0} \dfrac{\Delta y}{\Delta x} = \lim\limits_{\Delta x \to 0^+} \dfrac{f(x_0 + \Delta x) - f(x_0)}{\Delta x} = \lim\limits_{x \to x_0 + 0} \dfrac{f(x) - f(x_0)}{x - x_0}$。

若函数 $f(x)$ 在 x_0 处可导 $\Leftrightarrow$ 左导数 $f'_-(x_0)$ 和右导数 $f'_+(x_0)$ 都存在且相等。

例 3.4　已知 $f(x) = |x| = \begin{cases} x, & x \geqslant 0 \\ -x, & x < 0 \end{cases}$，求 $f'_+(0)$ 及 $f'_-(0)$，判断 $f'(0)$ 是否存在？

解　当 $\Delta x > 0$ 时，$\Delta y = f(0 + \Delta x) - f(0) = (0 + \Delta x) - 0 = \Delta x$，

有 $f'_+(0) = \lim\limits_{\Delta x \to 0^+} \dfrac{\Delta y}{\Delta x} = \lim\limits_{\Delta x \to 0^+} \dfrac{\Delta x}{\Delta x} = 1$；

当 $\Delta x < 0$ 时，$\Delta y = f(0 + \Delta x) - f(0) = -\Delta x$，

有 $f'_-(0) = \lim\limits_{\Delta x \to 0^-} \dfrac{\Delta y}{\Delta x} = \lim\limits_{\Delta x \to 0^-} \dfrac{-\Delta x}{\Delta x} = -1$。

因为 $f'_+(0) \neq f'_-(0)$，所以 $f'(0)$ 不存在。

注意: 函数 $y = f(x)$ 在一区间内可导，则在此区间内其图像是光滑曲线。例 3.4 曲线在 $x = 0$ 处是尖的、不光滑的，用手摸这条曲线在 $x = 0$ 处是扎手的。

3.1.3 变化率模型

在实际生活中，需要讨论具有不同意义的变量变化的"快慢"问题，即函数的变化率问题，在数学上就用导数概念来描述函数变化率这一概念。

通过下面的模型学习，思考并总结实际问题中哪些词等于导数。

1. 几何模型

根据导数定义，在案例 3.2 中已知曲线 $y = f(x)$ 在点 $P_0(x_0, f(x_0))$ 处的切线的斜率就是函数 $y = f(x)$ 在点 x_0 处的导数，即 $k_{切} = f'(x_0)$，于是，曲线 $y = f(x)$ 在点 $P_0(x_0, f(x_0))$ 处的切线方程为 $y - y_0 = f'(x_0)(x - x_0)$，曲线 $y = f(x)$ 在点 $P_0(x_0, f(x_0))$ 处的法线方程为

$$y - y_0 = -\frac{1}{f'(x_0)}(x - x_0) \quad (f'(x_0) \neq 0)。$$

例 3.5 求抛物线 $y = x^2$ 在点 $(1,1)$ 处的切线方程和法线方程。

解 抛物线 $y = x^2$ 在任意一点 (x, y) 处的切线斜率为 $k = y' = (x^2)' = 2x$，

故抛物线 $y = x^2$ 在点 $(1,1)$ 处切线的斜率为 $k = y'|_{x=1} = 2x|_{x=1} = 2$。

所以抛物线 $y = x^2$ 在点 $(1,1)$ 处的切线方程为 $y - 1 = 2(x - 1)$，而法线方程为

$$y - 1 = -\frac{1}{2}(x - 1)。$$

2. 物理模型

【变速直线运动】根据导数定义，在案例 3.1 中变速直线运动在时刻 t_0 时的瞬时速度就是路程函数 $s(t)$ 在时刻 t_0 的导数，即

$$v(t_0) = s'(t_0) = \frac{\mathrm{d}s}{\mathrm{d}t}\Big|_{t=t_0}$$

【交流电路】设 $q(t)$ 是通过导体某截面的电量，它是时间 t 的函数，那么 $q(t)$ 对时间 t_0 的导数 $q'(t_0)$ 就是电流，即 $q'(t_0) = I(t_0)$。其中，$I(t_0)$ 表示时刻 t_0 时的电流。

【非均匀的物体】质量对长度（面积、体积）的导数为物体的线（面、体）密度。

例 3.6 小王在桥上将一个球抛向空中，t s 后球相对于地面的高度为 y（m），

$$y = -6t^2 + 24t + 18$$

求球在 $t = 1.5$ s 时的瞬时速度。

解 小球的运动是变速直线运动，由导数定义可知，小球在 $t = 1.5$ s 时的瞬时速度为路程函数 $y(t)$ 在时刻 $t = 1.5$ 的导数，即 $v(1.5) = y'(1.5) = \frac{\mathrm{d}y}{\mathrm{d}t}\Big|_{t=1.5}$。其在下节的导数的四则运算

中有具体求解过程。

3. 其他领域中变化率模型

由导数定义 $f'(x) = \lim\limits_{h \to 0} \dfrac{f(x+h) - f(x)}{h}$ 会发现，当间隔 h 非常短时，平均变化率可以作为导数的近似值 $f'(x) \approx \dfrac{f(x+h) - f(x)}{h}$，即导数可以是间隔很小时平均变化率的近似值。数学概念中导数在生活中描述的就是函数变化率，即变量变化的速度。

例 3.7　从一个煤矿中开采 x 吨煤的花费为 $C = f(x)$ 元，$f'(1\,000) = 20$ 意味着什么？

解　由导数定义可知 $f'(1000) = \dfrac{\mathrm{d}C}{\mathrm{d}x}\Big|_{x=1\,000} = 20$（元/吨），

这表明当开采 1 000 吨煤时，再多开采 1 吨煤需再花费 20 元，再多开采 2 吨煤需再花费 40 元，即在开采 1 000 吨煤时，费用变化的速度为每吨 20 元。

例 3.8　某城市正在遭受一传染病的传播，通过研究发现，该传染病在第 t 天传染的人数为 $q(t) = 220.5t^2 - 3t^3$（$0 \leqslant t \leqslant 49$），试确定这种传染病在半个月和一个月时的传染速度？多少天停止传染？

解　根据题目要求，需确定传染速度即传染人数相对于时间的变化快慢（变化率），数学概念就是传染人数对时间的导数，所以本题要求 $q'(15)$ 及 $q'(30)$，并令 $q'(t) = 0$ 得到 t 的值。其在下节导数的四则运算中有具体求解过程。

例 3.9　（游戏软件销售）现开发出一新的游戏软件，短期内销售量迅速增加，过了一段时间开始下降，销售量与月份 t 有如下关系：$Q(t) = \dfrac{300t}{t^2 + 150}$。现想知道游戏推出 t 月时的销售量增长速度。

解　根据题目要求，需确定销售量增长速度即销售量相对于时间的增长的快慢（增长率），数学概念就是销售量对时间的导数，所以本题要求 $Q'(t)$。其在下节导数的四则运算中有具体求解过程。

例 3.10　某电器厂新研制出一款冰箱，现要测试它的制冷效果，对冰箱制冷后进行断电测试，t 小时后冰箱的温度为 $T = \dfrac{3t}{0.09t + 1} - 25$，观察冰箱断电 1 小时、2.5 小时、5 小时后温度的变化率。

解　根据题目要求，需确定温度的变化率即温度相对于时间的变化的快慢（变化率），数学概念就是温度对时间的导数，所以本题要求 $T'(1)$，$T'(2.5)$，$T'(5)$。其在下节导数的四则运算中有具体求解过程。

例 3.11　现将一气体注入一球状气球，假定气体的压力不变。问：当半径为 2cm 时，气球的体积关于半径的增加率是多少？

解　根据题目要求，需确定气球体积的增加率即气球体积相对于半径的增加的快慢（增

加率），数学概念就是气球体积对半径的导数，气球的体积为 $V = \dfrac{4}{3}\pi r^3$ ，要求 $V'(2)$ ，则

$$V'(2) = \frac{4}{3}\pi 3r^2 \big|_{x=2} = 4\pi r^2 \big|_{x=2} = 16\pi$$

3.1.4 可导与连续的关系

定理 3.1 如果函数 $y = f(x)$ 在点 x_0 处可导，则函数 $y = f(x)$ 在点 x_0 处一定连续。

注意： 连续不一定可导。函数在某点连续只是函数在该点可导的必要条件，而不是充分条件。

例 3.12 证明函数 $f(x) = \begin{cases} x\sin\dfrac{1}{x}, & x \neq 0 \\ 0, & x = 0 \end{cases}$ 在 $x = 0$ 处连续但不可导。

证明 因为 $\lim\limits_{x \to 0} f(x) = \lim\limits_{x \to 0} x\sin\dfrac{1}{x} = 0 = f(0)$ ，所以函数在 $x = 0$ 处连续，

又因为 $f'(0) = \lim\limits_{x \to 0} \dfrac{f(x) - f(0)}{x - 0} = \lim\limits_{x \to 0} \dfrac{x\sin\dfrac{1}{x}}{x} = \lim\limits_{x \to 0} \sin\dfrac{1}{x}$ 不存在，所以函数在 $x = 0$ 处不可导。

【能力训练 3.1】

1. 根据导数的定义，求函数 $f(x) = x^2 - 3$ 的导数，并求 $f'(1)$ 。

2. 物体做直线运动的路程函数为 $s = t^2$ ，求物体在 2s 时的瞬时速度。

3. 求曲线 $y = \sqrt{x}$ 在点 $x = 4$ 处的切线方程与法线方程。

4. 求函数 $f(x) = \begin{cases} \sin x, & x < 0 \\ 2x, & x \geq 0 \end{cases}$ 在 $x = 0$ 处的导数。

5. 设函数 $f(x) = \begin{cases} x^3, & x \leq 1 \\ ax, & x \geq 1 \end{cases}$ 在 $x = 1$ 处可导，a 应取什么值？

6. 若曲线 $y = \ln x$ 的切线垂直于直线 $2y + 2x + 3 = 0$ ，试求这条切线的方程。

7. 求曲线 $y = \cos x$ 在 $x = \dfrac{\pi}{6}$ 处的切线方程和法线方程。

8. 一物体做直线运动的方程是 $s = t^3$ ，求：

（1）物体在时间 $t = 1\,\text{s}$ 到 $t = 2\,\text{s}$ 的平均速度；

（2）物体在时间 $t = 1.5\,\text{s}$ 时的瞬时速度 $v(1.5)$ 。

9. 现有一不均匀的金属棒，以金属棒的左端为起点，此金属棒在左端与距左端 $x\,\text{m}$ 之间的部分的质量为 $m = 3x^2\,\text{kg}$ ，求 $x = 1\,\text{m}$ 时金属棒的线密度（即质量对长度的变化率）。

【数学文化】化率思想

变化率思想就是研究变量变化的"快慢"、变化的"速度"、改变的"快慢"、改变的"速

度"的思维方法,大家都知道与变化和改变相类似的词非常多,数学定义词是改变量,即 Δy,如增高=降低=高的改变量、缩窄=增宽=宽的改变量、增大=变大=缩小=大小的改变量、流量=液体量的改变量、增加=增长=缩小=缩短=减少=各种量的改变量。而变化率是变化的速度,数学定义词是导数 $y' = \dfrac{\mathrm{d}y}{\mathrm{d}x}$,如流率是液体量的改变的快慢,也称流速,流率大就代表着流动较快;增高率是高的改变的快慢,增高率小代表增高较慢;变大率是变大的速度,变大率大代表变大很快;增长率是增长的速度,增长率小代表增长较慢;运动速度是距离改变的快慢,速度大代表距离改变快。

3.2　导数的运算

3.2.1　导数的四则运算

3.1 节通过导数的定义得到了基本初等函数的求导公式,思考后请完成以下学习。

观察以下求导公式,确定其是否正确,说明与 3.1 节的求导公式的不同之处和联系。

幂函数:　$(C)'_w = 0$　　　　　　　　　　　　$(W^\mu)'_W = \mu W^{\mu-1}$

指数函数:　$(\mathrm{e}^w)'_w = \mathrm{e}^w$　　　　　　　　　$(a^w)'_w = a^w \ln a$

对数函数:　$(\ln W)'_w = \dfrac{1}{W}$　　　　　　　$(\log_a W)'_W = \dfrac{1}{W \ln a}$

三角函数:　$(\sin W)'_w = \cos W$　　　　　　$(\cos W)'_w = -\sin W$

　　　　　　$(\tan W)'_w = \sec^2 W$　　　　　$(\cot W)'_w = -\csc^2 W$

　　　　　　$(\sec W)'_w = \sec W \tan W$　　　$(\csc W)'_w = -\csc W \cot W$

反三角函数:　$(\arcsin W)'_w = \dfrac{1}{\sqrt{1-W^2}}$　　　$(\arccos W)'_w = -\dfrac{1}{\sqrt{1-W^2}}$

　　　　　　　$(\arctan W)'_w = \dfrac{1}{1+W^2}$　　　$(\operatorname{arccot} W)'_w = -\dfrac{1}{1+W^2}$

注意:　上述公式中的 W 可以是我们熟悉的一个变量,如 x、t、u、v 等,也可以是一个函数,如 $\varphi(x)$、$u(t)$ 等。

案例 3.3　现需确定曲线 $y = x\ln x$ 在 $x=1$ 处的切线方程和法线方程。

分析:由 3.1 节中变化率的几何模型可知,切线的斜率就是该函数在该点的导数 $k = y'(1)$,但仅仅只有 3.1 节中的基本初等函数的求导公式不能满足众多初等函数的需求,需要使用求导的四则运算公式。

定理 3.2　如果函数 $f(x)$、$g(x)$ 在点 x 处可导,则它们的和、差、积、商在点 x 处也可导,即

$$[af(x) + bg(x)]' = af'(x) + bg'(x)$$

$$[af(x) - bg(x)]' = af'(x) - bg'(x)$$

$$[f(x)g(x)]' = f'(x)g(x) + f(x)g'(x)，特别的，[Cf(x)]' = C \cdot f'(x)$$

$$\left[\frac{f(x)}{g(x)}\right]' = \frac{f'(x)g(x) - f(x)g'(x)}{g^2(x)}$$

证明 以上公式的证明都是用导数的定义来证明的，因此这里只证明积的公式，其他公式证明方法类似，设 $y = f(x)g(x)$。

（1） $\Delta y = f(x + \Delta x)g(x + \Delta x) - f(x)g(x)$

$\qquad = f(x + \Delta x)g(x + \Delta x) - f(x)g(x + \Delta x) + f(x)g(x + \Delta x) - f(x)g(x)$

$\qquad = [f(x + \Delta x) - f(x)]g(x + \Delta x) + f(x)[g(x + \Delta x) - g(x)]$

（2） $\dfrac{\Delta y}{\Delta x} = g(x + \Delta x) \cdot \dfrac{\Delta f}{\Delta x} + f(x) \cdot \dfrac{\Delta g}{\Delta x}$。

（3） $y' = \lim\limits_{\Delta x \to 0} \dfrac{\Delta y}{\Delta x} = \lim\limits_{\Delta x \to 0} g(x + \Delta x) \cdot \dfrac{\Delta f}{\Delta x} + \lim\limits_{\Delta x \to 0} f(x) \cdot \dfrac{\Delta g}{\Delta x} = g(x)f'(x) + f(x)g'(x)$。

推论 3.1 三个函数的积的求导公式： $(uvw)' = u'vw + uv'w + uvw'$。

用导数定义证明和、差、商的求导公式。

例 3.13 求函数 $f(x) = 2x^2 + \sqrt{x} - 4$ 的导数。

解 $f'(x) = 2(x^2)' + (\sqrt{x})' - (4)'$

$\qquad\quad = 4x + \dfrac{1}{2}x^{-\frac{1}{2}} = 4x + \dfrac{1}{2\sqrt{x}}$

例 3.14 求 $f(x) = \arcsin x + 9\sin x + \ln 2 - x^2$ 的导数。

解 $f'(x) = \dfrac{1}{\sqrt{1 - x^2}} + 9\cos x - 2x$。

例 3.15 求 $y = \dfrac{1}{2}\ln x - 2\mathrm{e}^x \cos x$ 的导数。

解 $y' = \dfrac{1}{2}(\ln x)' - 2[(\mathrm{e}^x)'\cos x + \mathrm{e}^x(\cos x)']$

$\qquad = \dfrac{1}{2x} - 2[\mathrm{e}^x \cos x - \mathrm{e}^x \sin x]$

例 3.16 设函数 $y = \dfrac{3x^2}{1 + 5x}$，求 $y'(0)$。

解 $y' = \dfrac{(3x^2)'(1 + 5x) - 3x^2(1 + 5x)'}{(1 + 5x)^2}$

$\qquad = \dfrac{6x(1 + 5x) - 3x^2 \cdot 5}{(1 + 5x)^2}$

$\qquad = \dfrac{6x + 15x^2}{(1 + 5x)^2}$

所以， $y'(0) = \dfrac{6x + 15x^2}{(1 + 5x)^2}\Big|_{x=0} = 0$。

例 3.17 求 $f(x)=x\ln x-\dfrac{x}{\sin x}$ 的导数。

解 $f'(x)=\ln x+1-\dfrac{\sin x-x\cos x}{\sin^2 x}$。

【**案例 3.3 的解答**】$y'=x'\ln x+x(\ln x)'=\ln x+1$，所以其切线斜率为 $k=y'(1)=1$，把 $x=1$ 代入曲线 $y=x\ln x$ 得 $y=0$。因此，其切线方程为 $y=x-1$；法线方程为 $y=1-x$。

【**例 3.6 的解答**】因为 $v(1.5)=y'(1.5)=(-12t+24)\big|_{x=1.5}=6$，所以，球在 1.5s 时的瞬时速度 6m/s。

【**例 3.8 的解答**】因为 $q'(t)=(220.5t^2-3t^3)'=441t-9t^2$，可得 $q'(15)=4\,590$；$q'(30)=5\,130$。令 $q'(t)=(220.5t^2-3t^3)'=441t-9t^2=0$，可得时间 $t=49$，即这种传染病在半个月和一个月时的传染速度分别是 $4\,590$ 人/天和 $5\,130$ 人/天，在 49 天时停止传染。

【**例 3.9 的解答**】t 月的销售量增长速度为

$$Q'(t)=(\frac{300t}{t^2+150})'=\frac{(300t)'(t^2+150)-(300t)(t^2+150)'}{(t^2+150)^2}$$

$$=\frac{300(t^2+150)-(300t)(2t)}{(t^2+150)^2}=\frac{300(150-t^2)}{(t^2+150)^2}$$

【**例 3.10 的解答**】因为 $T'=\left(\dfrac{3t}{0.09t+1}-25\right)'=\dfrac{3}{(0.09t+1)^2}$，可得冰箱断电 1 小时、2.5 小时、5 小时后温度的变化率分别为 $T'(1)=\dfrac{3}{(0.09t+1)^2}\big|_{x=1}\approx 2.53$；$T'(2.5)\approx 2$；$T'(5)\approx 1.43$。

【能力训练 3.2】

1. 求下列函数的导数 $\dfrac{dy}{dx}$。

（1）$y=4\sin x+3e^x+\ln 5$；　　　（2）$y=x^2 e^x$；　　　（3）$y=\dfrac{\ln x}{x+1}$；

（4）$y=\dfrac{\sqrt{x}}{3}-e^x\sin x$；　　　（5）$y=\dfrac{x^4+\sqrt{x}+1}{x^3}$；　　　（6）$y=e^x(\sqrt{x}+2^x)$。

2. 设 $f(x)=3^x+x^3+\sqrt[3]{x}-\dfrac{1}{\sqrt[3]{x}}$，求 $f'(1)$。

3. 设 $y=(x^2+1)(3x-1)$，求 $y'\big|_{x=0}$。

4. 设 $y=\dfrac{1+\ln x}{1-\ln x}$，求 $\dfrac{dy}{dx}\bigg|_{x=1}$

5. 已知 $y=2\sin x+4\cos x$，求 $y'\big|_{x=\frac{\pi}{3}}$。

6. 在一新陈代谢实验中，葡萄糖的质量变化规律是 $m=5-0.02t^2$，其中 t 的单位是小时，求 $t=2$ 时葡萄糖质量的变化率。

7. 设通过导线横截面的电量 $Q(t)=t^3-t+3$，其中电量 Q 的单位为 C，时间 t 的单位为

s。求 $t=2\mathrm{s}$ 时的电流（即电量对时间的变化率）。

8. 垂直上抛物体，高度 h 与时间 t 的关系为 $h(\mathrm{t})=490t-\dfrac{1}{2}gt^2$（m）。求：

（1）物体在时刻 $t=30\mathrm{s}$ 的速度；

（2）物体何时达到最高点，最高点是多少？（$g=9.8\,\mathrm{m/s^2}$）。

9. 设曲线 $y=x^2+3x-5$ 在点 M 处的切线与直线 $2x-6y+1=0$ 垂直，求该曲线在点 M 处的切线方程。

3.2.2 复合函数的求导

案例 3.4 一金属圆盘均匀受热，受热后形状保持不变，受热过程中时间与半径有关系 $r=1+0.03t$，现想知道该圆盘面积对时间的增长率。

分析：由问题可知圆盘面积与时间的关系为 $S=\pi(1+0.03t)^2$，显然，这是一个复合函数，要解决的是圆盘面积对时间的导数，即 $S'=\dfrac{\mathrm{d}S}{\mathrm{d}t}$，也就是复合函数求导问题。

复合函数的求导是生活中经常遇到的函数求导问题，例如，要求函数 $f(x)=\mathrm{e}^{2x}$ 的导数，是否能用导数公式 $(\mathrm{e}^x)'=\mathrm{e}^x$ 得出 $(\mathrm{e}^{2x})'=\mathrm{e}^{2x}$ 呢？通过乘法的求导法则可以很容易地算出它的导数为

$$y'=(\mathrm{e}^{2x})'=(\mathrm{e}^x\mathrm{e}^x)'=(\mathrm{e}^x)'\mathrm{e}^x+\mathrm{e}^x(\mathrm{e}^x)'=2\mathrm{e}^{2x}$$

显然 $(\mathrm{e}^{2x})'\neq\mathrm{e}^{2x}$，原因就在于函数 $f(x)=\mathrm{e}^{2x}$ 不是基本初等函数，而是基本初等函数的函数，即一个复合函数。因此，需要复合函数的求导方法。

定理 3.3（链式法则）设函数 $y=f(u)$ 在 u 处可导，$u=\varphi(x)$ 在 x 处可导，则复合函数 $y=f(\varphi(x))$ 也在 x 处可导，且

$$\frac{\mathrm{d}y}{\mathrm{d}x}=\frac{\mathrm{d}y}{\mathrm{d}u}\frac{\mathrm{d}u}{\mathrm{d}x}=f'_u(u)\cdot u'_x(x)=f'[\varphi(x)]\varphi'(x)$$

注意：复合函数链式法则表明，复合函数的导数等于函数对中间变量的导数乘以中间变量对自变量的导数。

复合函数求导步骤如下。

（1）分解复合函数 $y=f(\varphi(x))$ 为 $y=f(u)$、$u=\varphi(x)$；

（2）利用复合函数链式法则得 $y'_x=f'_u(u)\cdot u'_x(x)$；

（3）回代，$y'_x=f'_u(u)\cdot u'_x(x)=f'[\varphi(x)]\varphi'(x)$。

例 3.18 设 $y=\ln\sin x$，求 $\dfrac{\mathrm{d}y}{\mathrm{d}x}$。

解 设 $\sin x=u$，则 $y=\ln u$，$u=\sin x$，有

$$\frac{\mathrm{d}y}{\mathrm{d}x}=\frac{\mathrm{d}y}{\mathrm{d}u}\frac{\mathrm{d}u}{\mathrm{d}x}=(\ln u)'\cdot(\sin x)'=\frac{1}{u}\cdot(\sin x)'=\frac{1}{\sin x}\cos x=\cot x$$

例 3.19　设 $y = \sin 3x$，求 $\dfrac{\mathrm{d}y}{\mathrm{d}x}$。

解　设 $u = 3x$，则 $y = \sin u$，$u = 3x$，有

$$\frac{\mathrm{d}y}{\mathrm{d}x} = \frac{\mathrm{d}y}{\mathrm{d}u}\frac{\mathrm{d}u}{\mathrm{d}x} = (\sin u)' \cdot (3x)' = \cos u \cdot (3) = 3\cos 3x$$

例 3.20　设 $y = \cos^4 x$，求 y'。

解　$y' \xlongequal{u = \cos x} (u^4)'_u \cdot (\cos x)' = 4u^3(-\sin x) = -4\sin x\cos^3 x$。

例 3.21　设 $y = \cot x^2$，求 y'。

解　$y' \xlongequal{u = x^2} (\cot u)'_u \cdot (x^2)' = -\csc^2 u \cdot 2x = -2x\csc^2 x^2$。

例 3.22　设 $y = \sqrt{1 - x^2}$，求 y'。

解　设 $u = 1 - x^2$，则 $y = \sqrt{u}$，$u = 1 - x^2$，有

$$\frac{\mathrm{d}y}{\mathrm{d}x} = \frac{\mathrm{d}y}{\mathrm{d}u}\frac{\mathrm{d}u}{\mathrm{d}x} = (\sqrt{u})' \cdot (1 - x^2)' = \frac{1}{2\sqrt{u}} \cdot (-2x) = \frac{-x}{2\sqrt{1 - x^2}}$$

$\boxed{\text{注意：}}$ 在进行既有四则运算又有复合的混合求导时，原则是遇到四则用四则，遇到复合用复合。

例 3.23　设 $y = (x^2 + \sin 2x)^3$，求 y'。

解　设 $u = x^2 + \sin 2x$，则 $y = u^3$，$u = x^2 + \sin 2x$，有

$$\frac{\mathrm{d}y}{\mathrm{d}x} = \frac{\mathrm{d}y}{\mathrm{d}u}\frac{\mathrm{d}u}{\mathrm{d}x} = (u^3)' \cdot (x^2 + \sin 2x)' = 3u^2 \cdot (2x + 2\cos 2x) = 3(x^2 + \sin 2x)^2(2x + 2\cos 2x)$$

例 3.24　设 $y = x\sin x + \sin x^2$，求 $y'(0)$。

解　y 由两部分构成，$x\sin x$ 是乘法运算，应用四则运算公式；$\sin x^2$ 是复合函数，应用复合函数求导法则。所以有

$$y' = x'\sin x + x(\sin x)' + \cos x^2 \cdot (2x) = \sin x + x\cos x + 2x\cos x^2$$

$$y'(0) = (\sin x + x\cos x + 2x\cos x^2)|_{x=0} = 0$$

通过上面的例子可以知道，运用复合函数求导法则的关键在于把复合函数分解成基本初等函数或多项式的形式，然后运用复合函数求导法则和适当的公式进行计算。当对复合函数的分解比较熟练之后，就不必再写出中间变量，只要把中间变量的式子默记在心，直接由外往里逐层求导便可。

例 3.25　求函数 $y = \ln(x^6 + 4x^3 + 9)$ 的导数。

解　根据对数函数的导数公式和复合函数的求导法则得

$$y' = \frac{1}{x^6 + 4x^3 + 9} \cdot (x^6 + 4x^3 + 9)'$$

$$= \frac{6x^5 + 12x^2}{x^6 + 4x^3 + 9}$$

推论 3.2　（链式法则推广）设函数 $y = f(u)$ 在 u 处可导，$u = \varphi(v)$ 在 v 处可导，$v = \psi(x)$

在 x 处可导，则复合函数 $y = f(\varphi(\psi(x)))$ 也在 x 处可导，且

$$\frac{dy}{dx} = \frac{dy}{du}\frac{du}{dv}\frac{dv}{dx} = f_u'(u) \cdot u_v'(v) v_x'(x)$$

例 3.26 求函数 $y = e^{\sin x^2}$ 的导数。

解 $y' = (e^{\sin x^2})' = e^{\sin x^2}(\sin x^2)' = e^{\sin x^2}\cos x^2(x^2)' = 2x e^{\sin x^2}\cos x^2$。

【案例 3.4 的解答】 圆盘面积与时间的增长率为

$$S' = 2\pi(1 + 0.03t)\ (1 + 0.03t)' = 0.06\pi(1 + 0.03t)$$

【能力训练 3.3】

1. 求下列函数的导数 $\dfrac{dy}{dx}$

（1）$y = \cos(7x - 3)$；　　（2）$y = (3x - 2)^4$；　　（3）$y = \arcsin\dfrac{x}{2}$；

（4）$y = (1 - x^2)^7$；　　（5）$y = \sqrt{x^2 - 1}$；　　（6）$y = \dfrac{1}{\sqrt{1 - x^2}}$；

（7）$y = e^{-x^2}$；　　（8）$y = \ln(1 - 2x)$；　　（9）$y = e^{\frac{1}{x}}$；

（10）$y = \sin\dfrac{1}{x}$；　　（11）$y = \cos^2(1 - x)$；　　（12）$y = \arctan\dfrac{1}{x}$；

（13）$y = 2^{(1-x)}$；　　（14）$y = \cos^3 x$；　　（15）$y = \dfrac{1}{\cos^3 x}$；

（16）$y = \dfrac{\ln x}{x} + \cos x^2$；　　（17）$y = xe^x + \sin 3x$；　　（18）$y = \dfrac{x}{\sqrt{1 - x^2}}$。

2. 设一容器内盛有 1 000L 的水经底部流出，40 分钟流完。由托里切利定律知，经时间 t 分钟后容器里所剩水的体积为 $V = 1\,000(1 - \dfrac{t}{40})^2$（$0 \leqslant t \leqslant 40$），求 5 分钟时水的流出速度（即体积对时间的变化率）。

3.2.3　隐函数的求导

案例 3.5 设曲线的方程为 $x^3 + y^3 = 3xy$，求该曲线上一点 $\left(\dfrac{3}{2}, \dfrac{3}{2}\right)$ 的切线方程。

分析：由变化率的几何模型可知，切线方程的斜率就是曲线在该点的导数，但观察该曲线发现该函数为隐函数，前面的方法无法解决，需要使用隐函数求导的方法。

定义 3.4 因变量 y 与自变量 x 的关系是由一个方程 $F(x, y) = 0$ 所确定的，这种由含变量 x 和 y 的方程 $F(x, y) = 0$ 所确定的函数称为**隐函数**；由变量 x 和 y 的方程 $y = f(x)$ 所确定的函数称为**显函数**。

前面研究的绝大部分函数为显函数，如 $y = \sin x + x^2$ 和 $y = 15x^3 + \ln 9x$ 等。但是在实际问题中，还会遇到另一类函数，如由方程 $x^3 + y^3 = 3xy$、$xe^y + xy^3 - xy = 0$ 所确定的函数等

就是隐函数。对于隐函数有可显的隐函数和不可显的隐函数两类，如 $x^3 + y^3 = 3$ 可以化为显函数 $y = \sqrt[3]{3 - x^3}$，所以是可显的隐函数，显然，不能化为显函数的隐函数就是不可显的。

显函数和隐函数是函数的不同形式，显函数能够转化为隐函数的形式，但不是所有的隐函数都能转化为显函数的形式。可显的隐函数可以用前面的求导方法求导，不可显的隐函数如何求导？

隐函数求导法则：用复合函数求导法则直接对方程两边求导。

隐函数求导步骤如下。

（1）方程两边分别对自变量 x 求导；

（2）遇到 x 对 x 求导；遇到 y 时，把 y 看做 x 的函数；遇到 y 的函数，把它看做以 y 为中间变量 x 的复合函数；

（3）整理得 y'。

例 3.27　求由方程 $xy - \mathrm{e}^x + \mathrm{e}^y = 0$ 所确定的隐函数的导数 $\dfrac{\mathrm{d}y}{\mathrm{d}x}$。

解　本题要求导数 $\dfrac{\mathrm{d}y}{\mathrm{d}x}\big|_{x=0}$，说明自变量为 x，因此 y 是 x 的函数，此时 e^y 就是关于 x 的复合函数，该隐函数应详细表示为

$$xy(x) - \mathrm{e}^x + \mathrm{e}^{y(x)} = 0$$

方程的两边同时对自变量 x 求导，有 $[xy(x)]' - (\mathrm{e}^x)' + (\mathrm{e}^{y(x)})' = (0)'$，即

$$[y(x) + xy'(x)] - \mathrm{e}^x + \mathrm{e}^{y(x)} y'(x) = 0$$

解出 $y'(x)$，得 $y'(x) = \dfrac{\mathrm{e}^x - y}{x + \mathrm{e}^y}$。

例 3.28　求由方程 $y + x - \mathrm{e}^{xy} = 0$ 所确定的隐函数的导数，即 $\dfrac{\mathrm{d}y}{\mathrm{d}x}\big|_{x=0}$。

解　本题要求导数 $\dfrac{\mathrm{d}y}{\mathrm{d}x}\big|_{x=0}$，说明自变量为 x，因此 y 是 x 的函数，该隐函数应详细表示为 $y(x) + x - \mathrm{e}^{xy(x)} = 0$，方程的两边同时对 x 求导得

$$y'(x) + 1 - \mathrm{e}^{xy(x)}(y(x) + xy'(x)) = 0$$

也就是说，$\dfrac{\mathrm{d}y}{\mathrm{d}x} = \dfrac{y\mathrm{e}^{xy} - 1}{1 - x\mathrm{e}^{xy}}$。

当 $x = 0$ 时得 $y = 1$，

将 $\begin{cases} x = 0 \\ y = 1 \end{cases}$ 代入所求导数，得 $\dfrac{\mathrm{d}y}{\mathrm{d}x}\big|_{\substack{x=0 \\ y=1}} = 0$。

【案例 3.5 的解答】本题要求导数 $\dfrac{\mathrm{d}y}{\mathrm{d}x}\big|_{x=0}$，说明自变量为 x，因此 y 是 x 的函数，此时 y^3 就是关于 x 的复合函数，该隐函数应详细表示为

$$x^3 + [y(x)]^3 = 3xy(x)$$

方程的两边同时对自变量 x 求导，有 $(x^3)' + \{[y(x)]^3\}' = [3xy(x)]'$，即

$$3x^2 + 3[y(x)]^2 y'(x) = 3[y(x) + xy'(x)]$$

解出 $y'(x)$ ，得　　$y'(x) = \dfrac{y - x^2}{y^2 - x}$ ，

将 $\begin{cases} x = 3/2 \\ y = 3/2 \end{cases}$ 代入所求导数，得 $\dfrac{\mathrm{d}y}{\mathrm{d}x}\big|_{\substack{x=3/2 \\ y=3/2}} = -1$ ，

所以，其切线方程为 $y - \dfrac{3}{2} = -(x - \dfrac{3}{2})$ $\Rightarrow$ $x + y - 3 = 0$ 。

【能力训练 3.4】

1. 求由以下方程所确定的函数的导数。

（1）$xy + \mathrm{e}^x - \mathrm{e}^y = 0$ ；　　　　（2）$x^2 + y^2 - xy = 1$ ；

（3）$y = x + \ln y$ ；　　　　　　（4）$y = \sin(x + y)$ 。

2. 设 y 是由 $x^2 + 2xy - y^2 = 2x$ 所确定的函数，求 $y'|_{x=2}$ 。

3. 求曲线 $x^{\frac{2}{3}} + y^{\frac{2}{3}} = 1$ 在点 $\left(\dfrac{\sqrt{2}}{4}, \dfrac{\sqrt{2}}{4}\right)$ 处的切线方程和法线方程。

【数学文化】微积分发明权

微积分的发明权曾引发了数学史上最大的公案。1684 年，德国数学家莱布尼兹公开发表了论微积分的论文；1687 年，英国数学家牛顿出版了《自然哲学的数学原理》，对莱布尼兹的成果表示认可，但提出："和我的几乎没什么不同，只不过表达的文字和符号不一样。"1699 年，瑞士数学家丢勒指责莱布尼兹剽窃了牛顿的成果，1704 年，牛顿将自己的研究成果整理出来，并出版了《微积分》一书，在书的序言中，牛顿暗示自己早年的微积分手稿被莱布尼兹看到过。不久，质疑牛顿微积分理论借用了莱布尼兹论文的言论开始散布，莱布尼兹的朋友伯努利写了一封匿名信攻击牛顿，但莱布尼兹始终公开称赞牛顿。

在此后的 100 多年，欧洲学术界为微积分的发明权问题争得不可开交，英国人甚至拒绝莱布尼兹的微积分体系。经过了时代的洗刷，史学家认为牛顿和莱布尼兹几乎同时发明了微积分。他们的方法和途径不同，对微积分的贡献也不同。牛顿在微积分的应用方面有突出贡献；而莱布尼兹则发明了简单方便使用至今的微积分符号体系。牛顿确实较莱布尼兹先研究，但没有及时发表自己的成果，而莱布尼兹最先发表了系统的微积分著作。

3.3　高阶导数

案例 3.6　已知做变速直线运动的物体的运动方程为 $s = 3\cos(2t + \pi)$ ，求该物体在 $t = \dfrac{\pi}{2}$

时的加速度。

分析：由变化率的物理模型可得路程对时间的变化率为速度，进一步由物理意义可得速度对时间的变化率为加速度，它反映了速度变化的快慢程度，也就是说，加速度应该是路程对时间的导数的导数，即路程对时间求两次导，$a(t)=v'(t)=[s'(t)]'$。函数对自变量求 2 次以上的导数就是高阶导数。

定义 3.5 设有函数 $y=f(x)$，分别记

一阶导数的导数 $y''=(y')'$ 为 $f(x)$ 的二阶导数，

二阶导数的导数 $y'''=(y'')'$ 为 $f(x)$ 的三阶导数，

············

$n-1$ 阶导数的导数 $y^{(n)}=(y^{(n-1)})'$ 为 $f(x)$ 的 n 阶导数（n 为正整数）。

$y=f(x)$ 的 n 阶导数也可记为 $\dfrac{\mathrm{d}^n y}{\mathrm{d}x^n}$。二阶和二阶以上的导数统称为高阶导数。

注意： 做变速直线运动的物体的加速度是路程对时间的 2 阶导数，即 $a(t)=s''(t)$。

例 3.29 设 $f(x)=x\ln x$，求 $f''(1)$。

解 $f'(x)=\ln x+x\dfrac{1}{x}=\ln x+1,$

$f''(x)=(\ln x+1)'=\dfrac{1}{x} \Rightarrow f''(1)=(\ln x+1)'|_{x=1}=\dfrac{1}{x}|_{x=1}=1$。

例 3.30 设 $y=\mathrm{e}^x$，求 $y^{(n)}$。

解 $y'=\mathrm{e}^x$，$y''=\mathrm{e}^x$，$y'''=\mathrm{e}^x,\cdots$

观察规律，可发现该函数无论求多少次导都是该函数，所以，$y^{(n)}=\mathrm{e}^x$ 。

【案例 3.6 的解答】 因为 $s=3\cos(2t+\pi)$，所以

$$v=s'=-6\sin(2t+\pi),$$
$$a=s''=-12\cos(2t+\pi),$$

则物体在 $t=\dfrac{\pi}{2}$ 时加速度为

$$a(\dfrac{\pi}{2})=s''(\dfrac{\pi}{2})=-12\cos(2t+\pi)|_{x=\frac{\pi}{2}}=-12$$

【能力训练 3.5】

1. 求下列函数的二阶导数。

（1）$y=(x^3+1)^2$；   （2）$y=\ln x$；   （3）$y=1+5x^3$ 。

2. 已知 $y=x^7$，求 y'' 及 $y''(1)$。

3. 设 $y=\ln(1+5x)$，求 $y''|_{x=0}$。

4. 设 $f(x)=2^x$，求 $f^{(4)}(0)$ 。

5. 设 $y = xe^n$，求 $y^{(n)}$。

【数学文化】演绎思想

演绎是在学习数学时最常用的思维方法，是通过对事物的某些已知属性，按照严密的逻辑思维，推出事物的未知属性，是由一般到特殊的逻辑推理方式。例如，数学知识的应用就是将所学数学知识放入到特殊的实际应用中的逻辑推理过程。演绎思想在数学证明中占据非常重要的地位，是用已知的假设、定义、公理及定理按照推理规律导出结论的过程。演绎思想能培养人类大脑逻辑思维的严谨性，提高对事物的准确表达能力。

演绎推理一般采用三段论，如以下示例。

大前提：所有商品都有使用价值。

小前提：水果是商品。

结论：水果是有使用价值的。

无论多么复杂的演绎证明，只要每个环节都使用正确的前提，结论一定是正确的。演绎思想之美在于其前提的简洁性、过程的严密性和结论的正确性。17 世纪，法国数学家迪卡儿曾说过：研究问题要从最简单明了、不容置疑的事实出发，逐步上升到对复杂事物的认识。

很多人都知道物理中的自由落体定理、化学中的合成胰岛素等，都是需要依靠试验和观察得出的，实际上，数学的很多结论也是靠先观察再演绎的过程得到的。18 世纪的大数的学家欧拉（Leonard Euler，1707—1783）曾写道"许多我们知道的整数的性质是靠观察得来的，这发现早已被它的严格证明所证实"。

3.4 微分及其应用

3.4.1 增量问题

在许多实际问题中，需要计算当自变量有微小改变时函数的改变量。然而，计算函数的改变量往往比较复杂，这就促使人们寻找计算函数改变量的近似值的方法，使它既方便计算又有一定的精确度，这就产生了微分的概念。

案例 3.7 有一块正方形金属薄片，均匀受热后，形状没有发生改变，受温度变化的影响后，其边长由 x_0 变到 $x_0 + \Delta x$，求此薄片受热后面积的改变量。

分析：由于是均匀受热，形状没有发生改变，温度改变前薄片的面积为 $A = x_0^2$。受热后薄片的面积的改变量为

$$\Delta A = (x_0 + \Delta x)^2 - x_0^2 = 2x_0\Delta x + (\Delta x)^2$$

其中，Δx 为自变量的改变量，ΔA 为函数值的改变量。

ΔA 由两部分组成：一部分是 Δx 的线性函数 $2x_0\Delta x$，

另一部分是 $(\Delta x)^2$。如图 3-4 所示，当 Δx 很小时，$(\Delta x)^2$ 是一个非常非常小的数。所以，

ΔA 的主要部分是 $2x_0\Delta x$，而 $(\Delta x)^2$ 是次要部分。也就是说，ΔA 可以用 $2x_0\Delta x$ 近似计算，忽略 $(\Delta x)^2$，即 $\Delta A \approx 2x_0\Delta x$。例如，当 $\Delta x = 0.001$ 时，$(\Delta x)^2 = 0.000\ 001$，用 $2x_0\Delta x$ 近似计算 ΔA 的值，误差小于百万分之一。进一步观察主要部分 $2x_0\Delta x$，发现 Δx 前的 $2x_0$ 正好是面积函数 $A = x^2$ 在 x_0 处的导数 $A' = 2x_0$。这样面积的增量可以写为

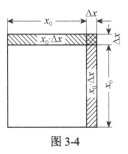

图 3-4

$$\Delta A \approx 2x_0\Delta x = A'(x_0)\Delta x$$

经过研究发现，所有可导函数值的改变量 Δy 都可用 $y'(x)\Delta x$ 的主要部分来近似计算，即

$\Delta y \approx y'(x)\Delta x$，将主要部分 $y'(x)\Delta x$ 称为函数 $y = f(x)$ 的微分，用它表示函数值的改变量 Δy 的近似值。

3.4.2　微分的概念

定义 3.6　设函数 $y = f(x)$ 在 x 处可导，则称 $f'(x)\Delta x$ 为函数 $y = f(x)$ 在 x 处的微分，记为 $\mathrm{d}y$ 或 $\mathrm{d}f(x)$，即

$$\mathrm{d}y = \mathrm{d}f(x) = f'(x)\Delta x$$

此时，称函数 $y = f(x)$ 在点 x 处可微。

规定 $\Delta x = \mathrm{d}x$，则有 $\mathrm{d}y = \mathrm{d}f(x) = f'(x)\Delta x = f'(x)\mathrm{d}x$。

定义 3.7　设函数 $y = f(x)$ 在点 x 的某个邻域内有定义，如果函数的增量可以表示为

$$\Delta y = f'(x)\Delta x + o(\Delta x)$$

其中，$o(\Delta x)$ 是当 $\Delta x \to 0$ 时比 Δx 高阶的无穷小，那么称 $f'(x)\Delta x$ 为函数 $y = f(x)$ 在点 x 的微分，记为 $\mathrm{d}y$，即 $\Delta y = \mathrm{d}y + o(\Delta x)$

注意：　当 $|\Delta x|$ 很小时，用函数的微分近似计算函数的改变量，即 $\Delta y \approx \mathrm{d}y = f'(x)\mathrm{d}x$。

注意：　当 $y = x$ 时，由微分定义有 $\mathrm{d}y = \mathrm{d}x = (x)'\Delta x = \Delta x$，所以有 $\Delta x = \mathrm{d}x$。

注意：　可导一定可微，导数是函数微分 $\mathrm{d}y$ 与自变量微分 $\mathrm{d}x$ 的商，导数也称微商，

$$\mathrm{d}y = f'(x)\mathrm{d}x \quad \Leftrightarrow \quad \frac{\mathrm{d}y}{\mathrm{d}x} = f'(x)$$

【思考题】　说明函数的导数与函数的微分之间的联系与区别。

例 3.31　设函数 $y = x^4$，求自变量 x 由 1 变到 1.01 时，函数的改变量与微分。

解　函数的改变量为 $\Delta y = (x + \Delta x)^4 - x^4 = 1.01^4 - 1^4 \approx 0.0406$，

函数的微分为 $\mathrm{d}y|_{x=1} = f'(1)\mathrm{d}x = (x^4)'|_{x=1}\ \mathrm{d}x = (4x^3)|_{x=1}\ \mathrm{d}x = 4 \times 0.01 = 0.04$。

注意：　由例 3.31 的计算过程会发现两点：当 $|\Delta x|$ 很小时，函数的微分与函数的改变量相差很小；用函数的微分近似计算函数的改变量，比直接计算函数的改变量更方便和快捷。

注意：　函数 $y = f(x)$ 的微分求法：计算函数的导数，乘以自变量的微分 $\mathrm{d}y = f'(x)\mathrm{d}x$。

例 3.32 求函数 $y = x^3$ 的微分，并求当 $x = 2$，$dx = 0.01$ 时的微分。

解 因为 $y' = (x^3)' = 3x^2$，

所以 $dy = 3x^2 dx$，

$$dy\big|_{\substack{x=2 \\ dx=0.01}} = 3x^2 dx\big|_{\substack{x=2 \\ dx=0.01}} = 0.12 \quad。$$

例 3.33 已知函数 $y = \dfrac{\ln x}{x^2}$，求 dy。

解 因为 $y' = \dfrac{x - 2x\ln x}{x^4} = \dfrac{1 - 2\ln x}{x^3}$，

所以 $dy = y'dx = \dfrac{1 - 2\ln x}{x^3} dx$。

例 3.34 已知函数 $y = \sin(5x + 8)$，求 dy。

解 因为 $y' = 5\cos(5x + 8)$，

所以 $dy = y'dx = 5\cos(5x + 8)dx$。

3.4.3 微分形式的不变性

设 $y = f(x)$，$x = \varphi(t)$，则复合函数 $y = f(x) = f(\varphi(t))$ 的微分为

$$dy = \frac{dy}{dx}dx = y'_x(x)dx$$

$$= \frac{dy}{dx}\frac{dx}{dt}dt = f'_x(x)\varphi'_t(t)dt = y'_t(t)dt$$

以上证明说明：对于函数 $y = f(x) = f(\varphi(t))$，若对自变量 t 求导则乘以 t 的微分 dt，若对中间变量以 x 求导则乘以 x 的微分 dx，即求到的变量要和后缀微分的变量保持一致，这个性质称为**微分形式的不变性**，即 $dy = y'_x(x)dx = y'_t(t)dt = y'_u(u)du = y'_v(v)dv$。

例 3.35 求函数 $y = e^{\sin x}$ 的微分。

解 $y = e^{\sin x}$ 可分解为 $y = e^u$，$u = \sin x$，所以有

$$dy = (e^u)'_u du = e^u du = e^{\sin x} d\sin x$$

$$= (e^{\sin x})'_x dx = e^{\sin x} \cos x dx$$

例 3.36 求函数 $y = \sqrt{1 + x^2}$ 的微分。

解 $y = \sqrt{1 + x^2}$ 可分解为 $y = \sqrt{u}$，$u = 1 + x^2$，所以有

$$dy = (\sqrt{u})'_u du = \frac{1}{2\sqrt{u}} du = \frac{1}{2\sqrt{1 + x^2}} d(1 + x^2)$$

$$= (\sqrt{1 + x^2})'_x dx = \frac{x}{\sqrt{1 + x^2}} dx$$

3.4.4 微分的几何意义

函数 $y = f(x)$ 的图像如图 3-5 所示，设过曲线上点 $M(x, y)$ 处的切线为 MT，则由导数

的几何意义可知，切线的斜率 $k = f'(x)$。

当自变量 x 有一微小增量 $\Delta x = \mathrm{d}x = NN'$ 时，对应的，曲线上点 $M(x, y)$ 的纵坐标增量 $\Delta y = QM'$，这时曲线 $y = f(x)$ 在 M 点的切线 MT 的纵坐标也得到相应的增量 QP，且

$$\mathrm{d}y = f'(x)\mathrm{d}x = \tan\varphi NN' = QP$$

在几何上，Δy 表示曲线上点 $M(x, y)$ 的纵坐标的增量，微分 $\mathrm{d}y$ 则表示曲线在点 $M(x, y)$ 处的切线的纵坐标对应于 Δx 的增量，当 $|\Delta x|$ 很小时，Δy 可用 $\mathrm{d}y$ 来近似表示，通过微分几何意义可知，曲线段 MM' 可用直线段 MP 来近似表示。

注意： 函数的微分 $\mathrm{d}y$ 可能小于函数的增量 Δy（图 3-5），也可能大于函数的增量 Δy（图 3-6）。

注意： 微分的几何意义为"以直代曲"的积分思想提供了基础理论。

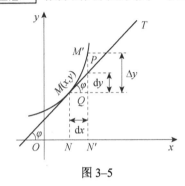

图 3-5

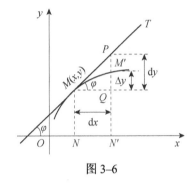

图 3-6

3.4.5 微分的应用

1. 计算函数增量的近似值

当 $|\Delta x|$ 很小时，可用函数的微分近似计算函数的改变量，即 $\Delta y \approx \mathrm{d}y = f'(x)\mathrm{d}x$。

例 3.37 一个充好的气球，半径为 4m。升空后，因外部气压降低，气球半径增大了 10cm。问气球的体积近似地增加了多少？

解 球的体积公式是 $V = \dfrac{4}{3}\pi r^3$，

当半径 r 由 4m 增加了 0.1m 到 4.1m 时，体积 V 的增加为 ΔV，则

$$\Delta V \approx \mathrm{d}V$$

而 $\mathrm{d}V = V'(r)\mathrm{d}r = 4\pi r^2 \mathrm{d}r$，即 $\Delta V \approx \mathrm{d}V = 4\pi r^2 \mathrm{d}r$

由已知有 $\mathrm{d}r = 0.1, r = 4$，代入上式得 $\Delta V \approx 4 \times 3.14 \times 4^2 \times 0.1 \approx 20$（$\mathrm{m}^3$）。

2. 计算函数的近似值

当 $|\Delta x|$ 很小时，有 $\Delta y = f(x_0 + \Delta x) - f(x_0) \approx \mathrm{d}y = f'(x_0)\Delta x$，变形可得计算函数 $y = f(x)$ 在点 x_0 附近的近似值为

$$f(x_0 + \Delta x) \approx f(x_0) + f'(x_0)\Delta x$$

特殊的，当 $x_0 = 0$ 时，令 $\Delta x = x$，有 $f(x) \approx f(0) + f'(0) \cdot x$。

例 3.38 计算 $\sqrt{2}$ 的近似值。

解 设 $f(x) = \sqrt{x}$，$f'(x) = \dfrac{1}{2\sqrt{x}}$，此时 $x_0 = 1.96$，$\Delta x = 0.04$，

$$f(1.96) = \sqrt{1.96} = 1.4, \quad f'(1.96) = \frac{1}{2\sqrt{1.96}} = \frac{1}{2 \times 1.4}。$$

代入公式得，$\sqrt{2} = f(x_0 + \Delta x) \approx f(x_0) + f'(x_0)\Delta x = \sqrt{1.96} + \dfrac{1}{2\sqrt{1.96}}\Delta x = 1.4 + \dfrac{0.04}{2 \times 1.4} =$

1.4143。

例 3.39 计算 $\tan 46^0$ 的近似值。

解 设 $f(x) = \tan x$，$f'(x) = \sec^2 x$，此时 $x_0 = 45^0 = \dfrac{\pi}{4}$，$\Delta x = 1^0 = \dfrac{\pi}{180}$，则 $\tan 46^0 = f(x_0 + \Delta x)$

$$\approx f(x_0) + f'(x_0)\Delta x = \tan 45^0 + \sec^2 45^0 \times \Delta x = \tan 45^0 + \sec^2 45^0 \times \frac{\pi}{180} = 1.0349$$

【能力训练 3.6】

1. 填空题。

（1）$\mathrm{d}\ln x^2 = \underline{\hspace{2cm}} \mathrm{d}x^2 = \underline{\hspace{2cm}} \mathrm{d}x$；

（2）$\mathrm{d}e^{\cos x} = \underline{\hspace{2cm}} \mathrm{d}\cos x = \underline{\hspace{2cm}} \mathrm{d}x$；

（3）$\mathrm{d}\sin\dfrac{1}{x} = \underline{\hspace{2cm}} \mathrm{d}\dfrac{1}{x} = \underline{\hspace{2cm}} \mathrm{d}x$；

（4）$\mathrm{d}\underline{\hspace{2cm}} = e^{\sqrt{x}}\mathrm{d}\sqrt{x} = \underline{\hspace{2cm}} \mathrm{d}x$；

（5）$\mathrm{d}\underline{\hspace{2cm}} = \dfrac{1}{1+x^2}\mathrm{d}(1+x^2) = \underline{\hspace{2cm}} \mathrm{d}x$；

（6）$\mathrm{d}\underline{\hspace{2cm}} = e^{\frac{1}{x}}\mathrm{d}\dfrac{1}{x} = \underline{\hspace{2cm}} \mathrm{d}x$；

（7）$\mathrm{d}\underline{\hspace{2cm}} = \dfrac{1}{x}\mathrm{d}x$；　　　　　　（8）$\mathrm{d}\underline{\hspace{2cm}} = \cos x\mathrm{d}x$；

（9）$\mathrm{d}\underline{\hspace{2cm}} = \dfrac{1}{x^2}\mathrm{d}x$；　　　　　　（10）$\mathrm{d}\underline{\hspace{2cm}} = (1+\dfrac{1}{x})\mathrm{d}x$；

（11）$\mathrm{d}\underline{\hspace{2cm}} = \dfrac{1}{\sqrt{x}}\mathrm{d}x$；　　　　　　（12）$\mathrm{d}\underline{\hspace{2cm}} = \sin x\mathrm{d}x$。

2. 求下列函数的微分 $\mathrm{d}y$。

（1）$y = 8e^x + \ln 3$；　　　　　　（2）$y = x\sin 3x$。

3. 已知 $y = \ln(2-x)$，求 $\mathrm{d}y|_{x=1}$。

4. 半径为 10cm 的金属球，遇热后均匀膨胀，半径伸长了 0.01cm，大致估算一下金属

球的体积增大了多少。

5. 计算下列函数的近似值。

（1） $\cos 31^{o}$ ； （2） $e^{1.01}$

【数学文化】类比思想

类比思想在日常生活中也常被用到，在解决某类问题时，会打开大脑的联想的"阀门"，寻找曾经解决过的类似问题，以此为借鉴解决现有问题，即由已知两类事物具有某些相似性质，从而推断它们在其他性质上也可能具有相似性的思维方法。类比推理仅仅是一种猜测，需要严格的证明才能成为确切的结论。类比思想实际上是通过观察和经验分析发现不同事物间的联系或相似规律。

例如，我们刚刚学习了一元函数的求导，当再学习多元函数的求导时就可以用类比思想去学习，这样可以达到事半功倍的作用。在中学的学习中，类比思想就已得到了不同程度的培养。

运用类比思想的关键是要善于发现不同对象间的相似之处，波兰数学家巴拿赫（S.Banach，1892—1945）曾说：一个人是数学家，那是因为他善于发现及判断事物之间的类似。如果他能判明论证之间的类似，他就是优秀的数学家。如果他能识破理论之间的类似，他就是杰出的数学家。数学家还应能够洞察类似之间的类似。

3.5 拓展学习

3.5.1 对数求导法

对幂指函数 $u(x)^{v(x)}$ 或对多个因子相乘、相除、乘方、开方所构成的函数求导时，通常采用**对数求导法**，即对函数两边先取对数再求导数。

例 3.40 求 $y = x^{\sin 2x} \ (x > 0)$ 的导数。

解 两边取对数，得

$$\ln y = \sin 2x \ln x \text{，}$$

上式为可显的隐函数，运用隐函数求导方法，有

$$\frac{1}{y} \cdot y' = 2\cos 2x \ln x + \frac{\sin 2x}{x}$$

所以

$$y' = x^{\sin 2x} \left(2\cos 2x \ln x + \frac{\sin 2x}{x} \right)$$

例 3.41 求 $y = \dfrac{(x-1)^2 (x-3)^{\frac{1}{2}}}{(x-5)^3 (x-7)^{\frac{1}{3}}}$ 的导数。

解 先在等式两边取绝对值，再取对数，得

$$\ln|y| = 2\ln|x-1| + \frac{1}{2}\ln|x-3| - 3\ln|x-5| - \frac{1}{3}\ln|x-7|$$

将上式两边对 x 求导，用隐函数求导法则得

$$\frac{1}{y} \cdot y' = \frac{2}{x-1} + \frac{1}{2(x-3)} - \frac{3}{x-5} - \frac{1}{3(x-7)}$$

所以有

$$y' = \frac{(x-1)^2(x-3)^{\frac{1}{2}}}{(x-5)^3(x-7)^{\frac{1}{3}}}\left(\frac{2}{x-1} + \frac{1}{2(x-3)} - \frac{3}{x-5} - \frac{1}{3(x-7)}\right)$$

3.5.2 由参数方程所确定的函数的导数

在实际生活中，由参数方程 $\begin{cases} x = x(t) \\ y = y(t) \end{cases}$ 所确定的函数 $y = y(x)$ 同样有求导的需求，由参数方程消去参数 t 得到的函数为显函数的形式很少，为此，有必要探索出由参数方程所确定的函数如何求导。

已知由参数方程 $\begin{cases} x = x(t) \\ y = y(t) \end{cases}$ 所确定的函数 $y = y(x)$ 的导数公式如下，其中，设 $x = x(t)$ 和 $y = y(t)$ 分别有导数 $\dfrac{dx}{dt} = x'(t)$、$\dfrac{dy}{dt} = y'(t)$，且 $x'(t) \neq 0$，则

$$y'_x = \frac{dy}{dx} = \frac{dy}{dt}\frac{dt}{dx} = \frac{\dfrac{dy}{dt}}{\dfrac{dx}{dt}} = \frac{y'(t)}{x'(t)}$$

例 3.42 求摆线 $\begin{cases} x = t - \sin t \\ y = 1 - \cos t \end{cases}$ 在 $t = \dfrac{\pi}{3}$ 处的切线方程。

解 由参数方程的求导公式，得

$$\frac{dy}{dx} = \frac{\dfrac{dy}{dt}}{\dfrac{dx}{dt}} = \frac{\sin t}{1 - \cos t}$$

则摆线在 $t = \dfrac{\pi}{3}$ 处的切线斜率为 $\dfrac{dy}{dx}\Big|_{t=\frac{\pi}{3}} = \dfrac{\sin \dfrac{\pi}{3}}{1 - \cos \dfrac{\pi}{3}} = \sqrt{3}$。

当时 $t = \dfrac{\pi}{3}$，摆线上相应点的坐标为

$$x_0 = \frac{\pi}{3} - \sin\frac{\pi}{3} = \frac{\pi}{3} - \frac{\sqrt{3}}{2}, \quad y_0 = 1 - \cos\frac{\pi}{3} = \frac{1}{2}。$$

所以，摆线在 $t = \dfrac{\pi}{3}$ 处的切线方程为 $y - \dfrac{1}{2} = \sqrt{3}[x - (\dfrac{\pi}{3} - \dfrac{\sqrt{3}}{2})]$。

例 3.43　以初速度为 v_0，发射角为 α 发射炮弹（图 3-7），其运动方程为

$$\begin{cases} x = (v_0 \cos \alpha)t \\ y = (v_0 \sin \alpha)t - \dfrac{1}{2}gt^2 \end{cases}$$

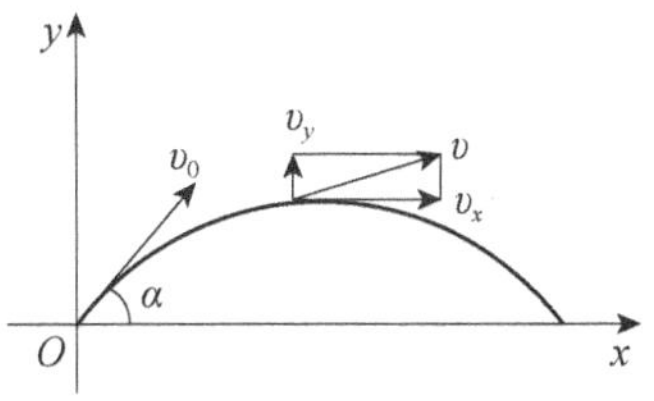

求炮弹在任何时刻运动速度的大小和方向。

图 3-7

解　先求沿 x 轴、y 轴方向的分速度 v_x 和 v_y，

$$v_x = \frac{\mathrm{d}x}{\mathrm{d}t} = v_0 \cos \alpha$$

$$v_y = \frac{\mathrm{d}y}{\mathrm{d}t} = v_0 \sin \alpha - gt$$

则炮弹运动的速度（即合速度）的大小为

$$\begin{aligned} v &= \sqrt{v_x^2 + v_y^2} \\ &= \sqrt{(v_0 \cos \alpha)^2 + (v_0 \sin \alpha - gt)^2} \\ &= \sqrt{v_0^2 - 2(v_0 \sin \alpha)gt + (gt)^2} \end{aligned}$$

炮弹运动速度的方向即为弹道切线的方向．设 θ 为切线的倾斜角，则由导数几何模型可知

$$\tan \theta = \frac{\dfrac{\mathrm{d}y}{\mathrm{d}t}}{\dfrac{\mathrm{d}x}{\mathrm{d}t}} = \frac{v_0 \sin \alpha - gt}{v_0 \cos \alpha}$$

3.5.3　微分的应用——误差估计

由于测量仪器的精度、测量的条件和测量的方法等各种因素的影响，测得的数据往往带有误差，而根据带有误差的数据计算所得的结果也会有误差，这称为间接测量误差。

定义 3.8　假设量 x 可以直接测量，而依赖于 x 的量 y 由函数 $y = f(x)$ 确定，若 x 的测量误差为 Δx，则 y 相应的误差为

$$\Delta y = f(x + \Delta x) - f(x)$$

$|\Delta y|$ 称为量 y 的绝对误差，$\left|\dfrac{\Delta y}{y}\right|$ 为量 y 的相对误差。

在计算中通常用 $|\mathrm{d}y|$ 替代 $|\Delta y|$ 表示绝对误差估计量，用 $\left|\dfrac{\mathrm{d}y}{y}\right|$ 替代 $\dfrac{\Delta y}{y}$ 表示相对误差估计量。

例 3.44　正方形边长测量为 $2.41\mathrm{m}$，该测量值可能的最大误差为 $0.005\mathrm{m}$，求出该正方形的面积，并估计绝对误差和相对误差。

解　设正方形边长为 x，正方形的面积为 $y=x^2$，当边长为 $x=2.41\,\mathrm{m}$ 时，正方形的面积为 $y=x^2=2.41^2=5.808\,1$（$\mathrm{m^2}$），面积 y 相应的误差为

$$\Delta y \approx \mathrm{d}y = y'(x)\Delta x = (x^2)'\Delta x = 2x\Delta x$$

当边长 $x=2.41\,\mathrm{m}$，误差 $\Delta x = 0.005\,\mathrm{m}$ 时，面积 y 的绝对误差为

$$|\Delta y| \approx |\mathrm{d}y| = 2x\Delta x = 2\times 2.41\times 0.005 = 0.024\,1$$

面积 y 的相对误差为 $\left|\dfrac{\Delta y}{y}\right| \approx \left|\dfrac{\mathrm{d}y}{y}\right| = \dfrac{|\mathrm{d}y|}{|y|} = \dfrac{0.024\,1}{5.808\,1} \approx 0.4\%$。

【综合能力训练 3】

1. 求下列函数的导数 $\dfrac{\mathrm{d}y}{\mathrm{d}x}$。

（1）$y = x^3 - 4\cos x + \sqrt{2}$；　　　　　　（2）$y = 3\ln x - \dfrac{\mathrm{e}^x}{2} + 7$；

（3）$y = 2^x + 7\arctan x$；　　　　　　　　（4）$y = 3\mathrm{e}^x - 5x\sin x$；

（5）$y = \dfrac{1}{\mathrm{e}^x} - \dfrac{\cos x}{2x}$；　　　　　　　　　（6）$y = \ln(7-5x)$；

（7）$y = \operatorname{arccot} x^3$；　　　　　　　　　　（8）$y = \sin^3 x$；

（9）$y = 3^{\tan x}$；　　　　　　　　　　　　（10）$y = \ln^5 x$；

（11）$y = \dfrac{\ln x}{x} + \cos x^2$；　　　　　　　（12）$y = \mathrm{e}^{x^5} + \dfrac{7}{\sqrt[3]{x}} + \sin\dfrac{\pi}{2}$。

2. 设 $f(x) = x^2\ln x$，求 $f''(x)$ 及 $f''(1)$。

3. 已知 $y = 2x^2 + \ln 2x$，求 y'' 及 $y''(1)$。

4. 求下列函数的微分 $\mathrm{d}y$。

（1）$y = \dfrac{1}{x} + 2\sqrt{x}$；　　　（2）$y = \dfrac{\ln x}{x} + \arcsin 1$；　　　（3）$y = \dfrac{\mathrm{e}^{2x}}{x}$；

（4）$y = x^4 - x\mathrm{e}^x$；　　　　（5）$y = (x^2+9)^4$；　　　　　　（6）$y = \mathrm{e}^{-x} + \cos(3+x)$。

5. 求下列函数在给定点处的微分。

（1）$\phi = (1+t^2)\arctan t, \; t=1$；　　　　　　　（2）$y = \dfrac{x}{1+x^2}, \; x=0$。

6. 曲线 $y = (x^3-1)(3x+1)$ 在 $x=0$ 处的切线斜率是多少？写出该点的切线方程和法线方程。

7. 以初速 v_0 竖直上抛的物体，其上升高度 s 与时间 t 的关系是 $s = v_0 t - \dfrac{1}{2}gt^2$．求：

（1）该物体的速度 $v(t)$；

（2）该物体到达最高点的时刻。

8. 当物体的温度高于周围介质的温度时，物体就不断冷却．若物体的温度 T 与时间 t 的

函数关系为 $T = T(t) = \dfrac{2t}{0.3t+1} - 10$，应怎样确定该物体在时刻 t 的冷却速度？

9. 有一批半径为 1cm 的钢球，为了提高钢球表面的光洁度，要镀上厚为 0.01cm 的一层铜，若铜的密度为 8.9g/cm³，试估计一下每个钢球需用多少克铜？

能力训练和综合能力训练参考答案

【能力训练 3.1】

1. 2。

2. 4。

3. 切线方程为 $y - 2 = \dfrac{1}{4}(x-4)$；法线方程为 $y - 2 = -4(x-4)$

4. 不存在。

5. 3。

6. $y = x - 1$。

7. 切线方程为 $y - \dfrac{\sqrt{3}}{2} = -\dfrac{1}{2}(x - \dfrac{\pi}{6})$；法线方程：$y - \dfrac{\sqrt{3}}{2} = 2(x - \dfrac{\pi}{6})$。

8. （1）7；（2）6.75。

9. 6

【能力训练 3.2】

1. （1）$4\cos x + 3\mathrm{e}^x$；　　　　　　　（2）$2x\mathrm{e}^x + x^2\mathrm{e}^x$；

（3）$\dfrac{\dfrac{1}{x}(x+1) - \ln x}{(x+1)^2}$；　　　　　（4）$\dfrac{1}{6\sqrt{x}} - \mathrm{e}^x\sin x - \mathrm{e}^x\cos x$；

（5）$1 - \dfrac{5}{2}x^{\frac{7}{2}} - 3x^{-4}$；　　　　　（6）$\mathrm{e}^x(\sqrt{x} + \dfrac{1}{2\sqrt{x}} + 2^x + 2^x\ln 2)$。

2. $3\ln 3 + \dfrac{11}{3}$。

3. 3。

4. 2。

5. $1 - 2\sqrt{3}$。

6. -0.08。

7. 11。

8. （1）196 米/秒　　（2）50。

9. $y + 5 = -3(x+3)$。

【能力训练 3.3】

1. （1）$-7\sin(7x-3)$；　　　（2）$12(3x-2)^3$；　　　（3）$\dfrac{1}{\sqrt{4-x^2}}$；

（4） $-14x(1-x^2)^6$ ；

（5） $\dfrac{x}{\sqrt{x^2-1}}$ ；

（6） $\dfrac{x}{\sqrt{(1-x^2)^3}}$ ；

（7） $-2xe^{-x^2}$ ；

（8） $\dfrac{-2}{1-2x}$ ；

（9） $\dfrac{1}{x^2}e^{-\frac{1}{x}}$ ；

（10） $-\dfrac{1}{x^2}\cos\dfrac{1}{x}$ ；

（11） $\sin 2(1-x)$ ；

（12） $\dfrac{-1}{1+x^2}$ ；

（13） $-2^{(1-x)}\ln 2$ ；

（14） $-3\sin x\cos^2 x$ ；

（15） $3\sin x\cos^{-4}x$ ；

（16） $\dfrac{1-\ln x}{x^2}-2x\sin x^2$ ；

（17） $e^x(1+x)+3\cos 3x$ ；

（18） $\dfrac{1}{\sqrt{(1-x^2)^3}}$ 。

2. -43.75 。

【能力训练 3.4】

1. （1） $y'=\dfrac{y+e^x}{e^y-x}$ ；

（2） $y'=\dfrac{y-2x}{2y-x}$ ；

（3） $y'=\dfrac{y}{y-1}$ ；

（4） $y'=\dfrac{\cos(x+y)}{1-\cos(x+y)}$ 。

2. $y'|_{x=2}=\dfrac{5}{2}$ 或 $-\dfrac{1}{2}$ 。

3. 切线方程为 $y-\dfrac{\sqrt{2}}{4}=-(x-\dfrac{\sqrt{2}}{4})$ ；法线方程： $y-\dfrac{\sqrt{2}}{4}=x-\dfrac{\sqrt{2}}{4}$ 。

【能力训练 3.5】

1. （1） $y''=30x^4+12x$ ；（2） $y''=-\dfrac{1}{x^2}$ ；（3） $y''=30x$ 。

2. $y''=42x^5$, $y''(1)=42$ 。

3. -25 。

4. $(\ln 2)^4$ 。

5. 0 。

【能力训练 3.6】

1. 答案略。

2. （1） $8e^x dx$ ；

（2） $(\sin 3x+3x\cos 3x)dx$ 。

3. $-dx$ 。

4. 4π 。

5. （1） $\dfrac{\sqrt{3}}{2}-\dfrac{1}{2}\times\dfrac{\pi}{180}$ ；

（2） 2.745 。

【综合能力训练 3】

1. （1） $3x^2+4\sin x$ ；

（2） $\dfrac{3}{x}-\dfrac{e^x}{2}$ ；

（3）$2^x \ln 2 + \dfrac{7}{\sqrt{1-x^2}}$;

（4）$3e^x - 5\sin x - 5x\cos x$;

（5）$-e^{-x} + \dfrac{2x\sin x + 2\cos x}{4x^2}$;

（6）$\dfrac{-5}{7-5x}$;

（7）$\dfrac{3x^2}{1+x^6}$;

（8）$3\sin^2 x \cos x$;

（9）$3^{\tan x} \sec^2 x \ln 3$;

（10）$\dfrac{5}{x} \ln^4 x$;

（11）$\dfrac{1-\ln x}{x^2} - 2x\sin x^2$;

（12）$5x^4 e^{x^5} - \dfrac{7}{3} x^{-\frac{4}{3}}$ 。

2. $y'' = 2\ln x + 3$, $y''(1) = 3$ 。

3. $y'' = 4 - \dfrac{1}{x^2}$, $y''(1) = 3$ 。

4. （1）$(-\dfrac{1}{x^2} + \dfrac{1}{\sqrt{x}})dx$;

（2）$\dfrac{1-\ln x}{x^2} dx$;

（3）$\dfrac{2xe^{2x} - e^{2x}}{x^2} dx$;

（4）$(4x^3 - e^x - xe^x)dx$;

（5）$8x(x^2+9)^3 dx$;

（6）$(-e^{-x} - \sin(3+x))dx$ 。

5. （1）$(\dfrac{\pi}{2}+1)dt$;

（2）dx 。

6. $k = -3$, $y+1 = -3x$, $y+1 = \dfrac{1}{3}x$ 。

7. （1）$v(t) = v_0 - gt$;

（2）$t = v_0 / g$ 。

8. $2/(0.3t+1)^2$ 。

9. 1.12g。

第4章 导数的应用

数学中的一些美丽定理具有这样的特性：它们极易从事实中归纳出来，但证明却隐藏得极深。

—— 高 斯

学习目标

1. 通过学习函数的单调性，解决生活中的单调问题。
2. 通过学习函数的极值，解决生活中的极值问题。
3. 领会求最优过程，能解决最优化问题。
4. 通过学习洛必达法则，了解未定式的求极限问题。
5. 通过学习函数的凹凸性，了解曲线特性。

教学提示

用导数解决实际问题除了第 3 章的变化率之外，导数还在很多方面发挥了它的优势，简单方便地解决了很多实际问题。通过简捷的单调性判别法，学生要能解决实际生活中升或降的问题；生活中最优化问题非常多，通过对极值的认识，让学生领会最优化问题的解决方案，也是本章的重点和难点；用导数可以非常有效地解决未定式的极限问题，对于有升学或进一步要求的学生，在拓展学习中给出了函数的凹凸性和拐点的知识介绍。

4.1 函数的单调性

案例 4.1 某城市的人口总数 W（以 1 千万为单位）从 1998 年到现在可近似地用方程 $W = 1.73 \times (1.002\,3)^t$ 来估算，试判断该城市人口总数自 1998 年以来是增长还是减少了。

案例 4.2 设某种商品的单价为 p 时，售出的商品数量 $Q = \dfrac{200}{p+4} - 18$，确定 p 在何范围变化时，该商品的销售额是增加的？

分析：案例 4.1 和案例 4.2 需解决的问题均是判断中学中已学过的函数的单调性问题。用初等数学的方法判断函数的单调性不仅复杂，在单调性发生转变的区域中也很难判断。利用导数来判断函数的单调性既简单又全面。

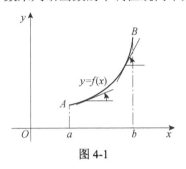

图 4-1

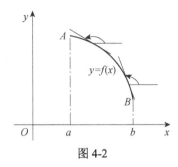

图 4-2

由图 4-1 可见，函数 $y = f(x)$ 在区间 $[a, b]$ 上单调增加，其图像是一条沿着 x 轴正向上升的曲线。此时曲线上各点切线的倾斜角都是锐角，因此各点处切线的斜率 $f'(x)$ 都是正的，即 $f'(x) > 0$。而由图 4-2 可见，函数 $y = f(x)$ 在区间 $[a, b]$ 上单调减少，其图像是一条沿着 x 轴正向下降的曲线。此时曲线上各点切线的倾斜角都是钝角，因此各点处切线的斜率 $f'(x)$ 都是负的，即 $f'(x) < 0$。

直观上不难看出，对于在区间 $[a, b]$ 上连续的函数来说，$f(x)$ 在 $[a, b]$ 上和在 (a, b) 内应具有相同的（严格）单调性，因此下面的判别在开区间 (a, b) 内，有以下定理。

定理 4.1 设 $f(x)$ 在区间 $[a, b]$ 上连续，在开区间 (a, b) 内可导，则在 (a, b) 内：

（1）若 $f'(x) > 0$，则 $f(x)$ 单调增加；

（2）若 $f'(x) < 0$，则 $f(x)$ 单调减少。

由前面的分析不难看出，对于连续函数来说，即使在 (a, b) 内的有限个点处有 $f'(x) = 0$，只要在其余点处 $f'(x)$ 均保持同一符号，也不会影响函数 $f(x)$ 在该区间内的整体单调性. 例如，函数

$$f(x) = x^3$$

在 $x = 0$ 处的导数为零，但在 $(-\infty, +\infty)$ 内的其他点处的导数均大于零，因此它在区间 $(-\infty, +\infty)$ 内仍是单调增加的。

定义 4.1 使 $f'(x) = 0$ 的点为 $f(x)$ 的驻点。

研究函数的单调性，就是判定其在定义域内哪些区间上单调增加、在哪些区间上单调减少。根据上述定理，可导函数的单调性可以根据其导数的正负情况来确定，于是求函数单调区间的步骤如下。

（1）指出函数的定义域。

（2）求出 $f'(x)$。

（3）找出单调性发生变化的可能分界点：$f'(x) = 0$ 的点（驻点）和 $f'(x)$ 不存在的点。

（4）以这些可能分界点将定义域分为若干个子区间，并列表判别 $f'(x)$ 在各个子区间的

符号，从而判定函数 $f(x)$ 的单调性。

例 4.1 求函数 $f(x) = x^4 - 2x^2 - 5$ 的单调区间。

解 （1）函数的定义域为 $(-\infty, +\infty)$；

（2）$f'(x) = 4x^3 - 4x = 4x(x-1)(x+1)$；

（3）该函数没有 $f'(x)$ 不存在的点，$f'(x) = 0$ 的点（驻点）为 $x = -1, 0, 1$；

（4）3 个驻点将定义域分为四个区间，即 $(-\infty, -1)$，$(-1, 0)$，$(0, 1)$，$(1, +\infty)$，列表 4-1 进行判别。

表 4-1

x	$(-\infty, -1)$	$(-1, 0)$	$(0, 1)$	$(1, +\infty)$
$f'(x)$	-	+	-	+
$f(x)$	↘	↗	↘	↗

故函数的单调增加区间为 $(-1, 0)$ 和 $(1, +\infty)$，单调减少区间为 $(-\infty, -1)$ 和 $(0, 1)$。

例 4.2 确定函数 $f(x) = (x-2)^{\frac{2}{3}}$ 的单调区间。

解 函数 $f(x) = (x-2)^{\frac{2}{3}}$ 的定义域为 $(-\infty, +\infty)$，其导数为 $f'(x) = \dfrac{2}{3\sqrt[3]{x-2}}$（$x \neq 2$）。

此时，该函数没有驻点，$x = 2$ 使该函数的导数 $f'(x) = \dfrac{2}{3\sqrt[3]{x-2}}$ 没有意义，是导数不存在的点。

$x = 2$ 把 $(-\infty, +\infty)$ 分成两个区间，即 $(-\infty, 2)$ 和 $(2, +\infty)$，列表（表 4-2）讨论如下。

表 4-2

x	$(-\infty, 2)$	2	$(2, +\infty)$
$f'(x)$	−	不存在	+
$f(x)$	↘	0	↗

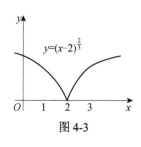

图 4-3

所以，对于函数 $f(x) = (x-2)^{\frac{2}{3}}$，$(-\infty, 2)$ 是它的单调减少区间，$(2, +\infty)$ 是它的单调增加区间．函数图形如图 4-3 所示。

【案例 4.1 的解答】 该城市人口总数自 1998 年以来的增长率为

$$\frac{\mathrm{d}W}{\mathrm{d}t} = 1.73 \times (1.002\ 3)^t \ln 1.002\ 3 > 0$$

因此，该城市人口总数自 1998 年以来是增长的。

【案例 4.2 的解答】 要求销售额何时增加，实际上就是求收益函数的单调增加区间。设售出商品的销售额为 R，则 $R = pQ = p\pi\left(\dfrac{200}{p+4} - 18\right)$，

$$R' = \frac{800}{(p+4)^2} - 18。$$

令 $R'=0$，得 $p=\dfrac{8}{3}$。

当 $0<p<\dfrac{8}{3}$ 时，$R'>0$，此时收益函数 R 单调增加，即随着商品单价 p 的增加，相应的销售额也将增加。

【能力训练 4.1】

1. 求下列函数的单调区间。

（1）$y=x+\dfrac{1}{x}$；
（2）$y=x-\dfrac{3}{2}x^{\frac{2}{3}}$；
（3）$f(x)=x+\cos x$；

（4）$f(x)=\arctan x-x$；
（5）$y=\dfrac{1}{3}(x^3-3x)$；
（6）$y=2x^3-9x^2+12x-3$。

2. 某城市正在遭受某传染病的传播，通过研究发现，该传染病在第 t 天传染的人数为 $q(t)=220.5t^2-3t^3$（$0\leqslant t\leqslant 49$），问在半个月内传染人数是增加还是减少？

3.（游戏软件销售）现开发出一新的游戏软件，短期内销售量迅速增加，过了一段时间开始下降，销售量与月份 t 有如下关系：$Q(t)=\dfrac{200t}{t^2+100}$。现要统计游戏推出一年时的销售量增长情况。

4. 小李在桥上将一个球抛向空中，t s 后球相对于地面的高度为 $y=-5t^2+10t+9$ m，问小球何时上升，何时下降？球在什么时刻到达最大高度？

【数学文化赏】费马

费马于 1601 年 8 月 17 日出生于法国南部，从小生活在富裕舒适的环境中。费马是一名全职律师，17 世纪的法国，男子最让人羡慕的职业就是律师，他同时还是一位业余数学家。20 世纪初，著名的数学史学家贝尔在所撰写的著作中，称费马为"业余数学家之王"，贝尔认为费马是 17 世纪数学家中最多产的"明星"。

费马是解析几何的发明者之一，16、17 世纪，微积分是继解析几何之后的最璀璨的明珠。牛顿和莱布尼兹缔造了微积分，而费马对于微积分诞生的贡献仅次于牛顿和莱布尼兹，他也是概率论的最主要创始人，并且独领 17 世纪的数论。此外，费马对物理学也有非凡的贡献。数学天才费马堪称是 17 世纪法国最伟大的数学家之一。

曲线的切线问题和函数的极大、极小值问题是微积分的起源之一。费马建立了求切线、求极大值和极小值以及定积分的方法，对微积分做出了重大贡献。

4.2 函数的极值

案例 4.3　已知某企业的一产品的收益函数为 $R=30Q-\dfrac{Q^2}{2}$（Q 表示商品件数），试问

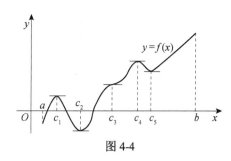

图 4-4

产量为何值时企业收益最大？最大收益是多少？

分析：案例 4.3 需要解决的是求出收益函数 $R = 30Q - \dfrac{Q^2}{2}$ 的峰值，数学用语就是函数的极值。

如图 4-4 所示，函数 $y = f(x)$ 的图像像一座山脉，在点 c_1、c_4 的周围时，函数值 $f(c_1)$、$f(c_4)$ 最大，它像山脉的山顶；而在点 c_2、c_5 的周围时，函数值 $f(c_2)$、$f(c_5)$ 最小，它像山脉的谷底。对于这种性质的点和对应的函数值，给出如下定义。

定义 4.2 设 $f(x)$ 在点 x_0 及其附近有定义，若在点 x_0 附近，恒有：

（1） $f(x) < f(x_0)$，则称 $f(x_0)$ 为极大值，x_0 为**极大值点**；

（2） $f(x) > f(x_0)$，则称 $f(x_0)$ 为极小值，x_0 为**极小值点**。

极大值和极小值统称为**极值**，极大值点和极小值点统称为**极值点**。

从图 4-4 中可以看出 $f(c_1)$、$f(c_4)$ 是函数的极大值，c_1、c_4 是 $f(x)$ 的极大值点；$f(c_2)$、$f(c_5)$ 是函数 $f(x)$ 的极小值，c_2、c_5 是 $f(x)$ 的极小值点。

注意：极值是一个局部性的概念，在指定的区间内，一个函数可能有多个极大值和多个极小值。

注意：某处的极大值还可能小于另一处的极小值。

注意：极值只能在区间的内部取得，极值点不能取在定义区间端点。

注意：极大值不一定是最大值，极小值不一定是最小值。

由图 4-4 可以看出，函数 $f(x)$ 在极值点处的切线是水平的，即在极值点处函数的导数为零。

定理 4.2 （费马定理）设函数 $f(x)$ 在 x_0 处可导，且在点 x_0 处取得极值，则在点 x_0 处必有 $f'(x_0) = 0$。

注意：对于可导函数来说，极值点必定是驻点。

【思考题】驻点是否一定是极值点呢？

考察函数 $f(x) = x^3$，在驻点 $x = 0$ 处，由于函数在 $(-\infty, +\infty)$ 内严格单调增加，不可能在 $x = 0$ 处达到极值。显然，驻点需要进一步判断才能确定是否为极值点。

【思考题】对于导数不存在的点，是否就一定是极值点呢？

（1） $f(x) = |x|$ 在 $x = 0$ 不可导（图 4-5），但 $f(0) = 0$ 却为极小值；

（2） $g(x) = \sqrt[3]{x}$ 在 $x = 0$ 不可导（图 4-6），$x = 0$ 不可能是它的极值点。

通过上面两个函数可以看出不可导点可能是极值点，也可能不是极值点，需进一步判断。

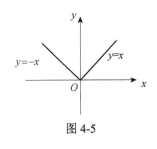
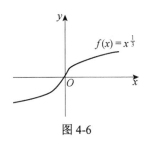

图 4-5　　　　　　　　　　　　　　　　　图 4-6

【思考题】可能的极值点有哪些?

　　总结上述讨论,极值点应在驻点和导数不存在的点之中,但不是所有的驻点和导数不存在的点都是极值点。用集合来表示即为**{极值点}⊂{驻点}∪{导数不存在的点}**。

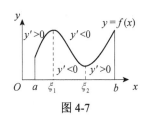

　　所以,求极值时,对驻点和导数不存在的点需进行判别就显得尤为必要。如图 4-7 所示,从图形上不难看出,在点 ξ_1 附近,左边单增(对应 $y'>0$)右边单减(对应 $y'<0$),函数达到极大值;在点 ξ_2 附近,左边单减(对应 $y'<0$)右边单增(对应 $y'>0$),函数达到极小值;再注意到若曲线严格单增或严格单减,则函数没有极值,于是函数极值的判别如下。

图 4-7

　　第一充分判别法　设 $f(x)$ 在点 x_0 处连续,在点 x_0 附近可导,x_0 为 $f(x)$ 的驻点或导数不存在的点。若当 x 在点 x_0 附近从左变到右(不含 x_0 点)时,

　　(1)　$f'(x)$ 由正变为负,则 $f(x_0)$ 为极大值;

　　(2)　$f'(x)$ 由负变为正,则 $f(x_0)$ 为极小值;

　　(3)　$f'(x)$ 不变号,则 $f(x_0)$ 不是极值。

【思考题】求一个函数的极值通过哪几步来完成?

　　求函数的极值点和极值,可按以下步骤进行:

　　(1)　求出函数的定义域;

　　(2)　求出导数 $f'(x)$;

　　(3)　在定义域内求出驻点与导数不存在的点;

　　(4)　用上述点将定义域分为若干个子区间,考察每个子区间内 $f'(x)$ 的符号,利用第一充分判别法确定这些点是否为极值点,如果是极值点,则确定是极大值点还是极小极点;

　　(5)　求出各极值点的函数值,即可得函数 $f(x)$ 的全部极值。

　　例 4.3　求 $f(x)=\dfrac{3}{5}x^{\frac{5}{3}}-\dfrac{3}{2}x^{\frac{2}{3}}$ 的单调区间和极值。

　　解　(1)　函数的定义域为 $(-\infty,+\infty)$;

　　(2)　$f'(x)=x^{\frac{2}{3}}-x^{-\frac{1}{3}}=\dfrac{x-1}{\sqrt[3]{x}}$;

　　(3)　$f'(x)$ 不存在的点为 $x=0$,$f'(x)=0$ 的点(驻点)为 $x=1$,它们将定义域分为三

个区间，即 $(-\infty, 0)$，$(0, 1)$ 和 $(1, +\infty)$；

（4）列表 4-3 进行判别。

表 4-3

x	$(-\infty, 0)$	0	$(0, 1)$	1	$(1, +\infty)$
$f'(x)$	+		-		+
$f(x)$	↗	极大值	↘	极小值	↗

故 $f(0) = 0$ 为极大值，$f(1) = -\dfrac{9}{10}$ 为极小值。

不难想象，当驻点的个数较多时，这样的列表判别就显得不方便了，例如，函数 $f(x) = \cos x$，就有无穷多个驻点 $x = k\pi$（k 为任意整数），此时可采用第二充分判别法。一般的，如果函数只有驻点（无导数不存在的点），对驻点可用第二判别法进行解答。

第二充分判别法　设 $f(x)$ 在点 x_0 处具有二阶导数，$f'(x_0) = 0$，$f''(x_0) \neq 0$。

（1）若 $f''(x_0) < 0$，则 $f(x_0)$ 为极大值；

（2）若 $f''(x_0) > 0$，则 $f(x_0)$ 为极小值。

例 4.4　求 $f(x) = x^3 - 3x^2$ 的极值。

解　（1）函数的定义域为 $(-\infty, +\infty)$；

（2）$f'(x) = 3x^2 - 6x$，$f''(x) = 6(x-1)$；

（3）令 $f'(x) = 0$ 得驻点 $x = 0$ 和 $x = 2$，

由 $f''(0) = -6 < 0$ 知 $f(0) = 0$ 为极大值；

由 $f''(2) = 6 > 0$ 知 $f(2) = -4$ 为极小值。

【思考题】求函数 $f(x) = x^4$ 的极值。

注意：　第二判别法只适用于驻点情况判断。

注意：　$f'(x_0) = 0$、$f''(x_0) = 0$ 时，第二判别法失效。$f(x_0)$ 可能是极值，也可能不是极值。因此，如果函数在驻点处的二阶导数等于零，那么一般应改用第一充分判别法。

【案例 4.3 的解答】　因产量非负，所以 $Q \geq 0$，同时由 $R'(Q) = 30 - Q$ 得驻点为 $Q = 30$，无不可导点。这里采用第二判别法求极值。因为

$$R''(Q) = -1$$

代入驻点得　　$R''(30) = -1 < 0$

由第二判别法知　$R(30) = 450$，为函数的极大值。

【能力训练 4.2】

求下列函数的极值。

（1）$y = x - \ln(1+x)$；　　　（2）$y = 1 - (x-1)^{\frac{2}{3}}$；　　　（3）$y = 4x^3 - 3x^2 - 6x + 2$；

（4）$y = x^4 - 2x^2 + 3$；　　　　（5）$y = (x-1)\sqrt[3]{x^2}$；　　　　（6）$y = (x^2-1)^3 + 1$。

【数学文化赏】化归思想

在解决实际问题时，一般先对问题做仔细观察，然后展开丰富的联想，唤起相关旧知识的回忆，开启思维的大门，能顺利地借助旧知识、旧经验来解决面临的新问题，这种思维方式就是我们常用的化归思想。

化归思想的本质是通过事物内部的关联性和矛盾，将新问题转化为熟悉或易于处理的问题，而在我们大脑中熟悉的或易于处理的问题应该是已规范化的问题，所以，化归思想就是将待解决问题转化为已规范化的问题，通过这种转化，解决需解决的新问题。化归思想有三个要素：化归的对象、化归的目标、化归的方式方法。

例如，解 4 次方程 $x^4 - 2x^2 - 3 = 0$，看到 4 次方程联想到一元二次方程的解决方案，令 $x^2 = u$，即可将 4 次转化为 2 次，原 4 次方程也就能解决了。该问题中化归的对象是一元四次方程，化归的目标是一元二次方程，化归的方法是换元。

4.3　最优化问题

案例 4.4　要建造一个体积为 16π 的圆柱形封闭的容器，问怎样选择它的底半径和高，使所用的材料最省？

在许多实际问题中，常常会遇到求最大、最小、最优、最省等问题。对于这类问题，在数学上通常是设法将其归结为求某个函数的最大值或最小值。下面先介绍闭区间上的连续函数的最大值最小值的求法，再介绍它的简单应用。

定义 4.3　设 $f(x)$ 在区间 I 有定义，x_1、$x_2 \in I$，若对于区间上的所有点 x，有

（1）$f(x) \leqslant f(x_1)$，则称 $f(x_1)$ 为 $f(x)$ 在区间 I 上的最大值，x_1 为**最大值点**；

（2）$f(x) \geqslant f(x_2)$，则称 $f(x_2)$ 为 $f(x)$ 在区间 I 上的最小值，x_2 为**最小值点**。最大值和最小值统称为**最值**，最大值点和最小值点统称为**最值点**。

在第 2 章中，我们已经知道，闭区间 $[a,b]$ 上的连续函数在该区间上必定达到最大值和最小值。显然，整体的最大（或最小）值在局部也是最大（或最小）值，而极值不可能在区间的端点取得。因此，我们有以下结论：

（1）在开区间 (a,b) 内的最大值一定是函数的极大值，最小值也一定是函数的极小值；

（2）函数的最大值和最小值也可能在区间的端点得到。

例如，闭区间 $[a,b]$ 上严格单增或严格单减的连续函数的最大值和最小值均可在端点处取得。

根据上述分析，函数的最大值点和最小值点只可能在驻点、导数不存在的点或端点处取得，结合函数极值的求法，求连续函数 $f(x)$ 在闭区间 $[a,b]$ 上的最大值和最小值的步骤

如下。

（1）求 $f'(x)$，指出函数的可能极值点（驻点、导数不存在的点）；

（2）计算出驻点、导数不存在的点以及给定区间端点处的函数值；

（3）比较上述各函数值的大小，最大者即为最大值，最小者即为最小值。

例 4.5 求 $f(x) = x^3 - 3x + 1$ 在闭区间 $[-3, 2]$ 上的最大值和最小值。

解 （1）$f'(x) = 3x^2 - 3$，$f(x)$ 的驻点为 $x = \pm 1$；

（2）$f(1) = -1$，$f(-1) = 3$，$f(2) = 3$，$f(-3) = -17$。

故函数的最大值为 3，最小值为 -17。

函数在闭区间 $[a, b]$ 连续的前提下，某些特殊情况下可以直接得出函数的最大值和最小值。

（1）若 $f(x)$ 在闭区间 $[a, b]$ 上单调增加，则 $f(x)$ 的最大值为 $f(b)$，最小值为 $f(a)$；

若 $f(x)$ 在闭区间 $[a, b]$ 上单调减少，则 $f(x)$ 的最大值为 $f(a)$，最小值为 $f(b)$。

（2）如果 $f(x)$ 在 (a, b) 内只有一个极值点，那么这个极值点就是函数在 $[a, b]$ 上的最大值点或最小值点，如图 4-8 所示。

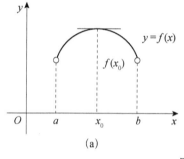

图 4-8

（3）在解决实际问题时，若所建立的函数只有一个驻点，且从实际问题可知必定有最大值或最小值，则这唯一驻点的函数值即为所求的最值。

通过以下例题的学习，总结解决最优化实际问题的步骤。

例 4.6 将一边长为 6m 的正方形铁皮，四角各截去一个大小相同的小正方形，然后将四边折起做成一个无盖的方盒。问截掉的小正方形边长为多大时，所得方盒的容积最大？

解 （1）假设：如图 4-9 所示，设截掉的小正方形的边长为 x。

（2）模型建立：由已知可得截完盒底的边长为 $6 - 2x$，则目标函数模型（即方盒的容积）为 $V = x(6 - 2x)^2$（$0 < x < 3$）。

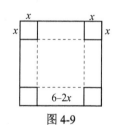

图 4-9

（3）求解：所求问题归结为求目标模型函数 V 的最大值，根据求最值方法，先求出该函数的导数 V'，进而求得驻点。

求导，得

$$V' = 6(1 - x)(6 - 2x)$$

$$V'' = 12(2x - 4)$$

注意到 $0 < x < 3$ ，令 $V' = 0$ ，得函数有唯一的驻点： $x = 1$ 。

由 $V''(1) = -24 < 0$ 知， $V(1)$ 为最大值。

即当截掉的小正方形的边长 $x = 1\text{m}$ 时，方盒的容积最大。

【案例 4.4 的解答】 如图 4-10 所示，不难看出，用料最省就是要使容器的表面积最小。

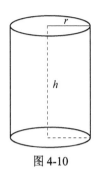

图 4-10

（1）假设：设容器的底半径为 r ，高为 h ，并无突发事件使其变形。

（2）模型建立：已知容器的体积为 $V = \pi r^2 h = 16\pi$ ，即 $h = \dfrac{16}{r^2}$ ，则目标函数模型（即表面积）为

$$S = 2\pi r^2 + 2\pi rh = 2\pi(r^2 + \frac{16}{r}) \ (0 < r < +\infty)$$

（3）求解：问题归结为求 r 为何值时，目标模型函数 S 取得最小值。根据求最值方法，先求出该函数的导数 S' ，进而求得驻点。求导，得

$$S' = 4\pi(r - \frac{8}{r^2}) , \quad S'' = 4\pi(1 + \frac{16}{r^3})$$

令 $S' = 0$ 得唯一的驻点： $r = 2$ 。

由 $S''(2) = 12\pi > 0$ ，知 $r = 2$ ， $h = 4$ 时，所用材最省。

例 4.7 已知生产某商品 x 单位的成本为

$$C(x) = 5x + 200 \ \text{（元）}$$

所得收益为

$$R(x) = 10x - 0.01x^2 \ \text{（元）}$$

问应生产该商品多少单位，才能使总利润 L 为最大？

解　（1）假设：生产该商品 x 单位，并且 x 单位商品都售出，利润为 L 元。

（2）模型建立：大家知道利润为收入减去成本，则目标函数模型（即利润函数）为

$$L = R(x) - C(x) = 5x - 0.01x^2 - 200 \quad (0 < x < +\infty)$$

（3）求解：问题归结为求 x 为何值时，目标模型函数 L 取得最大值。根据求最值方法，先求出该函数的导数 L' ，进而求得驻点。求导，得

$$L' = 5 - 0.02x , \quad L'' = -0.02$$

令 $L' = 0$ 得唯一驻点： $x = 250$ 。

由于 $L'' = -0.02 < 0$ ，可知生产 250 个单位能使总利润最大。

通过以上例题，可总结出求解最优化实际问题步骤如下。

（1）假设：合理假设，对问题进行分析，明确已知和未知量。

（2）模型建立：对目标函数建立数学模型。

（3）求解：对目标函数求导，令导数为零，求得驻点，进而求最值。

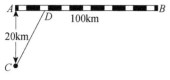

图 4-11

例 4.8　铁路线上 AB 段的距离为 100km，工厂 C 距离 A 处为 20km，AC 垂直于 AB（图 4-11），为了运输需要，要在 AB 线上选定一点 D 向工厂修一条公路。已知铁路上每千米货运的费用与公路上每千米的货运费用之比为 3:5。为了使货物从供应站 B 到工厂 C 的运费最省，问 D 应选在何处？

解　（1）假设：设 D 点选在距离 A x km 处，从供应站 B 到工厂 C 的运费为 y，不妨设铁路上每千米货物运费为 $3k$，则公路上每千米货运运费为 $5k$（k 为常数）。

（2）模型建立：建立目标函数模型，即货物从 B 点运至 C 点需要的总运费 y。由于

$$DB = 100 - x, \quad CD = \sqrt{20^2 + x^2} = \sqrt{400 + x^2}$$

那么

$$y = 5k\sqrt{400 + x^2} + 3k(100 - x) \quad (0 \leqslant x \leqslant 100)$$

（3）求解：问题归结为当 x 在区间 $[0, 100]$ 上取何值时，目标函数总费用 y 取得最小值，根据求最值方法，先求出该函数的导数 y'，进而求得驻点。求导，得

$$y' = 5k\frac{x}{\sqrt{400 + x^2}} - 3k$$

令 $y' = 0$ 得唯一驻点 $x = 15$，由于运费必然存在最小值，因此，当 $x = 15$ 时，函数有最小值，即运费最省。

例 4.9　某房地产公司有 50 套公寓要出租，当租金定为每月 180 元时，公寓会全部租出去。当租金每月增加 10 元时，就有一套公寓租不出去，而租出去的房子每月需花费 20 元的整修维护费。试问房租定为多少可获得最大收入？

解　（1）假设：设房租为每月 x 元，收入为 R 元。

（2）模型建立：目标函数模型为建立收入与房租的函数关系模型。

由于租出去的房子有 $50 - \left(\dfrac{x - 180}{10}\right)$ 套，因此月收入为

$$R = (x - 20)\left(50 - \frac{x - 180}{10}\right)$$

（3）求解：问题归结为当 x 取何值时，目标函数收入 R 取得最大值，根据求最值方法，先求出该函数的导数 R'，进而求得驻点。求导得

$$R' = 70 - \frac{x}{5}$$

令 $R' = 0$，得唯一驻点 $x = 350$，由于收入存在最大值，因此，房租定为每月 350 元时收入最大。

【能力训练 4.3】

1. 求函数 $y = x^4 - 2x^3$ 在 $[-1, 2]$ 上的最大值和最小值。

2. 若矩形的面积为 S ，问长和宽为多少时周长最短？

3. 欲做一个底为正方形，容积为 108m³ 的长方体开口容器，问底边长和高为多少时所用材料最省？

4. 将周长为 $2a$ （ a 为常数）的矩形，绕其长为 x 的一边旋转得到一圆柱体，问 x 为多少时圆柱的体积最大？

5. 有一门洞，上半部为一个半圆，下半部为一矩形，周围长 15m，要使得面积最大，门宽应为多少？

6. 一炮艇停泊在距海岸（设之为直线）9 km 处，派人送信给设在海岸线上距该艇 $3\sqrt{34}$ km 的司令部，若送信人步行速率为 5 km/h，划船速率为 4 km/h，问他在何处上岸到达司令部的时间最短？

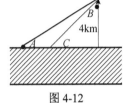

7. A、B 两厂在河岸的同侧，A 在河岸边，B 离河岸 4km，A 与 B 相距 5km，如图 4-12 所示，现在河岸同侧建一水厂 C，从水厂 C 到 B 厂每千米水管材料费是 C 厂到 A 厂水管材料费的 $\sqrt{5}$ 倍，问水厂 C 设在离 A 厂多远处才能使两厂所耗总的水管材料费为最省？

图 4-12

8. 某产品生产 x 单位的总成本为 $C(x) = 300 + \dfrac{1}{12}x^3 - 5x^2 + 170x$，每售出一个单位的产品可收入 134 元，求没有库存时能使利润到最大的产量。

9. 某学校靠墙要盖一长方形的小屋，现有存砖只够砌 20m 长的墙壁，问应围成怎样的长方形才能使这间小屋的面积最大？

【数学文化赏】最优化思想

最优化思想是把整个系统分成不同的等级和层次，在整个系统的运动过程中协调整体与局部的关系，使局部的功能和目标服从于系统整体的最佳目标，从而使整体系统达到最优。最优化思想的培养非常有效地提高了人类在处理多因素复杂问题时，协调各因素与整体关系，以达到整体目标最优的思维方法。

利用美的启示，来认识美的结构、发掘美的因素、追求美的形式、发挥美的潜意识的作用，最优化思想就是用美的方法处理问题。要组成一个功能最优的整体系统，单单考虑各个要素的性能的优良是不够的，若各要素配合不当，不仅发挥不了各要素的优良功能，还会相互抵消，所以，每一要素性能的好坏，不仅看其个体，还需将其放入整体系统中考察。孤立地看性能优的要素，放在某一特定的系统中，可能与其他要素不协调，反而影响整体功能的发挥，那么这个要素对整体系统而言就不是性能优良的，需要牺牲个体，优化整体。从最优化角度解决整体系统问题，就是协调各因素使整体系统发挥其最优功能。

4.4 洛必达法则

在第 2 章中，已经了解了极限的描述性定义、代值求极限和有理分式当 $x \to \infty$ 的极限的求法。但代值求极限的方法却不适宜 $\dfrac{0}{0}$ 和 $\dfrac{\infty}{\infty}$ 型极限的计算。这是因为两个无穷小量之比的极限或两个无穷大量之比的极限，有可能存在，也有可能不存在，人们称这类极限为未定式。

这类极限还有 $\infty - \infty$、$0 \cdot \infty$、1^∞、0^0、∞^0 型等。以下介绍 $\dfrac{0}{0}$ 和 $\dfrac{\infty}{\infty}$ 型未定式，为了方便，记 $x \to a$ 为任一极限过程，于是可得下列法则。

洛必达法则　若 $f(x)$ 与 $g(x)$ 满足条件：

（1）$\lim\limits_{x \to a} f(x) = \lim\limits_{x \to a} g(x) = 0$（或 ∞）;

（2）$f(x)$ 与 $g(x)$ 在点 a 附近可导，且 $g'(x) \neq 0$;

（3）$\lim\limits_{x \to a} \dfrac{f'(x)}{g'(x)}$ 为有限值（或 ∞）;

那么

$$\lim_{x \to a} \frac{f(x)}{g(x)} = \lim_{x \to a} \frac{f'(x)}{g'(x)}$$

注意：洛必达法则使用条件说明 $\lim\limits_{x \to a} \dfrac{f(x)}{g(x)}$ 必为 $\dfrac{0}{0}$ 或 $\dfrac{\infty}{\infty}$ 型。

注意：洛必达法则使用过程中极限 $\lim\limits_{x \to a} \dfrac{f'(x)}{g'(x)}$ 必须存在，否则不能直接应用罗必达法则求极限。

例 4.10　求 $\lim\limits_{x \to 3} \dfrac{x^2 - 9}{x^2 + 2x - 15}$。

解　此极限为 $\dfrac{0}{0}$ 型. 由洛必达法则得

$$原式 = \lim_{x \to 3} \frac{(x^2 - 9)'}{(x^2 + 2x - 15)'} = \lim_{x \to 3} \frac{2x}{2x + 2} = \frac{3}{4}$$

例 4.11　求 $\lim\limits_{x \to \frac{\pi}{2}} \dfrac{\tan x}{\tan 3x}$。

解　此极限为 $\dfrac{\infty}{\infty}$ 型，由洛必达法则可得

$$原式 = \lim_{x \to \frac{\pi}{2}} \frac{(\tan x)'}{(\tan 3x)'} = \lim_{x \to \frac{\pi}{2}} \frac{\dfrac{1}{\cos^2 x}}{\dfrac{1}{\cos^2 3x} \cdot 3}$$

$$= \frac{1}{3} \lim_{x \to \frac{\pi}{2}} \frac{\cos^2 3x}{\cos^2 x} = \frac{1}{3} (\lim_{x \to \frac{\pi}{2}} \frac{\cos 3x}{\cos x})^2$$

注意到

$$\lim_{x\to\frac{\pi}{2}}\frac{\cos 3x}{\cos x}=\lim_{x\to\frac{\pi}{2}}\frac{(\cos 3x)'}{(\cos x)'}=\lim_{x\to\frac{\pi}{2}}\frac{-3\sin 3x}{-\sin x}=-3$$

所以有

$$\lim_{x\to\frac{\pi}{2}}\frac{\tan x}{\tan 3x}=3$$

例 4.12　求 $\lim_{x\to+\infty}\dfrac{\ln x}{x^n}(n>0)$。

解　此极限为 $\dfrac{\infty}{\infty}$ 型，由洛必达法则得

$$\lim_{x\to+\infty}\frac{\ln x}{x^n}=\lim_{x\to+\infty}\frac{\frac{1}{x}}{nx^{n-1}}=\lim_{x\to+\infty}\frac{1}{nx^n}=0$$

应用洛必达法则时，还应注意下列情形。

注意： 如果使用一次洛必达法则以后 $\lim_{x\to a}\dfrac{f'(x)}{g'(x)}$ 仍是 $\dfrac{0}{0}$ 或 $\dfrac{\infty}{\infty}$ 型未定式，且仍满足洛必达法则的条件，则可对 $\lim_{x\to a}\dfrac{f'(x)}{g'(x)}$ 再次应用洛必达法则。

注意： 为了求导计算的简单，在应用洛必达法则之前，可对函数先做恒等变形。

注意： 形如 $\lim_{x\to a}\dfrac{f(x)u(x)}{g(x)v(x)}$ 的 $\dfrac{0}{0}$ 或 $\dfrac{\infty}{\infty}$ 型极限，如果 $u(x)$ 和 $v(x)$ 代 a 值后为非零常数值，那么根据极限的积与商的运算规则，可先将 $u(x)$ 和 $v(x)$ 代 a 值，以简化应用洛必达法则时的求导计算。例如：

$$\lim_{x\to 0}\frac{(1+x^2)\sin x}{x\cos x^2}=\lim_{x\to 0}\frac{(1+x^2)\big|_{x=0}\cdot\sin x}{\cos x^2\big|_{x=0}\cdot x}=\lim_{x\to 0}\frac{\sin x}{x}=1$$

例 4.13　求 $\lim_{x\to 0}\dfrac{e^x-e^{-x}-2x}{x-\sin x}$。

解　原式 $=\lim_{x\to 0}\dfrac{e^x+e^{-x}-2}{1-\cos x}=\lim_{x\to 0}\dfrac{e^x-e^{-x}}{\sin x}$

$$=\lim_{x\to 0}\frac{e^x+e^{-x}}{\cos x}=2$$

例 4.14　求 $\lim_{x\to\frac{\pi}{2}}\dfrac{x\tan x}{\sin x\tan 3x}$。

解　原式 $=\lim_{x\to\frac{\pi}{2}}\dfrac{\frac{\pi}{2}\cdot\frac{\sin x}{\cos x}}{1\cdot\frac{\sin 3x}{\cos 3x}}=-\dfrac{\pi}{2}\lim_{x\to\frac{\pi}{2}}\dfrac{\cos 3x}{\cos x}$

$$= -\frac{\pi}{2} \lim_{x \to \frac{\pi}{2}} \frac{-3\sin 3x}{-\sin x} = \frac{3\pi}{2}$$

例 4.15 求 $\lim\limits_{x \to \infty} \dfrac{x + \sin x}{x}$。

解 如果用洛必达法则，有 $\lim\limits_{x \to \infty} \dfrac{x + \sin x}{x} = \lim\limits_{x \to \infty} \dfrac{1 + \cos x}{1}$，这个极限不存在。

但事实上，

$$\lim_{x \to \infty} \frac{x + \sin x}{x} = \lim_{x \to \infty}(1 + \frac{\sin x}{x}) = 1 + \lim_{x \to \infty} \frac{\sin x}{x} = 1$$

因此，可以看出，在某些情况下，洛必达法则在求未定式 $\dfrac{0}{0}$ 或 $\dfrac{\infty}{\infty}$ 的极限时，洛必达法则也会失效，此时要另找方法去求极限。

【能力训练 4.4】

求下列函数的极限。

(1) $\lim\limits_{x \to \infty} \dfrac{x^2 - 2x}{2x^3 - 1}$；

(2) $\lim\limits_{x \to a} \dfrac{x^n - a^n}{x^m - a^m}$（$a, m, n \neq 0, n = m$）；

(3) $\lim\limits_{x \to +\infty} \dfrac{x^2}{e^x}$；

(4) $\lim\limits_{x \to 0} \dfrac{\ln \cos x}{x^2}$；

(5) $\lim\limits_{x \to 0} \dfrac{\ln(1 + \sin x)}{\ln(1 + x)}$；

(6) $\lim\limits_{x \to a} \dfrac{\sin x - \sin a}{x - a}$

(7) $\lim\limits_{x \to 0} \dfrac{a^x - b^x}{x}$；

(8) $\lim\limits_{x \to \frac{\pi}{6}} \dfrac{1 - 2\sin x}{\cos 3x}$；

(9) $\lim\limits_{x \to 0} \dfrac{\tan ax}{\sin bx}$。

【数学文化赏】洛必达法则的由来

大家知道洛必达法则是用来求分子和分母都趋于无穷时的分式极限问题的非常有效的法则，洛必达是法国一名侯爵，曾拜瑞士数学家约翰·伯努利为师学习数学。约翰·伯努利是老尼古拉·伯努利的第三个儿子，雅格布·伯努利的弟弟，他们家族是瑞士著名的数学家族——伯努利家族，约翰·伯努利也是一位非常出色的数学家。约翰·伯努利虽然很有数学头脑，但经济条件不是很好，而洛必达的经济条件很好，虽在数学方面一直没有什么实质性成果，却很想出名。洛必达看到老师生活困难，想帮助老师，他希望老师帮他写一篇论文。被卖给洛必达的就是论述洛必达法则的论文，因此，法则就以法国人洛必达的姓氏来命名。洛必达去世后，约翰·伯努利向欧洲及其他数学家解释说：洛必达法则是他的研究成果，但大家认为论文既然被卖给了洛必达，成果就应该归洛必达名下，因此，洛必达法则一直延续至今。

4.5 拓展学习

4.5.1 曲线的凹凸性

关于函数曲线的变化状态，前面已介绍过单调增加或减少，但还不能完全反映其变化规律。观察函数 $y=x^2$ 和 $y=\sqrt{x}$ 在区间 $[0,+\infty]$ 上的图形（图 4–13），它们都是单调上升的，但是它们的弯曲方向却完全不同。曲线 $y=x^2$ 上任一点处切线都在该曲线的上方，其图形是向上弯曲的，曲线 $y=\sqrt{x}$ 上任一点处切线都在该曲线的下方，其图形是向下弯曲的。曲线的弯曲方向即为曲线的凹凸性。

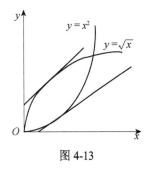

图 4-13

定义 4.4　设函数 $y=f(x)$ 在 (a,b) 内连续，若在区间 (a,b) 内，曲线 $y=f(x)$ 总位于其上任意一点切线的上方，则称曲线 $y=f(x)$ 在 (a,b) 内是凹的，如图 4-14（a）所示；若在区间 (a,b) 内曲线 $y=f(x)$ 总位于其上任意一点切线的下方，则称曲线 $y=f(x)$ 在 (a,b) 内是凸的，如图 4-14（b）所示。

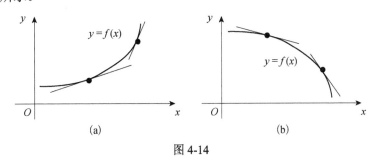

图 4-14

从图 4-14 还可以看出：若曲线 $y=f(x)$ 是凹的，则曲线上切线的斜率 $f'(x)$ 随 x 增大而单调递增；若曲线 $y=f(x)$ 是凸的，则曲线上切线的斜率 $f'(x)$ 随 x 增大而单调递减。对斜率函数 $f'(x)$ 的单调性可利用单调性判别法来判别，即由 $f''(x)$ 的符号来判断曲线的凹凸性。

定理 4.3　设函数 $f(x)$ 在区间 (a,b) 内二阶可导：

（1）若 $f''(x)>0,x\in(a,b)$，则曲线 $y=f(x)$ 在 (a,b) 内是凹的；

（2）若 $f''(x)<0,x\in(a,b)$，则曲线 $y=f(x)$ 在 (a,b) 内是凸的。

例 4.16　判断曲线 $y=x^{\frac{1}{3}}$ 的凹凸性。

解　因为　$y'=\dfrac{1}{3}x^{-\frac{2}{3}}$，$y''=-\dfrac{2}{9}x^{-\frac{5}{3}}$，

所以，由凹凸判别法可得，当 $x<0$ 时，$y''>0$，曲线 $y=x^{\frac{1}{3}}$ 在 $(-\infty,0)$ 内是凹的；

当 $x>0$ 时，$y''<0$，曲线 $y=x^{\frac{1}{3}}$ 在 $(0,+\infty)$ 内是凸的。

从例 4.16 可以看到，连续曲线 $y=x^{\frac{1}{3}}$ 在点 $(0,0)$ 处曲线的凹凸性发生了变化。这个点称为拐点。

4.5.2　拐点

定义 4.5　连续曲线 $y=f(x)$ 上凹凸性的分界点 $(x_0,f(x_0))$ 称为该曲线的**拐点**。

由拐点定义容易得出曲线有拐点的充分条件。

定理 4.4 设 $f(x)$ 在 (a,b) 内二阶可导，$x_0 \in (a,b)$，$f''(x_0)=0$，且在点 x_0 两侧附近 $f''(x)$ 异号，则点 $(x_0, f(x_0))$ 为曲线 $y = f(x)$ 的拐点。

曲线 $y = f(x)$ 在区间 (a,b) 内的拐点判定步骤如下。

（1）求出 $f''(x)$；

（2）令 $f''(x)=0$，求出 $f''(x)=0$ 在区间 (a,b) 内的实根以及 $f''(x)$ 不存在的点；

（3）列表判断 $f''(x)$ 在这些点左右两侧的符号。

例 4.17 判定曲线 $y = (x-1)\sqrt[3]{x^5}$ 的凹凸性和拐点。

解 $y' = x^{\frac{5}{3}} + (x-1) \cdot \frac{5}{3} x^{\frac{2}{3}} = \frac{8}{3} x^{\frac{5}{3}} - \frac{5}{3} x^{\frac{2}{3}}$

$$y'' = \frac{40}{9} x^{\frac{2}{3}} - \frac{10}{9} x^{-\frac{1}{3}} = \frac{10}{9} \cdot \frac{4x-1}{\sqrt[3]{x}}$$

令 $y''=0$，得 $x = \frac{1}{4}$；在点 $x=0$ 处 y'' 无意义，所以，y'' 不存在的点为 $x=0$。

通过点 $x=0$ 和 $x=\frac{1}{4}$ 把定义域 $(-\infty, +\infty)$ 分成三个区间，列表 4-4 进行判别。

表 4-4

x	$(-\infty, 0)$	0	$(0, \frac{1}{4})$	$\frac{1}{4}$	$(\frac{1}{4}, +\infty)$
y''	$+$	不存在	$-$	0	$+$
y	$\cup$	拐点 $(0,0)$	$\cap$	拐点 $(\frac{1}{4}, -\frac{3}{16\sqrt[3]{16}})$	$\cup$

所以，在区间 $(-\infty, 0)$ 和 $(\frac{1}{4}, +\infty)$ 内，曲线是凹的；在区间 $(0, \frac{1}{4})$ 内，曲线是凸的。拐点为 $(0,0)$ 和 $(\frac{1}{4}, -\frac{3}{16\sqrt[3]{16}})$。

【综合能力训练 4】

1. 求下列函数的极值和单调区间。

（1）$f(x) = \sqrt[3]{(2x-x^2)^2}$；　　　　（2）$y = x^3 e^{-x}$；　　　　（3）$f(x) = x - \ln 2x$；

（4）$f(x) = 4x + \frac{36}{x}$；　　　　（5）$y = 2\ln x - x^2$。

2. 靠墙围一个面积为 $128\,\mathrm{m}^2$ 的矩形，如何围用材最少？

3. 制作一个底面为正方形、体积为 $125\,\mathrm{m}^3$ 的立方体容器（无盖）。已知底面单位造价是周围单位造价的 2 倍。如何设计使总造价最低？

4. A、B 两厂与码头均位于一东西向直线河流的同一侧，河岸边的 A 厂离码头 10km，B 厂在码头的正北方，离码头 4km，现 A、B 两厂欲在 A 厂与码头间的河岸边建造一公用变电站。如果沿河架设电线，费用为 3 千元/千米，不沿河岸架设费用为 5 千元/千米。问此变电站应在何处才能使由变电站通往 A、B 两厂的架设电线的总费用最少？

5. 设某企业在生产一种商品 x 件时的总收益为 $R(x)=100x-x^2$，总成本函数 $C(x)=200+50x+x^2$，在全部销售出去的情况下，生产多少件商品时，企业获得最大利润？

6. 制作一个体积为 $27\pi m^3$ 的开口的圆柱体容器，怎样设计才能使用料最少？

能力训练和综合能力训练参考答案

【能力训练 4.1】

1.（1）（-1，1）单减，$(-\infty,-1)$ 和 $(1,+\infty)$ 单增；

（2）（0，1）单减，$(-\infty,0)$ 和 $(1,+\infty)$ 单增；

（3）定义域内单增；

（4）定义域内单减；

（5）（-1，1）单减，$(-\infty,-1)$ 和 $(1,+\infty)$ 单增；

（6）（1，2）单减，$(-\infty,1)$ 和 $(2,+\infty)$ 单增。

2. 增加。

3. 10 个月内增加，超过 10 个月减少。

4.（0，1）内上升，1s 后下降，1s 时最高。

【能力训练 4.2】

（1）极小值 $f(0)=0$；

（2）极小值 $f(\frac{35}{27})=\frac{5}{9}$，极大值 $f(1)=1$；

（3）极小值 $f(1)=-1$，极大值 $f(-\frac{1}{2})=\frac{15}{4}$；

（4）极小值 $f(\pm1)=2$，极大值 $f(0)=3$；

（5）极小值 $f(\frac{2}{5})=-\frac{3}{5}\sqrt[3]{\frac{4}{25}}$，极大值 $f(0)=0$；

（6）极小值 $f(0)=0$。

【能力训练 4.3】

1. 最小值 $f\left(\frac{3}{2}\right)=-\frac{27}{16}$，最大值 $f(-1)=3$。

2. 当长与宽均等于 $\sqrt{s}$ 时周长最短。

3. 边长为 6m，高为 3m 时材料最省。

4. $a/3$。

5. $2(\pi+2)/\pi$。

6. 在离司令部 3km 处上岸所用时间最短。

7. 1km。

8. 产量为 36 时利润最大。

9. 围成长 10m，宽 5m 的小屋时面积最大。

【能力训练 4.4】

（1）0；　　　　（2）1；　　　　（3）0；　　　　（4）-1/2；　　　　（5）1；

（6）$\cos a$；　　（7）$\ln a - \ln b$；　　（8）$\sqrt{3}/3$；　　（9）a/b。

【综合能力训练 4】

1. （1）$(-\infty, 0)$ 和 $(1, 2)$ 内减少，$(0, 1)$ 和 $(2, +\infty)$ 内增加，极大值 $f(1)=1$，极小值 $f(0) = f(2) = 0$；

（2）$(-\infty, 3)$ 内增加，$(3, +\infty)$ 内减少，极大值 $f(3) = 27\mathrm{e}^{-3}$；

（3）$(0, 1)$ 内减少，$(1, +\infty)$ 内增加，极小值 $f(1) = 1$；

（4）$(-3, 3)$ 内减少，$(-\infty, -3)$ 和 $(3, +\infty)$ 内增加，极大值 $f(-3) = -24$，极小值 $f(3) = 24$；

（5）$(0, 1)$ 内减少，$(1, +\infty)$ 内增加，极小值 $f(1) = -1$。

2. 长为 16、宽为 8 时用材最少。

3. 底边长为 5、高为 5 的正方体造价最低。

4. 变电站设在距 A 点 7km 处总费用最低。

5. 12.5 件时，利润最大。

6. 底半径设为 $3/\sqrt[3]{\pi}$ 用材最少。

第5章 不定积分

数学之所以比一切其他科学都受到尊重，一个理由是因为它的命题是绝对可靠和无可争辩的，而其他的科学经常处于被新发现的事实推翻的危险中。数学之所以有高声誉，另一个理由就是数学使得自然科学实现定理化，给予自然科学某种程度的可靠性。

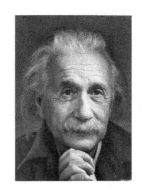

——爱因斯坦

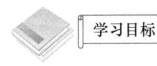

1. 了解不定积分的概念。
2. 熟练掌握不定积分的基本公式。
3. 熟练掌握不定积分第一类换元法。
4. 了解第二类换元法。
5. 掌握不定积分的分部积分法。
6. 知道有理函数的积分。

在第 3 章中，已经讨论了如何求一个已知函数的导数。本章将讨论与它相反的问题，即如何求一个可导的函数，使它的导数等于已知的函数。这是积分学的基本问题之一，这个可导的函数被称为已知函数的原函数。

本章的重点是掌握求原函数的技能。为此，除了要熟练掌握求原函数的基本方法外，还要注意掌握一些典型的技巧（这些典型技巧大都体现在所举例子中）。学习时要多做练习，注意不断积累经验，才能提高掌握解题关键的能力。

5.1 不定积分的概念和基本公式

5.1.1 原函数

在讨论质点沿直线运动时，由于实际问题的不同，经常会提出两方面的问题：一方面是已知路程函数 $s = s(t)$，求速度 $v = v(t)$，这个问题在学习导数的概念后，可以得到解决，即 $v(t) = s'(t)$；另一方面是已知质点做直线运动的速度 $v = v(t)$，求路程函数 $s = s(t)$，这个问题本质上是前一个问题的逆问题，即已知函数 $v(t)$，求函数 $s(t)$，使得 $s'(t) = v(t)$。

案例 5.1 某物体做初速度为零的自由落体运动，已知在时刻 t 的瞬时速度为 $v(t) = gt$，求在最初 2s 中所落下的距离。

分析：设此做自由落体运动的物体的路程函数为 $s = s(t)$，由于在时刻 t 的瞬时速度为 $v(t) = gt$，即

$$s'(t) = v(t) = gt$$

又因为

$$(\frac{1}{2}gt^2 + C)' = gt = v(t)$$

所以

$$s(t) = \frac{1}{2}gt^2 + C$$

将已知条件 $s(0) = 0$ 代入，得 $C = 0$，所以

$$s(t) = \frac{1}{2}gt^2, \quad s(2) = \frac{1}{2}g \cdot 2^2 \approx 19.6 \ （m）$$

以上案例可归纳为已知一个函数 $F(x)$ 的导数 $f(x)$，求原来的函数 $F(x)$ 的问题。

定义 5.1 设 $f(x)$ 在区间 I 上有定义，如果存在可导函数 $F(x)$，使得 $\forall x \in I$ 有 $F'(x) = f(x)$，则称 $F(x)$ 为 $f(x)$ 在区间 I 上的一个原函数。

例如，因为在 $(-\infty, +\infty)$ 上有 $(\sin x)' = \cos x$，所以 $\sin x$ 是 $\cos x$ 在 $(-\infty, +\infty)$ 上的一个原函数；因为在 $(-\infty, +\infty)$ 上有 $(x^2 + 3x + 1)' = 2x + 3$，所以 $x^2 + 3x + 1$ 是 $2x + 3$ 在 $(-\infty, +\infty)$ 上的一个原函数。

给出原函数的概念之后，自然会提出以下几个问题。

（1）$f(x)$ 在区间 I 上函数满足什么条件时才存在原函数？这属于原函数存在性的问题。

（2）如果 $f(x)$ 在区间 I 上存在原函数，它的原函数是否唯一？这属于原函数是否唯一的问题。

首先解决原函数存在性问题，有如下定理。

定理 5.1 （原函数存在定理）如果 $f(x)$ 在区间 I 上连续，则 $f(x)$ 在区间 I 上必定存在原函数。

关于原函数唯一性问题，先来看下面几个例题。

不难验证：

$\sin x + 1$ 是 $\cos x$ 的原函数；$\sin x + 2$ 也是 $\cos x$ 的原函数；$\sin x + \pi$ 还是 $\cos x$ 的原函数。更一般的，$\sin x + C$（其中 C 是任意常数）依然是 $\cos x$ 的原函数。

同样，不难验证：$\dfrac{1}{2}x^2 + 3x$；$\dfrac{1}{2}x^2 + 3x - 2$；$\dfrac{1}{2}x^2 + 3x + 2$ 以及 $\dfrac{1}{2}x^2 + 3x + C$（其中 C 是任意常数）都是 $x + 3$ 的原函数。

以上几个例子似乎说明，原函数如果存在，原函数就是不唯一的。可事实上如何呢？

定理 5.2　如果 $f(x)$ 在区间 I 上存在原函数 $F(x)$，那么 $F(x) + C$ 仍为 $f(x)$ 在区间 I 上的原函数，其中 C 为任意常数。也就是说，如果 $f(x)$ 在区间 I 上存在原函数，则 $f(x)$ 在区间 I 上存在无数多个原函数。

上面讨论了原函数的存在性问题和唯一性问题，大家知道，$f(x)$ 只要存在原函数，其原函数就有无数多个，现在要提的另一个问题是，如果 $f(x)$ 存在原函数，那么 $f(x)$ 的任意两个原函数之间是什么关系呢？

定理 5.3　如果 $F(x)$ 和 $G(x)$ 是 $f(x)$ 在区间 I 上的任意两个原函数，则

$$G(x) = F(x) + C \quad （C\text{ 为任意常数}）$$

综上所述：如果 $f(x)$ 在区间 I 上存在原函数，那么 $f(x)$ 在区间 I 上存在无限多个原函数，并且任意两个原函数之间只相差一个常数。

5.1.2　不定积分的定义

根据上述的讨论，如果 $F(x)$ 是 $f(x)$ 在区间 I 上的一个原函数，那么 $F(x) + C$（C 为任意常数）就包含了 $f(x)$ 在区间 I 上的所有原函数。

就像用 $f'(x)$ 或 $\dfrac{\mathrm{d}f}{\mathrm{d}x}$ 表示函数 $f(x)$ 的导数一样，需要引进一个符号，用它表示"已知函数 $f(x)$ 在区间 I 上的全体原函数"，从而产生了不定积分的概念。

定义 5.2　如果 $f(x)$ 在区间 I 上存在原函数，那么 $f(x)$ 在区间 I 上的全体原函数记为 $\displaystyle\int f(x)\mathrm{d}x$，并称它为 $f(x)$ 在区间 I 上的不定积分，此时称 $f(x)$ 在区间 I 上可积，即

$$\int f(x)\mathrm{d}x = F(x) + C$$

其中，$\displaystyle\int$ 称为积分号；$f(x)$ 称为被积函数；x 称为积分变量；$f(x)\mathrm{d}x$ 称为被积表达式；C 称为积分常数。

值得特别指出的是，$\displaystyle\int f(x)\mathrm{d}x = F(x) + C$ 表示"$f(x)$ 在区间 I 上的所有原函数"，因此等式中的积分常数是不可疏漏的。

下面来介绍几个简单实例。

例 5.1 求 $\int \cos x \mathrm{d}x$ 。

解 因为 $(\sin x)' = \cos x$ ，所以 $\int \cos x \mathrm{d}x = \sin x + C$ 。

例 5.2 求 $\int x^{\alpha} \mathrm{d}x$ $(\alpha \neq -1)$ 。

解 仔细回忆一下，幂函数的导数 $(x^{\alpha})' = \alpha x^{\alpha-1}$ ，也就是说，幂函数求导数是降幂，当然有 $\left(\dfrac{1}{1+\alpha} x^{\alpha+1} \right)' = x^{\alpha}$ ，所以 $\int x^{\alpha} \mathrm{d}x = \dfrac{1}{1+\alpha} x^{\alpha+1} + C$ 。

例 5.3 求 $\int \mathrm{e}^{2x} \mathrm{d}x$ 。

解 因为 $\left(\dfrac{1}{2} \mathrm{e}^{2x} \right)' = \mathrm{e}^{2x}$ ，所以 $\int \mathrm{e}^{2x} \mathrm{d}x = \dfrac{1}{2} \mathrm{e}^{2x} + C$ 。

为了叙述上的方便，今后讨论不定积分时，不再指明它的积分区间，除特别声明外，所讨论的积分 $\int f(x) \mathrm{d}x$ 都是在 $f(x)$ 的连续区间内的。

5.1.3 不定积分的几何意义

如果 $F(x)$ 是 $f(x)$ 的一个原函数，则 $f(x)$ 不定积分为：

$$\int f(x) \mathrm{d}x = F(x) + C$$

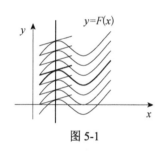

图 5-1

那么在几何上，曲线 $y = F(x)$ 称为被积函数 $f(x)$ 的一条积分曲线，不定积分 $\int f(x) \mathrm{d}x$ 表示的是积分曲线 $y = F(x)$ 沿着 y 轴由 $-\infty$ 到 $+\infty$ 平行移动的**积分曲线族**（图 5-1），这个曲线族中的所有曲线可表示成 $y = F(x) + C$ ，它们在同一横坐标 x 处的切线彼此平行，因为它们的斜率都等于 $f(x)$ 。

例 5.4 已知一曲线经过 $(1,3)$ 点，并且曲线上任一点的切线的斜率等于该点横坐标的 2 倍，求该曲线方程。

解 设所求方程为 $y = F(x)$ ，由已知可得 $F'(x) = 2x$ ，于是

$$F(x) = \int 2x \mathrm{d}x = x^2 + C$$

已知 $F(1) = 3$ ，所以 $C = 2$ ，所以 $y = x^2 + 2$ 为所求方程.

5.1.4 不定积分的基本公式

由不定积分概念的引入可知，不定积分是导数的逆运算，因此，可把导数的基本公式倒过来写，不难得到不定积分的基本公式。

（1） $\int 0 \mathrm{d}x = C$ ；

（2） $\int x^{\alpha} \mathrm{d}x = \dfrac{1}{1+\alpha} x^{\alpha+1} + C$ $(\alpha \neq -1)$ ；

（3） $\int \dfrac{1}{x} \mathrm{d}x = \ln |x| + C$ ；

（4） $\int a^x \mathrm{d}x = \dfrac{1}{\ln a} a^x + C$ $(a > 0, \ a \neq 1)$ ；

（5）$\int e^x dx = e^x + C$；　　　（6）$\int \sin x dx = -\cos x + C$；

（7）$\int \cos x dx = \sin x + C$；　　　（8）$\int \sec^2 x dx = \tan x + C$；

（9）$\int \csc^2 x dx = -\cot x + C$；　　　（10）$\int \sec x \tan x dx = \sec x + C$；

（11）$\int \csc x \cot x dx = -\csc x + C$；

（12）$\int \dfrac{1}{\sqrt{1-x^2}} dx = \arcsin x + C = -\arccos x + C$；

（13）$\int \dfrac{1}{1+x^2} dx = \arctan x + C = -\text{arccot}\, x + C$
。

　　上述的积分公式是最基本的积分公式，它的作用类似于算术运算中的"九九表"，如果"九九表"记不熟，能顺利地进行乘法运算是一件很难想象的事情。同样的道理，如果上述的基本积分公式记不熟，不定积分的计算基本上是无法进行下去的。以后在计算不定积分时，最终都是化为能用到基本积分公式表的形式，因此上述基本公式必须达到熟记的程度。上述的基本公式通常被称为基本积分表。

5.1.5　不定积分的基本性质和运算法则

　　由不定积分定义不难得知：

（1）$\left(\int f(x)dx\right)' = f(x)$，或者 $d\int f(x)dx = f(x)dx$；

（2）$\int f'(x)dx = f(x) + C$，或者 $\int df(x) = f(x) + C$。

　　这两个等式再次表明了导数或微分与不定积分互为逆运算的关系。

　　事实上，根据不定积分的定义，如果 $F(x)$ 是 $f(x)$ 的一个原函数，即 $F'(x) = f(x)$，那么

$$\left(\int f(x)dx\right)' = (F(x)+C)' = F'(x) = f(x)$$

或者

$$d\left(\int f(x)dx\right) = \left(\int f(x)dx\right)' dx = f(x)dx$$

因此，被积表达式 $f(x)dx$ 可以理解成 $f(x)$ 的一个原函数 $F(x)$ 的微分。

（3）$\int kf(x)dx = k\int f(x)dx$，其中，$k$ 为非零常数。

　　k 为非零常数的要求在这个等式中是必需的，因为 $k=0$ 时，左边 $=\int 0 dx = C$，右边 $= 0$，等式自然不能成立。

（4）$\int (f(x) \pm g(x))dx = \int f(x)dx \pm \int g(x)dx$。

　　更一般的，有

$$\int (k_1 f_1(x) + k_2 f_2(x) + \cdots + k_n f_n(x))dx = k_1 \int f_1(x)dx + k_2 \int f_2(x)dx + \cdots + k_n \int f_n(x)dx$$

当然，上述等式都是在各个积分存在的前提下成立的。

5.1.6 直接积分计算举例

前面学习了基本积分公式和基本积分法则,很多的积分可以由此直接计算出来,下面通过简单的实例,说明直接计算的基本方法。

例5.5 计算 $\int 2x^2 \mathrm{d}x$ 。

解 $\int 2x^2 \mathrm{d}x = 2\int x^2 \mathrm{d}x = 2 \cdot \dfrac{x^{2+1}}{2+1} + C = \dfrac{2}{3}x^3 + C$

例5.6 计算 $\int x^3(\sqrt{x}+3)\mathrm{d}x$ 。

解
$$\int x^3(\sqrt{x}+3)\mathrm{d}x = \int (x^{\frac{7}{2}}+3x^3)\mathrm{d}x$$
$$= \int x^{\frac{7}{2}}\mathrm{d}x + 3\int x^3 \mathrm{d}x$$
$$= \frac{2}{9}x^{\frac{9}{2}} + \frac{3}{4}x^4 + C$$

逐项求积分后,每个不定积分都含有任意常数,由于任意常数之和仍为任意常数,所以只需写一个任意常数 C 即可。

例5.7 求 $\int (3\cos x + 2\mathrm{e}^x)\mathrm{d}x$ 。

解
$$\int (3\cos x + 2\mathrm{e}^x)\mathrm{d}x = 3\int \cos x \mathrm{d}x + 2\int \mathrm{e}^x \mathrm{d}x$$
$$= 3\sin x + 2\mathrm{e}^x + C$$

在进行不定积分计算时,有时需要把被积函数做适当的变形,再利用不定积分的性质及基本积分公式进行积分。

例5.8 求 $\int \dfrac{x^4}{1+x^2}\mathrm{d}x$ 。

解
$$\int \frac{x^4}{1+x^2}\mathrm{d}x = \int \frac{x^4-1+1}{1+x^2}\mathrm{d}x$$
$$= \int \frac{x^4-1}{x^2+1}\mathrm{d}x + \int \frac{1}{1+x^2}\mathrm{d}x$$
$$= \int (x^2-1)\mathrm{d}x + \arctan x$$
$$= \frac{1}{3}x^3 - x + \arctan x + C$$

例5.9 求 $\int \dfrac{1}{\cos^2 x \sin^2 x}\mathrm{d}x$ 。

解
$$\int \frac{1}{\cos^2 x \sin^2 x}\mathrm{d}x = \int \frac{\sin^2 x + \cos^2 x}{\cos^2 x \sin^2 x}\mathrm{d}x$$
$$= \int \frac{1}{\cos^2 x}\mathrm{d}x + \int \frac{1}{\sin^2 x}\mathrm{d}x$$
$$= \int \sec^2 x \mathrm{d}x + \int \csc^2 x \mathrm{d}x$$

$$= \tan x - \cot x + C$$

例 5.10　求 $\displaystyle\int \frac{\mathrm{d}x}{x^2(1+x^2)}$。

解　因为 $\displaystyle\frac{1}{x^2(1+x^2)} = \frac{1}{x^2} - \frac{1}{(1+x^2)}$，

所以 $\displaystyle\int \frac{\mathrm{d}x}{x^2(1+x^2)} = \int\left(\frac{1}{x^2} - \frac{1}{1+x^2}\right)\mathrm{d}x = \int\frac{1}{x^2}\,\mathrm{d}x - \int\frac{1}{1+x^2}\,\mathrm{d}x$

$$= -\frac{1}{x} - \arctan x + C$$

例 5.11　计算 $\displaystyle\int \cos^2\frac{x}{2}\,\mathrm{d}x$。

解　注意到 $\cos x = 2\cos^2\dfrac{x}{2} - 1$，于是

$$\int \cos^2\frac{x}{2}\,\mathrm{d}x = \int\frac{1+\cos x}{2}\,\mathrm{d}x = \frac{1}{2}\int\mathrm{d}x + \frac{1}{2}\int\cos x\,\mathrm{d}x = \frac{1}{2}x + \frac{1}{2}\sin x + C$$

对于不定积分的计算，合理地进行一些恒等变换，有时是必要的，这些基本变换方法只有通过加强练习才能得以掌握和运用，只有在练习过程当中多进行归纳和总结，才能提高自己解决问题的能力，才能寻求出适合自己的解题方法。

【数学文化】微积分思想的酝酿

从下文艺复兴以来，欧洲的科技蓬勃发展。远洋航运需要通过精密观测天体来确定船舶的方位，天文望远镜的光程设计需要研究透镜曲面的切线规律，火炮准确射击也需要研究炮弹飞行中不断变化的轨迹和速度。

数学家们在解决问题的过程中，逐步形成了微积分的一些基本用法。这些问题可以归纳为以下四类。

（1）求速度和加速度。

（2）求曲线的切线。

（3）求函数的最值。

（4）求面积和体积。

【能力训练 5.1】

计算下列不定积分。

（1）$\displaystyle\int (x^3 + 3x^2 + 1)\mathrm{d}x$；

（2）$\displaystyle\int x^2\sqrt{x}\,\mathrm{d}x$；

（3）$\displaystyle\int \frac{x^2 + \sqrt{x^3} + 3}{\sqrt{x}}\,\mathrm{d}x$；

（4）$\displaystyle\int \sqrt[3]{x}(x^2 - 5)\mathrm{d}x$；

（5）$\displaystyle\int \frac{3^x + 2^x}{3^x}\,\mathrm{d}x$；

（6）$\displaystyle\int (\mathrm{e}^x - 3\cos x)\mathrm{d}x$；

(7) $\int e^{x-3} dx$；

(8) $\int \dfrac{1+x+x^2}{x(1+x^2)} dx$；

(9) $\int \dfrac{\cos 2x}{\cos x + \sin x} dx$。

5.2 换元积分法

5.2.1 第一类换元积分法

由一阶微分形式的不变性，知 $df(u) = f'(u)du$ 无论 u 是中间变量还是自变量，上述等式永远都是成立的。

如果 $u = \varphi(x)$ 可微，那么 $df(u) = f'(u)du = f'(\varphi(x))\varphi'(x)dx$。

例如，求 $y = \sin^3 x$ 的微分，由上述公式有

$$dy = 3\sin^2 x d\sin x = 3\sin^2 x \cos x dx$$

把这个问题反过来考虑，如何求满足 $dF(x) = 3\sin^2 x \cos x dx$ 的 $F(x)$？

我们知道，微分运算与积分运算互为逆运算，如果能注意到 $\cos x dx = d\sin x$，再用逆向思维的方法来考虑问题，先令 $u = \sin x$，问题就转换成

$$dF = 3u^2 du$$

到此，问题自然就迎刃而解了．这一处理方法的思想，就是下面将要介绍的第一换元积分法（凑微分法）的思想。

定理 5.4　（第一类换元积分法）如果 $f(u)$ 关于 u 存在原函数 $F(u)$，$u = \varphi(x)$ 关于 x 存在连续导数，则

$$\int f(\varphi(x))\varphi'(x)dx = f(\varphi(x))d\varphi(x)$$
$$= \int f(u)du = F(u) + C$$
$$= F(\varphi(x)) + C$$

事实上，由于 $(F(\varphi(x)) + C)' = F'(\varphi(x))\varphi'(x) = f(\varphi(x))\varphi'(x)$，由不定积分的定义可知等式成立。

第一类换元积分法的积分思路如下：先在被积函数中分解出一个"因式"，再把这个因式按微分意义放到微分符号中，使得微分符号中的这个函数形成一个新的积分变量，在新的积分变量下，积分变得简单了。

下面以具体的示例来说明如何应用第一类换元积分法。

例 5.12　计算 $\int (2+x)^{99} dx$。

解　如果注意到了 $d(2+x) = dx$ 的微分性质，问题就很好解决了，只要令 $u = 2 + x$，就有 $\int (2+x)^{99} dx = \int (2+x)^{99} d(2+x) = \int u^{99} du = \dfrac{1}{100} u^{100} + C = \dfrac{1}{100}(2+x)^{100} + C$。

需要指出的是，在今后不定积分的计算过程中，可以根据需要在微分 $\mathrm{d}x$ 的变量 x 后面加上任意一个想加的常数，此时有 $\mathrm{d}(x+C)=\mathrm{d}x$。

例 5.13　计算 $\int \mathrm{e}^{3x}\mathrm{d}x$。

解　被积函数 e^{3x} 是由 e^u 和 $u=3x$ 复合而成的，如果把 $\mathrm{d}x$ 凑成 $\mathrm{d}(3x)$，其关系式为 $\mathrm{d}x=\dfrac{1}{3}\mathrm{d}(3x)$，于是

$$\int \mathrm{e}^{3x}\mathrm{d}x=\int \frac{1}{3}\mathrm{e}^{3x}\mathrm{d}(3x)=\frac{1}{3}\int \mathrm{e}^u\mathrm{d}u=\frac{1}{3}\mathrm{e}^u+C=\frac{1}{3}\mathrm{e}^{3x}+C$$

更一般的，当被积函数形如 $f(ax+b)$ 时，被积表达式 $f(ax+b)\mathrm{d}x$ 可凑成 $\dfrac{1}{a}f(ax+b)\mathrm{d}(ax+b)$ 形式，即转换成 $\dfrac{1}{a}f(u)\mathrm{d}u$ 的形式。

例 5.14　计算 $\int x\mathrm{e}^{x^2}\mathrm{d}x$。

解　不难发现 $x\mathrm{d}x=\dfrac{1}{2}\mathrm{d}(x^2)$，在这种情况下，令 $u=x^2$，问题就不难解决了，即

$$\int x\mathrm{e}^{x^2}\mathrm{d}x=\int \frac{1}{2}\mathrm{e}^{x^2}\mathrm{d}x^2=\frac{1}{2}\int \mathrm{e}^u\mathrm{d}u=\frac{1}{2}\mathrm{e}^u+C=\frac{1}{2}\mathrm{e}^x+C。$$

例 5.15　计算 $\int \tan x\mathrm{d}x$。

解　由于 $\tan x=\dfrac{\sin x}{\cos x}$，而 $\sin x\mathrm{d}x=-\mathrm{d}\cos x$，令 $u=\cos x$，则有

$$\int \tan x\mathrm{d}x=\int \frac{\sin x}{\cos x}\mathrm{d}x=\int \frac{-1}{\cos x}\mathrm{d}\cos x=-\int \frac{1}{u}\mathrm{d}u=-\ln|u|+C=-\ln|\cos x|+C$$

用同样的方法可求出：

$$\int \cot x\mathrm{d}x=\int \frac{\cos x}{\sin x}\mathrm{d}x=\int \frac{1}{\sin x}\mathrm{d}\sin x=\ln|\sin x|+C$$

例 5.16　计算 $\int \dfrac{1}{a^2+x^2}\mathrm{d}x$。

解　$\displaystyle\int \frac{1}{a^2+x^2}\mathrm{d}x=\int \frac{1}{a^2}\frac{1}{1+\left(\frac{x}{a}\right)^2}\mathrm{d}x=\frac{1}{a}\int \frac{1}{1+\left(\frac{x}{a}\right)^2}\mathrm{d}\left(\frac{x}{a}\right)=\frac{1}{a}\arctan\frac{x}{a}+C$

例 5.17　计算 $\int \dfrac{1}{\sqrt{a^2-x^2}}\mathrm{d}x$。

解　$\displaystyle\int \frac{1}{\sqrt{a^2-x^2}}\mathrm{d}x=\int \frac{1}{a}\frac{1}{\sqrt{1-\left(\frac{x}{a}\right)^2}}\mathrm{d}x=\int \frac{1}{\sqrt{1-\left(\frac{x}{a}\right)^2}}\mathrm{d}\left(\frac{x}{a}\right)=\arcsin\left(\frac{x}{a}\right)+C$

例 5.18　计算 $\int \dfrac{1}{x\ln x}\mathrm{d}x$。

解　在这个问题中，如果能注意到 $(\ln x)'=\dfrac{1}{x}$ 或 $\dfrac{1}{x}\mathrm{d}x=\mathrm{d}\ln x$，问题就不难解决了，即

$$\int \frac{1}{x\ln x}dx = \int \frac{1}{\ln x}d\ln x = \ln|\ln x| + C$$

例 5.19 计算 $\int \sin^2 x dx$。

解 由于 $\sin^2 x = \dfrac{1-\cos 2x}{2}$，那么

$$\int \sin^2 x dx = \int \frac{1-\cos 2x}{2}dx = \frac{1}{2}\int dx - \frac{1}{2}\int \cos 2x dx$$

$$= \frac{1}{2}x - \frac{1}{4}\int \cos 2x d(2x) = \frac{x}{2} - \frac{1}{4}\sin 2x + C$$

不定积分第一类换元积分法是积分计算的一种常用的方法，但是它的技巧性相当强，这不仅要求熟练掌握积分的基本公式，还要有一定的分析能力，要熟悉微分公式。即使同一个问题，解决者选择的切入点不同，解决途径也会不同，难易程度和计算量也就大不相同。下面给出凑微分的一些公式。

类型 1：$\int f(ax+b)dx = \dfrac{1}{a}\int f(ax+b)d(ax+b)$，即 $dx = \dfrac{1}{a}d(ax+b)$。

类型 2：$\int f(x^n)x^{n-1}dx = \dfrac{1}{n}\int f(x^n)dx^n$，即 $x^{n-1}dx = \dfrac{1}{n}dx^n$。

类型 3：$\dfrac{1}{x}dx = d\ln x$，$e^x dx = de^x$，$\sin x dx = -d\cos x$，

$$\cos x dx = d\sin x，\quad \sec^2 x dx = d\tan x，$$

$$\sec x \tan x dx = d\sec x，\quad \frac{1}{1+x^2}dx = d\arctan x，\quad \frac{1}{\sqrt{1-x^2}}dx = d\arcsin x，$$

$$\frac{x}{\sqrt{a^2 \pm x^2}}dx = \pm d\sqrt{a^2 \pm x^2}。$$

5.2.2 第二类换元积分法

在第一类换元积分法中，常常把一个较复杂的积分 $\int f[\varphi(x)]\varphi'(x)dx$ 化为基本积分公式的形式，进而计算出积分。但是还会遇到另一类问题，即积分 $\int (x)dx$ 不符合基本积分公式的形式，必须用一个新的变量 t 的函数 $\varphi(t)$ 去替换 x，即令 $x = \varphi(t)$，把积分 $\int f(x)dx$ 化成可以利用基本积分公式进行计算的形式。

例如，求 $\int \dfrac{dx}{1+\sqrt{x}}$。

分析： 因为被积函数含有根号，不容易凑微分，但只要引入新变量，消去根号，使被积函数有理化，就能使积分简化。

令 $t = \sqrt{x}$，得 $x = t^2$，则 $dx = 2t dt$，于是

$$\int \frac{dx}{1+\sqrt{x}} = \int \frac{2t dt}{1+t} = 2\int \frac{(1+t)-1}{1+t}dt = 2\int \left(1 - \frac{1}{1+t}\right)dt$$

$$= 2\int dt - 2\int \frac{1}{1+t}dt = 2\int dt - 2\int \frac{1}{1+t}d(1+t)$$

$$= 2t - 2\ln|1+t| + C = 2\sqrt{x} - 2\ln(1+\sqrt{x}) + C$$

上列所用的方法称为第二类换元积分法。

定理 5.5　（第二类换元积分法）如果在积分 $\int f(x)dx$ 中，令 $x = \varphi(t)$，且 $\varphi(t)$ 单调可导，$\varphi'(t) \neq 0$，则有

$$\int f(x)dx = \int f[\varphi(t)]\varphi'(t)dt$$

若上式右端可求出原函数 $F(t)$，则得第二类换元积分公式：

$$\int f(x)dx = F[\varphi^{-1}(x)] + C$$

其中，$\varphi^{-1}(x)$ 为 $x = \varphi(t)$ 的反函数，即

$$t = \varphi^{-1}(x)$$

使用第二类换元积分法的关键是如何选择函数，常见的方法有以下几种。

（1）无理代换：当被积函数含有无理式 $\sqrt[n]{ax+b}$ 时，只需做代换 $\sqrt[n]{ax+b} = t$ 即可将无理式化为有理式，再求积分.

（2）三角代换：若被积函数含有无理式 $\sqrt{a^2-x^2}$，可令 $x = a\sin t$；若被积函数含有无理式 $\sqrt{a^2+x^2}$，则可令 $x = a\tan t$；若被积函数含有无理式 $\sqrt{x^2-a^2}$，则可令 $x = a\sec t$；将它们化为有理式，再积分即可。

例 5.20　求 $\int \frac{\sqrt{x}}{1+\sqrt{x}}dx$。

解　为了消去根式，可令 $\sqrt{x} = t$，即 $x = t^2(t \geq 0)$，则 $dx = 2tdt$。于是

$$\int \frac{\sqrt{x}}{1+\sqrt{x}}dx = \int \frac{t}{1+t}2tdt = 2\int \frac{t^2}{1+t}dt$$

$$= 2\int \frac{(t^2-1)+1}{1+t}dt = 2\int \left(t-1+\frac{1}{1+t}\right)dt$$

$$= t^2 - 2t + 2\ln|1+t| + C$$

$$\underline{回代 t = \sqrt{x}}\quad x - 2\sqrt{x} + \ln(1+\sqrt{x}) + C$$

例 5.21　求 $\int \frac{x}{\sqrt{x+1}}dx$。

解　令 $\sqrt{x+1} = t$，则 $x = t^2 - 1$，$dx = 2tdt$，于是

$$\int \frac{x}{\sqrt{x+1}}dx = \int \frac{t^2-1}{t} \cdot 2tdt = \int (t^2-1)dt = \frac{2}{3}t^3 - 2t + C$$

$$= \frac{2}{3}\sqrt{(x+1)^3} - 2\sqrt{x+1} + C$$

$$= \frac{2}{3}(x+1)\sqrt{x+1} - 2\sqrt{x+1} + C$$

例 5.22　求 $\int \sqrt{a^2-x^2}\mathrm{d}x$ $(a>0)$。

解　做变量替换 $x=a\sin t(-\dfrac{\pi}{2}\leqslant t\leqslant\dfrac{\pi}{2})$，则

$$\sqrt{a^2-x^2}=\sqrt{a^2-a^2\sin^2 t}=a\sqrt{1-\sin^2 t}=a\cos t,\ \mathrm{d}x=a\cos t\mathrm{d}t,$$

$$\int\sqrt{a^2-x^2}\mathrm{d}x=\int a\cos t\cdot a\cos t\mathrm{d}t a^2\int\cos^2 t\mathrm{d}t=a^2\int\frac{1+\cos 2t}{2}\mathrm{d}t$$

$$=\frac{a^2}{2}\left(t+\frac{1}{2}\sin 2t\right)+C=\frac{a^2}{2}(t+\sin t\cos t)+C$$

因为 $x=a\sin t$，所以 $t=\arcsin\dfrac{x}{a}$，为了将 $\sin t$ 与 $\cos t$ 换成 x

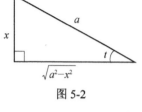

图 5-2

的函数，根据变换 $\sin t=\dfrac{x}{a}$ 做直角三角形，如图 5-2 所示。

此时显然有 $\cos t=\dfrac{\sqrt{a^2-x^2}}{a}$，代入上面的结果有

$$\int\sqrt{a^2-x^2}\mathrm{d}x=\frac{a^2}{2}\arcsin\frac{x}{a}+\frac{x}{2}\sqrt{a^2-x^2}+C$$

可见，第一类换元积分法应先进行凑微分，再换元，可省略换元过程，而第二类换元积分法必须先进行换元，但不可省略换元及回代过程，运算起来比第一类换元积分法更复杂。

【能力训练 5.2】

1. 求不定积分。

（1）$\int\sin 5x\mathrm{d}x$；

（2）$\int(1-2x)^7\mathrm{d}x$；

（3）$\int\dfrac{\mathrm{d}x}{4a^2+x^2}$；

（4）$\int\dfrac{\mathrm{d}x}{\sqrt{a^2-9x^2}}$。

2. 求不定积分。

（1）$\int x\sqrt{1-x^2}\mathrm{d}x$；

（2）$\int x^2\mathrm{e}^{-x^2}\mathrm{d}x$；

（3）$\int\dfrac{1}{x^2}\cos\dfrac{1}{x}\mathrm{d}x$；

（4）$\int\dfrac{\cos\sqrt{x}}{\sqrt{x}}\mathrm{d}x$；

（5）$\int\dfrac{\mathrm{d}x}{\cos^2 x(1+\tan x)}$；

（6）$\int\dfrac{\mathrm{e}^x}{1+\mathrm{e}^x}\mathrm{d}x$；

（7）$\int\dfrac{\mathrm{e}^x}{1+\mathrm{e}^{2x}}\mathrm{d}x$；

（8）$\int\dfrac{x}{\sqrt{1+x^2}}\mathrm{e}^{-\sqrt{1+x^2}}\mathrm{d}x$。

3. 求不定积分。

（1）$\int\dfrac{1}{\sqrt{x}(1+x)}\mathrm{d}x$；

（2）$\int\dfrac{\sqrt{x}}{\sqrt{x}-\sqrt[3]{x}}\mathrm{d}x$。

【数学文化】　微积分发展中的一些重要要人物（1）

开普勒（1571～1630），德国杰出的天文学家、物理学家、数学家，被誉为"天空的立法者"。开普勒发现了行星运动的三大定律，分别是轨道定律、面积定律和周期定律。这三大定律可分别描述如下：所有行星分别是在大小不同的椭圆轨道上运行的；在同样的时间里，行星在轨道平面上所扫过的面积相等；行星公转周期的平方与它同太阳距离的立方成正比。由于连接行星与太阳之间的焦半径在相等的时间里扫过相等的面积，为了估计出一个椭圆扇形的面积，开普勒将椭圆扇形分割成许多小三角形后再相加。也许他认为自己只是在运用常识而已，然而，他已解决了一个积分学问题。1615 年，开普勒在《求酒桶体积之新法》一书中对这种思想做了系统的阐述，他应用粗糙的积分方法求出了 93 种立体的体积。

5.3　分部积分法

前面介绍的积分方法，都是把一种类型的积分转换成另一种便于计算的积分。鉴于这种思想，借助两个函数乘积的求导法则，可实现另一种类型的积分转换，这就是本节将要介绍的分部积分法。

分部积分法是不定积分中另一个重要的积分法，它对应于两个函数乘积的求导法则。现在来回忆一下两个函数乘积的求导法则。设 u、v 可导，那么

$$(uv)' = u'v + uv'$$

如果 u'、v' 连续，那么对上式两边积分，有

$$\int (uv)'\mathrm{d}x = \int u'v\mathrm{d}x + \int uv'\mathrm{d}x$$

也就是说，

$$\int uv'\mathrm{d}x = uv - \int u'v\mathrm{d}x$$

这就是**分部积分公式**。

把这个公式略微变换一下，有：

$$\int u\mathrm{d}v = uv - \int v\mathrm{d}u$$

在积分计算中常常会遇到积分 $\int u\mathrm{d}v$ 很难计算，而把"微分符号"里外的两个函数 u、v 互换位置之后，积分变得非常简单的情况。

例如，直接计算 $\int x\mathrm{d}e^x$ 是没有好办法的，当把 x 和 e^x 互换位置之后，得到的积分是 $\int e^x\mathrm{d}x$，这个积分的计算就变得非常简单了。

应用分部积分法求积分，就是要达到上述目的，即经过函数换位，实现简化积分的目

的。下面通过具体的实例，说明分部积分法的一般处理原则。

例 5.23 计算 $\int x\mathrm{e}^x\mathrm{d}x$。

解 $\int x\mathrm{e}^x\mathrm{d}x = \int x\mathrm{d}\mathrm{e}^x = x\mathrm{e}^x - \int \mathrm{e}^x\mathrm{d}x$

$$= x\mathrm{e}^x - \mathrm{e}^x + C$$

在上面这个例题中，如果采用另一种变换方法，选择将 x 放到微分符号中，则有：

$$\int x\mathrm{e}^x\mathrm{d}x = \int \mathrm{e}^x\mathrm{d}(\frac{1}{2}x^2) = \frac{1}{2}x^2\mathrm{e}^x - \frac{1}{2}\int x^2\mathrm{d}\mathrm{e}^x = \frac{1}{2}x^2\mathrm{e}^x - \frac{1}{2}\int x^2\mathrm{e}^x\mathrm{d}x$$

这样做非但没有解决问题，反而使得积分式比原来的积分式更复杂了。按这样的选择方式进行下去，是解决不了问题的。

这个事实说明，合理选择一个函数，在微分意义下放到微分符号中，是用分部积分法解决计算问题的关键。

一般而言，形如 $\int f(x)\mathrm{e}^{ax}\mathrm{d}x$ 的积分，应先把它转换成 $\int f(x)\mathrm{d}\left(\dfrac{1}{a}\mathrm{e}^{ax}\right)$ 后，再使用分部积分法。

例 5.24 计算 $\int x^2\mathrm{e}^x\mathrm{d}x$。

解 $\int x^2\mathrm{e}^x\mathrm{d}x = \int x^2\mathrm{d}\mathrm{e}^x = x^2\mathrm{e}^x - \int \mathrm{e}^x\mathrm{d}x^2$

$$= x^2\mathrm{e}^x - 2\int x\mathrm{e}^x\mathrm{d}x = x^2\mathrm{e}^x - 2\int x\mathrm{d}\mathrm{e}^x$$

$$= x^2\mathrm{e}^x - 2(x\mathrm{e}^x - \mathrm{e}^x) + C$$

这个例子说明，有些情况下，需要连续使用分部积分法，使用过程中，每次两个函数交换位置之后，先要求出微分符号中的函数的微分，再依次设法使用分部积分法。当然，此时要把另一个函数（原来在微分符号外面的函数）按微分意义放入到微分符号中。

例 5.25 计算 $\int x\sin 3x\mathrm{d}x$。

解 $\int x\sin 3x\mathrm{d}x = \int x\mathrm{d}\left(-\dfrac{1}{3}\cos 3x\right) = -\dfrac{x}{3}\cos 3x + \dfrac{1}{3}\int \cos 3x\mathrm{d}x$

$$= -\frac{x}{3}\cos 3x + \frac{1}{9}\sin 3x + C$$

一般而言，形如 $\int f(x)\sin ax\mathrm{d}x$ 或 $\int f(x)\cos bx\mathrm{d}x$ 的积分，应先把积分化为 $\int f(x)\mathrm{d}\left(-\dfrac{1}{a}\cos ax\right)$ 或 $\int f(x)\mathrm{d}\left(\dfrac{1}{b}\sin bx\right)$，再使用分部积分法。

例 5.26 计算 $\int \ln x\mathrm{d}x$。

解 $\int \ln x\mathrm{d}x = x\ln x - \int x\mathrm{d}\ln x = x\ln x - \int x\dfrac{1}{x}\mathrm{d}x$

$$= x\ln x - \int \mathrm{d}x = x\ln x - x + C$$

例 5.27　计算 $\int x\ln x\mathrm{d}x$ 。

解　$\int x\ln x\mathrm{d}x = \int \ln x\mathrm{d}\left(\dfrac{1}{2}x^2\right) = \dfrac{x^2}{2}\ln x - \dfrac{1}{2}\int x^2\mathrm{d}(\ln x)$

$$= \dfrac{x^2}{2}\ln x - \dfrac{1}{2}\int x\mathrm{d}x = \dfrac{x^2}{2}\ln x - \dfrac{1}{4}x^2 + C$$

例 5.28　计算 $\int \arctan x\mathrm{d}x$ 。

解　$\int \arctan x\mathrm{d}x = x\arctan x - \int x\mathrm{d}\arctan x$

$$= x\arctan x - \int \dfrac{x}{1+x^2}\mathrm{d}x$$

$$= x\arctan x - \dfrac{1}{2}\ln(1+x^2) + C$$

一般而言，形如 $\int f(x)\ln ax\mathrm{d}x$ 或 $\int f(x)\tan ax\mathrm{d}x$ 或 $\int f(x)\mathrm{arc}\cot ax\mathrm{d}x$ 的积分计算，都是先把积分转换成 $\int \ln ax\mathrm{d}(F(x))$ 或 $\int \arctan ax\mathrm{d}(F(x))$ 或 $\int \mathrm{arc}\cot ax\mathrm{d}(F(x))$ ，再使用分部积分法。尤其是当 $f(x)$ 为多项式函数的时候，更是如此。另外，对形如 $\int f(x)\arcsin ax\mathrm{d}x$ 或 $\int f(x)\arccos ax\mathrm{d}x$ 的函数，基本上也使用同样的方法考虑。

例 5.29　求 $\int \mathrm{e}^{\sqrt{x}}\mathrm{d}x$ 。

解　先考虑去掉根号，为此，令 $\sqrt{x}=t$ ，则 $x=t^2$ ， $\mathrm{d}x=2t\mathrm{d}t$ ，于是

$$\int \mathrm{e}^{\sqrt{x}}\mathrm{d}x = \int \mathrm{e}^t 2t\mathrm{d}t = 2\int t\mathrm{d}\mathrm{e}^t = 2t\mathrm{e}^t - 2\int \mathrm{e}^t\mathrm{d}t = 2t\mathrm{e}^t - 2\mathrm{e}^t + C$$

$$= 2\mathrm{e}^t(t-1) + C = 2\mathrm{e}^{\sqrt{x}}(\sqrt{x}-1) + C$$

例 5.30　求 $\int \mathrm{e}^x\sin x\mathrm{d}x$ 。

解　$\int \mathrm{e}^x\sin x\mathrm{d}x = \int \sin x\mathrm{d}\mathrm{e}^x = \mathrm{e}^x\sin x - \int \mathrm{e}^x\mathrm{d}\sin x = \mathrm{e}^x\sin x - \int \mathrm{e}^x\cos x\mathrm{d}x$

上式最后一个积分与原积分是同一种类型。对它再用一次分部积分法，有

$$\int \mathrm{e}^x\cos x\mathrm{d}x = \int \cos x\mathrm{d}\mathrm{e}^x = \mathrm{e}^x\cos x - \int \mathrm{e}^x\mathrm{d}\cos x = \mathrm{e}^x\cos x + \int \mathrm{e}^x\sin x\mathrm{d}x$$

由此得：

$$\int \mathrm{e}^x\sin x\mathrm{d}x = \mathrm{e}^x\sin x - \int \cos x\mathrm{d}\mathrm{e}^x = \mathrm{e}^x\sin x - \mathrm{e}^x\cos x - \int \mathrm{e}^x\sin x\mathrm{d}x$$

上式右端的积分与原积分相同，把它移到左端与原积分合并，再两端同除以 2，可得：

$$\int \mathrm{e}^x\sin x\mathrm{d}x = \dfrac{1}{2}\mathrm{e}^x(\sin x - \cos x) + C$$

注意： 因上式右端已不包含积分项，所以必须加上任意常数 C 。

上述几个例子表明，在有些情况下，换元积分法与分部积分法要结合起来使用。如果方法应用得当，就能比较顺利地解决问题。

【数学文化】 微积分发展中的一些重要人物（2）

沃利斯（1606—1703），英国数学家、物理学家，他从小受到良好的家庭教育，其父希望他继承神职，为此他进入剑桥大学神学院学习。但沃利斯热爱数学，而神学院又不把数学作为主要课程，沃利斯只好自修数学。他于 1640 年获硕士学位，同年被委任为牧师。沃利斯认真钻研了同时代数学家笛卡儿、卡瓦列里等人的论著，翻译了一些古代数学家的著作。从 1645 年开始，他就以数学家的身份参加了伦敦自然科学家的学术会议，1649 年，他成为牛津大学萨维里几何讲座教授，达 54 年之久，直到逝世。沃利斯是微积分的先驱者之一。他的主要著作有《圆锥曲线论》、《无穷小算术》、《论摆线》、《代数学》、《数学文集》等。

【能力训练5.3】

计算下列不定积分。

（1）$\int x e^{-x} dx$；

（2）$\int x \sin x dx$；

（3）$\int (x+1) e^x dx$；

（4）$\int \arcsin x dx$；

（5）$\int \operatorname{arc\,cot} x dx$；

（6）$\int (x-1) \ln x dx$；

（7）$\int x^2 \ln x dx$；

（8）$\int \dfrac{\ln x}{\sqrt{x}} dx$。

【综合能力训练5】

1. 一物体在地球引力的作用下开始做自由落体运动，重力加速度为 g。

（1）求物体的速度方程和运动方程；

（2）如果一球从一幢高楼的屋顶落下，8s 落地，求此楼的高度。

2. 一曲线通过点 $(e^2, 3)$，且在任一点处切线的斜率等于该点横坐标的倒数，求该曲线的方程。

3. 池塘结冰的速度由 $\dfrac{dy}{dt} = k\sqrt{t}$ 给出，其中 y 是自结冰起到时刻 t（单位为 h）冰的厚度（单位为 cm），当 $t=0$ 时，$y=0$；k 是正常数，求结冰厚度 y 关于时间 t 的函数。

4. 已知一物体做直线运动，其加速度 $a=12t^2 - 3\sin t$，且当 $t=0$ 时，$v=5$，$s=-3$，求速度 v 与时间 t 的函数关系；路程 s 与时间 t 的函数关系。

5. 一电场中质子运动的加速度为 $a = -20(1+2t)^{-2}$（单位为 m/s²）。当 $t=0$ 时，$v=0.3$ m/s。求质子的运动速度。

6. 某太阳能设备所产生的能量 f，相对于阳光与太阳能设备能接触的表面积 x 的变化率为 $\dfrac{df}{dx} = \dfrac{0.005}{\sqrt{0.01x+1}}$，如果当 $x=0$ 时，$f=0$，则求能量 f 的函数表达式。

7. 设生产某种产品 x 单位的总成本 C 是 x 的函数 $C(x)$，固定成本为 20 元，边际成本函数为 $2x+10$ （元/单位），求总成本函数 $C(x)$。

8. 设物体沿直线运动，速度为 $v=\cos t$ （v 以 m/s 为单位，t 以 s 为单位），当 $t=pi/2s$ 时，此物体经过的路程为 $s=10m$，求物体的运动方程。

9. 曲线上每一点的切线斜率与 x^3 成正比例，且曲线通过点 $A(1,6)$ 与 $B(2,9)$，求该曲线方程。

能力训练和综合能力训练参考答案

【能力训练 5.1】

（1）$\dfrac{x^4}{4}+x^3+x+C$ ；

（2）$\dfrac{2}{7}x^{\frac{7}{2}}+C$ ；

（3）$\dfrac{2}{5}x^{\frac{5}{2}}+\dfrac{1}{2}x^2+6\sqrt{x}+C$ ；

（4）$\dfrac{3}{10}x^{\frac{10}{3}}-\dfrac{15}{4}x^{\frac{4}{3}}+C$ ；

（5）$x+(\ln\dfrac{3}{2})(\dfrac{2}{3})^x+C$ ；

（6）$e^x-3\sin x+C$ ；

（7）$e^{x-3}+C$ ；（8）$\ln|x|+\arctan x+C$ ；

（9）$\sin x+\cos x+C$ 。

【能力训练 5.2】

1. （1）$-\dfrac{1}{5}\cos(5x)+C$ ；

（2）$\dfrac{1}{16}(1-2x)^8+C$ ；

（3）$\dfrac{1}{2a}\arctan\left(\dfrac{x}{2a}\right)+C$ ；

（4）$\dfrac{1}{3}\arcsin\left(\dfrac{3x}{a}\right)+C$ 。

2. （1）$-\dfrac{1}{3}\left(1-x^2\right)^{\frac{3}{2}}+C$ ；

（2）$-\dfrac{1}{3}e^{-x^3}+C$ ；

（3）$-\sin\left(\dfrac{1}{x}\right)+C$ ；

（4）$2\sin\sqrt{x}+C$ ；

（5）$\ln|1+\tan x|+C$ ；

（6）$\ln|1+e^x|+C$ ；

（7）$\arctan e^x+C$ ；

（8）$-e^{-\sqrt{1+x^2}}+C$ 。

3. （1）$2\arctan\sqrt{x}+C$ ；

（2）$x+\dfrac{6}{5}x^{\frac{5}{6}}+\dfrac{3}{2}x^{\frac{2}{3}}+2x^{\frac{1}{2}}+3x^{\frac{1}{3}}+6x^{\frac{1}{6}}+C$ 。

【能力训练 5.3】

（1）$-xe^{-x}-e^{-x}+C$ ；

（2）$\sin x-x\cos x+C$ ；

（3）xe^x+C ；

（4）$x\arcsin x+\sqrt{1-x^2}+C$ ；

（5）$x\arctan x-\dfrac{1}{2}\ln(1+x^2)+C$ ；

（6）$(\dfrac{x^2}{2}-x)\ln x-\dfrac{1}{4}x^2+x+C$ ；

（7）$\dfrac{1}{3}x^3\ln x-\dfrac{1}{9}x^3+C$ ；

（8）$2\sqrt{x}\ln x-4\sqrt{x}+C$ 。

【综合能力训练5】

1. （1）$v = gt$；$s = \int gt\mathrm{d}t = \dfrac{1}{2}gt^2 + C$；　　　（2）$s(8) = \dfrac{1}{2}g \cdot 8^2 = 313.6$。

2. $y = \ln|x| + 1$。

3. $y = \dfrac{2k}{3}t^{\frac{3}{2}}$。

4. （1）$v = 4t^3 + 3\cos t + 2$；　　　（2）$s = t^4 + 3\sin t + 2t - 3$。

5. $v = \dfrac{10}{1 + 2t} - 9.7$。

6. $f = \sqrt{0.01x + 1} - 1$。

7. $C(x) = x^2 + 10x + 20$。

8. $s(t) = \sin t + 9$。

9. $y = -x^4 + 7$。

第6章　定积分及其运用

数学，如果正确地看她，不但拥有真理，还具有至高的美，正像雕刻的美，是一种冷而严肃的美，这种美没有绘画或音乐那些华丽的装饰，她可以纯净到崇高的地步，能够达到最伟大的艺术所能显示的完美境地。

——罗素

1. 了解定积分的概念。
2. 熟练掌握定积分的性质。
3. 熟练掌握定积分的基本公式。
4. 熟练掌握定积分第一类换元法。
5. 了解第二类换元法。
6. 掌握不定积分的分部积分法。
7. 能熟练运用定积分求面积。
8. 会用定积分求旋转体的体积。

定积分是积分学中的又一个重要概念。自然科学与生产实践中的许多问题，如平面图形面积、曲线的弧长、旋转体的体积等都可以归结为定积分问题。本章将从两个实际问题中引出定积分概念，然后讨论定积分的性质、定积分与不定积分的内在联系及定积分的运用。

6.1　定积分的概念

6.1.1　引例

为引入定积分的概念，先讨论下面两个典型问题——曲边梯形的面积和变速直线运动的路程。

1. 曲边梯形的面积

所谓曲边梯形是指在直角坐标系下，由闭区间 $[a,b]$ 上的连续曲线 $y=f(x)$ （设 $f(x) \geqslant 0$），直线 $x=a$，$x=b$ 及 x 轴所围成的平面图形 $AabB$，如图 6-1 所示。

怎样计算曲边梯形的面积呢？

首先，不难看出，曲边梯形的面积取决于区间 $[a,b]$ 及定义在该区间上的函数 $f(x)$。如果 $f(x)$ 在 $[a,b]$ 上为常数 h，即曲边梯形 $AabB$ 为矩形，则其面积等于 $h(b-a)$，现在的问题是 $f(x)$ 在 $[a,b]$ 上不是常数，而是变化的，因此它的面积就不能简单地用矩形面积公式来计算了。但是，由于 $f(x)$ 是区间 $[a,b]$ 上的连续函数，所以当点 x 在区间 $[a,b]$ 上某处变化很小时，$f(x)$ 也变化不大。基于这种想法，可以用一组平行于 y 轴的直线将曲边梯形分割成若干个小曲边梯形，只要分割的较细，每个小曲边梯形很窄，那么这些小曲边梯形就可以近似地看做一些小矩形。所有小矩形面积的和，就是整个曲边梯形面积的近似值。显然，分割的越细，近似程度就越好，当无限细分时，所有小矩形面积和的极限就是所求曲边梯形面积的精确值。

根据上述分析，可按下面四步计算曲边梯形的面积 A。

（1）分割：在区间 $[a,b]$ 中任意插入 $n-1$ 个分点，即

$$a = x_0 < x_1 < x_2 < \cdots < x_{i-1} < x_i < \cdots < x_{n-1} < x_n = b$$

把区间 $[a,b]$ 分成 n 个小区间，

$$[x_0,x_1],[x_1,x_2],\cdots,[x_{i-1},x_i],\cdots,[x_{n-1},x_n]$$

各个小区间的长度依次为

$$\Delta x_1 = x_1 - x_0, \Delta x_2 = x_2 - x_1, \cdots, \Delta x_n = x_n - x_{n-1}$$

过每个分点 $x_i (i=1,2,\cdots,n)$ 做平行于 y 轴的直线，将曲边梯形分割成 n 个小曲边梯形，如图 6-2 所示。

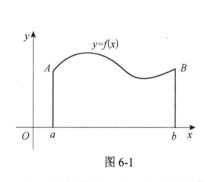

图 6-1

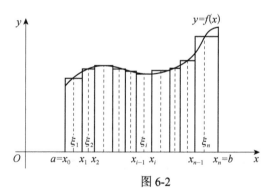

图 6-2

（2）近似代替：在每个小区间 $[x_{i-1},x_i] (i=1,2,\cdots,n)$ 上任意取一点 $\xi_i (x_{i-1} \leqslant \xi_i \leqslant x_i)$，以 $f(\xi_i)$ 为高，Δx_i 为底做小矩形，用小矩形的面积 $f(\xi_i) \Delta x_i$ 近似代替相应的小曲边梯形的

面积 ΔA_i，即

$$\Delta A_i \approx f(\xi_i)\Delta x_i (i=1,2,\cdots,n)$$

（3）求和：n 个小矩形面积之和即为所求曲边梯形面积的近似值，即

$$A = \sum_{i=1}^{n}\Delta A_i \approx \sum_{i=1}^{n}f(\xi_i)\Delta x_i$$

（4）取极限：设所有小区间长度的最大值为

$$\lambda = \max\{\Delta x_1,\Delta x_2,\cdots,\Delta x_n\}$$

当分点个数无限增加，即 $\lambda \to 0$ 时，上述和式的极限就是曲边梯形面积的精确值，即

$$A = \lim_{\lambda \to 0}\sum_{i=1}^{n}f(\xi_i)\Delta x_i$$

2. 变速直线运动的路程

设某物体做直线运动，已知速度 $v=v(t)$ 是时间 t 的连续函数，且 $v(t)\geqslant 0$。求在时间间隔 $[T_1,T_2]$ 内物体所经过的路程 s。

如果物体做的是匀速直线运动，那么在 $[T_1,T_2]$ 内物体所经过的路程 $s=v(T_1-T_2)$。在本问题中，物体做的是变速直线运动，所以速度是变化的。但是，由于速度是连续变化的，因此当时间间隔很小时，物体速度的变化就不大，也就是说，在很小的时间间隔内可近似地将物体看做匀速直线运动。下面用类似于求曲边梯形的方法来计算路程 s。

（1）分割：在时间间隔 $[T_1,T_2]$ 内任意插入 $n-1$ 个分点，即

$$T_1 = t_0 < t_1 < t_2 < \cdots < t_{i-1} < t_i < \cdots < t_{n-1} < t_n = T_2$$

把 $[T_1,T_2]$ 分成 n 个小段，

$$[t_0,t_1],[t_1,t_2],\cdots,[t_{i-1},t_i],\cdots,[t_{n-1},t_n]$$

各小段时间的长度分别记为

$$\Delta t_1 = t_1 - t_0, \Delta t_2 = t_2 - t_1,\cdots,\Delta t_n = t_n - t_{n-1}$$

相应的，在各段时间内物体经过的路程依次为

$$\Delta s_1, \Delta s_2,\cdots,\Delta s_n$$

（2）近似代替：在时间间隔 $[t_{i-1},t_i]$ 上任意取一个时刻 $\tau_i(t_{i-1}\leqslant \tau_i \leqslant t_i)$，用 τ_i 时的速度 $v(\tau_i)$ 来近似代替物体在 $[t_{i-1},t_i]$ 上各个时刻的速度，得到部分路程 Δs_i 的近似值，即

$$\Delta s_i \approx v(\tau_i)\Delta t_i (i=1,2,\cdots,n)$$

（3）求和：n 段部分路程 Δs_i 的近似值之和就是所求变速直线运动路程 s 的近似值，即

$$s = \sum_{i=1}^{n}\Delta s_i \approx \sum_{i=1}^{n}v(\tau_i)\Delta t_i$$

（4）取极限：设所有小时间段的最大值为

$$\lambda = \max\{\Delta t_1,\Delta t_2,\cdots,\Delta t_n\}$$

当分点个数无限增加，即 $\lambda \to 0$ 时，上述和式的极限就是所求路程的精确值，即

$$s = \lim_{\lambda \to 0} \sum_{i=1}^{n} v(\tau_i) \Delta t_i$$

以上两个例子虽然具有不同的实际意义，但是解决问题的方法却是相同的，并且最后所得到的结果都是和式的极限。在科学技术中还有许多实际问题也可以归结为这类和式的极限。抛开这些实际问题的具体意义，把这类和式的极限用数学语言加以概括、抽象，就得到了定积分的概念。

6.1.2 定积分的定义

定义 6.1 设函数 $f(x)$ 在区间 $[a,b]$ 上有定义．在 $[a,b]$ 中任意插入 $n-1$ 个分点，则有

$$a = x_0 < x_1 < x_2 \cdots < x_{i-1} < x_i < \cdots < x_{n-1} < x_n = b$$

把区间 $[a,b]$ 分成 n 个子区间，

$$[x_0, x_1], [x_1, x_2], \cdots, [x_{i-1}, x_i], \cdots, [x_{n-1}, x_n]$$

各小区间的长度依次为

$$\Delta x_1 = x_1 - x_0, \Delta x_2 = x_2 - x_1, \cdots, \Delta x_n = x_n - x_{n-1}$$

在每个子区间 $[x_{i-1}, x_i]$ 上任取一点 $\xi_i (x_{i-1} \leqslant \xi_i \leqslant x_i)$，作函数值 $f(\xi_i)$ 与小区间长度 Δx_i 的乘积 $f(\xi_i)\Delta x_i (i=1,2,\cdots,n)$，并作出和

$$S = \sum_{i=1}^{n} f(\xi_i)\Delta x_i$$

记 $f = \max\{\Delta x_1, \Delta x_2, \cdots, \Delta x_n\}$，如果不论对 $[a,b]$ 怎样划分，也不论在小区间 $[x_{i-1}, x_i]$ 上点 ξ_i 怎样选取，只要当 $\lambda \to 0$ 时，和 S 总趋于确定的极限 I，则称函数 $f(x)$ 在区间 $[a,b]$ 上可积，并称 I 为函数 $f(x)$ 在区间 $[a,b]$ 上的定积分（简称积分），记为 $\int_a^b f(x)\mathrm{d}x$，即

$$\int_a^b f(x)\mathrm{d}x = \lim_{\lambda \to 0} \sum_{i=1}^{n} f(\xi_i)\Delta x_i$$

其中，$f(x)$ 称为被积函数，$f(x)\mathrm{d}x$ 称为被积表达式，x 称为积分变量，$[a,b]$ 称为积分区间，a 称为积分下限，b 称为积分上限，符号 $\int_a^b f(x)\mathrm{d}x$ 读作函数 $f(x)$ 从 a 到 b 的定积分。

定积分定义可概括为"**分割取近似，求和取极限**"。分割取近似 $\to f(x)\mathrm{d}x$；求和取极限 $\to \int_a^b$ 。

根据定积分的定义，前面所讨论的两个引例都可以表示为定积分。

（1）曲线 $y = f(x) \geqslant 0$，x 轴以及两条直线 $x=a$，$x=b$ 所围成的曲边梯形的面积 A 等于函数 $f(x)$ 在区间 $[a,b]$ 上的定积分，即

$$A = \int_a^b f(x)\mathrm{d}x$$

（2）变速直线运动的路程 s 是速度函数 $v(t)$ 在时间间隔 $[T_1, T_2]$ 上的定积分，即

$$s = \int_{T_1}^{T_2} v(t)\mathrm{d}t$$

关于定积分的定义，在理解时还应注意以下几点。

（1）定积分 $\int_a^b f(x)\mathrm{d}x$ 是和式的极限，它表示一个数值，是由函数 $f(x)$ 与积分区间 $[a,b]$ 确定的。因此，定积分与积分变量的记号无关，即

$$\int_a^b f(x)\mathrm{d}x = \int_a^b f(t)\mathrm{d}t = \int_a^b f(u)\mathrm{d}u$$

（2）在定积分的定义中，假设 $a<b$，对于 $a=b$，$a>b$ 的情况，特做如下规定：当 $a=b$ 时，$\int_a^b f(x)\mathrm{d}x=0$；当 $a>b$ 时，$\int_a^b f(x)\mathrm{d}x=-\int_b^a f(x)\mathrm{d}x$。

（3）函数 $f(x)$ 在 $[a,b]$ 上可积的充分条件如下：若 $f(x)$ 在 $[a,b]$ 上连续，则 $f(x)$ 在 $[a,b]$ 上可积；若 $f(x)$ 在 $[a,b]$ 上有界，且只有有限个第一类间断点，则 $f(x)$ 在 $[a,b]$ 上可积。

6.1.3　定积分的几何意义

由前面的引例可知，如果在区间 $[a,b]$ 上 $f(x)\geqslant 0$，则定积分 $\int_a^b f(x)\mathrm{d}x$ 在几何上表示由曲线 $y=f(x)$，直线 $x=a$，$x=b$ 及 x 轴所围成的曲边梯形的面积 A。

如果在区间 $[a,b]$ 上 $f(x)\leqslant 0$，则此时由曲线 $y=f(x)$，直线 $x=a$，$x=b$ 及 x 轴所围成的曲边梯形位于 x 轴的下方，则定积分 $\int_a^b f(x)\mathrm{d}x$ 表示曲边梯形的面积 A 的相反数，即 $A=-\int_a^b f(x)\mathrm{d}x$，如图 6-3 所示。

如果在区间 $[a,b]$ 上 $f(x)$ 既可取正值又可取负值，则定积分 $\int_a^b f(x)\mathrm{d}x$ 在几何上表示介于曲线 $y=f(x)$，直线 $x=a$，$x=b$ 及 x 轴之间的各部分面积的代数和，其中位于 x 轴上方的面积前加正号，位于 x 轴下方的面积前加负号，如图 6-4 所示。

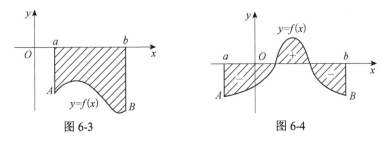

图 6-3　　　　　　　　　　　　　　　　图 6-4

6.1.4　定积分的性质

由定积分的定义及极限的运算法则，可以推出定积分具有以下性质。为叙述方便，假设下面各性质中所涉及的函数都是可积的。

性质 6.1　两个函数的和（或差）的定积分等于它们定积分的和（或差），即

$$\int_a^b [f(x)\pm g(x)]\mathrm{d}x = \int_a^b f(x)\mathrm{d}x \pm \int_a^b g(x)\mathrm{d}x$$

性质 6.2　被积函数中的常数因子可以提到积分号的前面，即

$$\int_a^b kf(x)\,\mathrm{d}x = k\int_a^b f(x)\,\mathrm{d}x \quad (k\text{ 是常数})$$

性质 6.3　如果在区间 $[a,b]$ 上 $f(x)=1$，则

$$\int_a^b 1\mathrm{d}x = \int_a^b \mathrm{d}x = b-a$$

根据定积分的几何意义，不难看出性质 6.3 是成立的.

性质 6.4　（定积分对积分区间的可加性）如果积分区间 $[a,b]$ 被分点 c 分成区间 $[a,c]$ 和 $[c,b]$，则

$$\int_a^b f(x)\,\mathrm{d}x = \int_a^c f(x)\,\mathrm{d}x + \int_c^b f(x)\,\mathrm{d}x$$

值得注意的是，无论点于 c 是否介于 a 与 b 之间，即对于 $c<a<b$ 或 $a<b<c$，性质 6.4 仍然成立。性质 6.4 可以用于求分段函数的定积分。

例 6.1　已知 $f(x)\begin{cases}1+x, & x<0 \\ 1-\dfrac{x}{2}, & x\geqslant 0\end{cases}$，求 $\displaystyle\int_{-1}^2 f(x)\mathrm{d}x$。

解　由于被积函数是分段函数，所以定积分应分段积分. 根据性质 6.4，有

$$\int_{-1}^2 f(x)\,\mathrm{d}x = \int_{-1}^0 (1+x)\,\mathrm{d}x + \int_0^2 \left(1-\frac{x}{2}\right)\mathrm{d}x$$

利用定积分的几何意义，可分别求出

$$\int_{-1}^0 (1+x)\,\mathrm{d}x = \frac{1}{2}, \quad \int_0^2 \left(1-\frac{x}{2}\right)\mathrm{d}x = 1 .$$

所以有

$$\int_{-1}^2 f(x)\,\mathrm{d}x = \frac{1}{2}+1 = \frac{3}{2}$$

性质 6.5　如果 $x\in[a,b]$ 时 $f(x)\leqslant g(x)$，则

$$\int_a^b f(x)\mathrm{d}x \leqslant \int_a^b g(x)\mathrm{d}x$$

性质 6.6　设 M 及 m 分别是函数 $y=f(x)$ 在区间 $[a,b]$ 上的最大值及最小值，则有

$$m(b-a) \leqslant \int_a^b f(x)\mathrm{d}x \leqslant M(b-a)$$

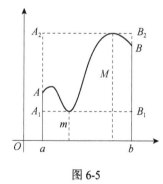

图 6-5

这个性质说明，由被积函数在积分区间上的最大值及最小值，可以估计积分值的范围。它的几何解释是曲边梯形 $aABb$ 的面积介于矩形 aA_1B_1b 的面积和矩形 aA_2B_2b 的面积之间，如图 6-5 所示。

性质 6.7　（定积分中值定理）如果函数 $y=f(x)$ 在闭区间 $[a,b]$ 上连续，则在积分区间 $[a,b]$ 上至少存在一个点 ξ，使下式成立：

$$\int_a^b f(x)\mathrm{d}x = f(\xi)(b-a)$$

这个公式称为积分中值公式。积分中值公式的几何解释如下：

在区间 $[a,b]$ 上至少存在一点 ξ ，使得以区间 $[a,b]$ 为底边、以曲线 $y=f(x)$ 为曲边的曲边梯形的面积等于底边相同而高为 $f(\xi)$ 的一个矩形的面积，如图 6-6 所示。

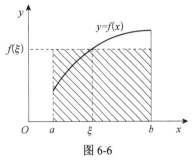

图 6-6

【数学文化】微积分发展中的一些重要要人物（3）

牛顿（1643—1727），英国皇家学会会长，英国著名的物理学家，百科全书式的"全才"，著有《自然哲学的数学原理》、《光学》。微积分的创立是牛顿最卓越的数学成就。牛顿为解决运动问题，才创立了这种和物理概念直接联系的数学理论，牛顿称之为"流数术"。它所处理的一些具体问题，如切线问题、求积问题、瞬时速度问题以及函数的极大值和极小值问题等，在牛顿以前已经得到人们的研究，但牛顿超越了前人，他站在了更高的角度，对以往分散的知识加以综合，将自古希腊以来求解无限小问题的各种技巧统一为两类普通的算法——微分和积分，并确立了这两类运算的互逆关系，从而完成了微积分中最关键的一步，为近代科学发展提供了最有效的工具，开辟了数学上的一个新纪元。

【能力训练 6.1】

利用定积分的几何意义与性质计算下列积分。

（1） $\int_0^3 (1+2x)\,dx$ ；　　　（2） $\int_{-3}^0 \sqrt{9-x^2}\,dx$ ；　　　（3） $\int_0^3 |2-x|\,dx$ 。

6.2 定积分计算

6.2.1 积分上限的函数及其导数

设函数 $f(x)$ 在区间 $[a,b]$ 上连续，并且设 x 是 $[a,b]$ 上的一点，下面来考察积分

$$\int_a^x f(x)\,dx$$

首先，由于 $f(x)$ 在 $[a,x]$ 上仍然连续，因此这个定积分是存在的。此时，x 既表示定积分的上限，又表示积分变量。由于定积分与积分变量的记法无关，所以，为了明确起见，可将积分变量改用其他符号，不妨用 t 表示积分变量，则上面的定积分可表示为

$$\int_a^x f(t)\,dt$$

如果上限 x 在区间 $[a,b]$ 上任意变动，则对于每一个取定的 x 值，都有一个积分值与之

相对应，这样在 $[a,b]$ 上就定义了一个函数，称为积分上限的函数，记为 $\varPhi(x)$，即

$$\varPhi(x) = \int_a^x f(t)\mathrm{d}t \quad (a \leqslant x \leqslant b)$$

函数 $\varPhi(x)$ 具有如下重要性质。

定理 6.1 如果函数 $f(x)$ 在区间 $[a,b]$ 上连续，则积分上限的函数

$$\varPhi(x) = \int_a^x f(t)\mathrm{d}t$$

在区间 $[a,b]$ 上可导，且

$$\varPhi'(x) = \frac{\mathrm{d}}{\mathrm{d}x} \int_a^x f(t)\mathrm{d}t = f(x)$$

定理 6.1 表明：积分上限的函数 $\varPhi(x) = \int_a^x f(t)\mathrm{d}t$ 是函数 $f(x)$ 在区间 $[a,b]$ 上的一个原函数。这就肯定了连续函数的原函数是存在的，所以定理 6.1 也称为原函数存在定理。

例 6.2 设 $\varPhi(x) = \int_1^x t\mathrm{e}^{-t^2}\mathrm{d}t$，求 $\varPhi'(x)$。

解 $\varPhi'(x) = \dfrac{\mathrm{d}}{\mathrm{d}x} \int_1^x t\mathrm{e}^{-t^2}\mathrm{d}t = x\mathrm{e}^{-x^2}$。

例 6.3 设 $F(x) = \int_x^2 \sin(2t^3 - 1)\mathrm{d}t$，求 $F'(x)$。

解 因为 $\int_x^2 \sin(2t^3 - 1)\mathrm{d}t = -\int_2^x \sin(2t^3 - 1)\mathrm{d}t$。

$$F'(x) = \frac{\mathrm{d}}{\mathrm{d}x} \int_x^2 \sin(2t^3 - 1)\mathrm{d}t = \frac{\mathrm{d}}{\mathrm{d}x}\left[-\int_2^x \sin(2t^3 - 1)\mathrm{d}t\right] = -\sin(2t^3 - 1)。$$

例 6.4 $y = \int_{x^4}^{x^5} \cos^2 t\mathrm{d}t$，求 y'。

解 $y' = (\int_{x^4}^{x^5} \cos^2 t\mathrm{d}t)' = (\int_{x^4}^a \cos^2 t\mathrm{d}t + \int_a^{x^5} \cos^2 t\mathrm{d}t)'$

$= (-\int_a^{x^4} \cos^2 t\mathrm{d}t)' + (\int_a^{x^5} \cos^2 t\mathrm{d}t)' = -4x^3\cos^2(x^4) + 5x^4\cos^2(x^5)$

6.2.2　微积分基本公式

定理 6.2 如果函数 $f(x)$ 在区间 $[a,b]$ 上连续，且 $F(x)$ 是 $f(x)$ 在 $[a,b]$ 上的任一原函数，则

$$\int_a^b f(x)\mathrm{d}x = F(b) - F(a) \qquad\qquad ①$$

式①称为**牛顿—莱布尼兹**（**Newton-Leibniz**）公式，也称为**微积分基本公式**。为了方便起见，以后把式①右端的 $F(b) - F(a)$ 记为 $F(x)\big|_a^b$ 或 $[F(x)]_a^b$，于是式①又可写为

$$\int_a^b f(x)\mathrm{d}x = F(x)\big|_a^b = \big[F(x)\big]_a^b = F(b) - F(a)$$

牛顿—莱布尼兹公式提供了计算定积分的简便的基本方法，即求定积分的值，只要求出被积函数 $f(x)$ 的一个原函数 $F(x)$，然后计算原函数在区间 $[a,b]$ 上的增量

$F(b) - F(a)$ 即可。该公式把计算定积分归结为求原函数的问题，揭示了定积分与不定积分之间的内在联系。

例 6.5 求 $\int_0^1 x^2 \mathrm{d}x$。

解 $\int_0^1 x^2 \mathrm{d}x = \frac{1}{3}x^3 \Big|_0^1 = \frac{1}{3}[(1)^3 - (0)^3] = \frac{1}{3}$。

例 6.6 求 $\int_{-1}^1 \frac{1}{1 + x^2} \mathrm{d}x$。

解 由于 $\arctan x$ 是 $\frac{1}{1 + x^2}$ 的一个原函数，根据牛顿－莱布尼兹公式，有

$$\int_{-1}^1 \frac{1}{1+x^2} \mathrm{d}x = \arctan x \Big|_{-1}^1 = \arctan 1 - \arctan(-1) = \frac{\pi}{4} - \left(-\frac{\pi}{4}\right) = \frac{\pi}{2}$$

例 6.7 计算 $\int_0^2 f(x)\mathrm{d}x$，其中 $f(x) = \begin{cases} x^2, & 0 \leqslant x \leqslant 1 \\ x - 1, & 1 < x < 2 \end{cases}$。

解 由于被积函数是一个分段函数，故要先用定积分的对积分区间的可加性这一性质将积分分成两部分。

$$\int_0^2 f(x)\mathrm{d}x = \int_0^1 f(x)\mathrm{d}x + \int_1^2 f(x)\mathrm{d}x = \int_0^1 x^2 \mathrm{d}x + \int_1^2 (x-1)\mathrm{d}x$$

$$= \frac{1}{3}x^3 \Big|_0^1 + \left(\frac{1}{2}x^2 - x\right)\Big|_1^2 = \frac{5}{6}$$

6.2.3 定积分换元法

用牛顿－莱布尼兹公式计算定积分，需要求被积函数的原函数，所以由不定积分的积分法可得到相应的定积分的积分法。下面先介绍定积分的换元积分法。

定理 6.3 设函数 $f(x)$ 在区间 $[a, b]$ 上连续。若函数 $x = \varphi(t)$ 满足下列条件：

（1）$\varphi(\alpha) = a$，$\varphi(\beta) = b$；

（2）当 t 在 $[\alpha, \beta]$（或 $[\beta, \alpha]$）上变化时，$x = \varphi(t)$ 的值在 $[a, b]$ 上单调变化，且 $\varphi'(t)$ 连续，则有

$$\int_a^b f(x)\mathrm{d}x = \int_\alpha^\beta f[\varphi(t)]\varphi'(t)\mathrm{d}t$$

上述公式称为定积分的换元公式，简称换元公式。

这里应当注意，定积分的换元法与不定积分的换元法的不同之处在于：定积分的换元法在换元后，积分上、下限也要做相应的变换，即 **"换元必换限"**。在换元之后，按新的积分变量进行定积分运算，不必再还原为原变量。另外，新变元的积分限可能 $\alpha > \beta$，也可能 $\alpha < \beta$，但一定要满足 $\varphi(\alpha) = a$，$\varphi(\beta) = b$，即 $t = \alpha$ 对应于 $x = a$，$t = \beta$ 对应于 $x = b$。

例 6.8 求 $\int_0^4 \frac{1}{1 + \sqrt{x}} \mathrm{d}x$。

解 令 $\sqrt{x}=t$，则 $x=t^2$，$dx=2tdt$。当 $x=0$ 时，$t=0$；当 $x=4$ 时，$t=2$。于是

$$\int_0^4 \frac{1}{1+\sqrt{x}}dx = 2\int_0^2 \frac{t}{1+t}dt = 2\int_0^2 \left(1-\frac{1}{1+t}\right)dt$$

$$= 2\left(t-\ln|1+t|\right)\Big|_0^2 = 4-2\ln 3$$

例 6.9 求 $\int_0^{\frac{\pi}{2}} \sin^4 x \cos x dx$。

解 令 $\sin x = t$，则 $\cos x dx = dt$。当 $x=0$ 时，$t=0$；当 $x=\frac{\pi}{2}$ 时，$t=1$。于是

$$\int_0^{\frac{\pi}{2}} \sin^4 x \cos x dx = \int_0^1 t^4 dt = \frac{1}{5}t^5 \Big|_0^1 = \frac{1}{5}$$

在例 6.9 中，如果利用凑微分法求定积分可以更方便，即不引入新的积分变量 t，那么积分上、下限也不需要变换，也就是说"不换元则不换限"，具体步骤如下：

$$\int_0^{\frac{\pi}{2}} \sin^4 x \cos x dx = \int_0^{\frac{\pi}{2}} \sin^4 x d\sin x = \frac{1}{5}\sin^5 x \Big|_0^{\frac{\pi}{2}} = \frac{1}{5}$$

例 6.10 求 $\int_{\ln 3}^{\ln 8} \sqrt{1+e^x}\, dx$。

解 令 $\sqrt{1+e^x}=t$，则 $x=\ln\left(t^2-1\right)$，$dx=\frac{2t}{t^2-1}dx$。当 $x=\ln 8$ 时，$t=3$；当 $x=\ln 3$ 时，$t=2$。于是

$$\int_{\ln 3}^{\ln 8} \sqrt{1+e^x}\, dx = 2\int_2^3 \frac{t^2}{t^2-1}dt = 2\int_2^3 \left(1+\frac{1}{t^2-1}\right)dt$$

$$= 2\left(t+\frac{1}{2}\ln\left|\frac{t-1}{t+1}\right|\right)\Big|_2^3 = 2+\ln\frac{3}{2}$$

例 6.11 求 $\int_1^{\sqrt{3}} \frac{1}{x^2\sqrt{1+x^2}}dx$。

解 令 $x=\tan t$，则 $dx=\sec^2 t dt$。当 $x=1$ 时，$t=\frac{\pi}{4}$；当 $x=\sqrt{3}$ 时，$t=\frac{\pi}{3}$。于是

$$\int_1^{\sqrt{3}} \frac{1}{x^2\sqrt{1+x^2}}dx = \int_{\frac{\pi}{4}}^{\frac{\pi}{3}} \frac{\sec^2 t}{\tan^2 t \sec t}dt$$

$$= \int_{\frac{\pi}{4}}^{\frac{\pi}{3}} \frac{\cos t}{\sin^2 t}dt = \int_{\frac{\pi}{4}}^{\frac{\pi}{3}} \frac{1}{\sin^2 t}d\sin t$$

$$= -\frac{1}{\sin t}\Big|_{\frac{\pi}{4}}^{\frac{\pi}{3}} = \sqrt{2}-\frac{2}{3}\sqrt{3}$$

6.2.4 定积分的分部积分法

设函数 $u=u(x)$ 和 $v=v(x)$ 在区间 $[a,b]$ 上具有连续导数 $u'(x)$ 和 $v'(x)$，则有

$$\left[u(x)v(x)\right]' = u'(x)v(x) + u(x)v'(x)$$

分别求等式两端在 $[a,b]$ 上的定积分，得

$$\int_a^b \left[u(x)v(x)\right]' \mathrm{d}x = \int_a^b u'(x)v(x)\mathrm{d}x + \int_a^b u(x)v'(x)\mathrm{d}x$$

注意到

$$\int_a^b \left[u(x)v(x)\right]' \mathrm{d}x = u(x)v(x)\Big|_a^b$$

于是有

$$\int_a^b u(x)v'(x)\mathrm{d}x = u(x)v(x)\Big|_a^b - \int_a^b u'(x)v(x)\mathrm{d}x$$

这个公式称为定积分的分部积分公式。用分部积分公式计算定积分的方法称为分部积分法。

例 6.12　计算 $\int_0^\pi x\cos x\mathrm{d}x$ 。

解　$\int_0^\pi x\cos x\mathrm{d}x = \int_0^\pi x\mathrm{d}(\sin x) = x\sin x\Big|_0^\pi - \int_0^\pi \sin x\mathrm{d}x = (0-0) - (-\cos x)\Big|_0^\pi = -2$ 。

例 6.13　计算 $\int_0^{\sqrt{3}} \arctan x\mathrm{d}x$ 。

解　根据定积分的分部积分公式，有

$$\int_0^{\sqrt{3}} \arctan x\mathrm{d}x = \left(x\arctan x\right)\Big|_0^{\sqrt{3}} - \int_0^{\sqrt{3}} x\mathrm{d}\arctan x$$

$$= \sqrt{3}\arctan\sqrt{3} - \int_0^{\sqrt{3}} \frac{x}{1+x^2}\mathrm{d}x$$

$$= \frac{\sqrt{3}}{3}\pi - \frac{1}{2}\ln\left(1+x^2\right)\Big|_0^{\sqrt{3}}$$

$$= \frac{\sqrt{3}}{3}\pi - \frac{1}{2}\ln 4 = \frac{\sqrt{3}}{3}\pi - \ln 2$$

例 6.14　计算 $\int_0^1 \cos\sqrt{x}\mathrm{d}x$ 。

解　令 $\sqrt{x} = t$ ，则 $x = t^2$ ， $\mathrm{d}x = 2t\mathrm{d}t$ 。当 $x=0$ 时， $t=0$ ；当 $x=1$ 时， $t=1$ 。

$$\int_0^1 \cos\sqrt{x}\mathrm{d}x = 2\int_0^1 t\cos t\mathrm{d}t$$

$$= 2\int_0^1 t\mathrm{d}\sin t$$

$$= 2\left[t\sin t\right]_0^1 - 2\int_0^1 \sin t\mathrm{d}t$$

$$= 2\sin 1 + 2\left[\cos t\right]_0^1$$

$$= 2\sin 1 + 2\cos 1 - 2$$

例 6.15　计算 $\int_0^1 x\mathrm{e}^{-x}\mathrm{d}x$ 。

解　$\int_0^1 x\mathrm{e}^{-x}\mathrm{d}x = -\int_0^1 x\mathrm{d}\mathrm{e}^{-x} = -\left(\left[x\mathrm{e}^{-x}\right]_0^1 - \int_0^1 \mathrm{e}^{-x}\mathrm{d}x\right)$

$$= -\mathrm{e}^{-1} - \left[\mathrm{e}^{-x}\right]_0^1 = 1 - \frac{2}{\mathrm{e}}$$

6.2.5 奇偶函数在对称区间上的定积分

定理 6.4 若 $f(x)$ 在 $[-a,a]$ 上连续且为偶函数，则

$$\int_{-a}^{a} f(x)\mathrm{d}x = 2\int_{0}^{a} f(x)\mathrm{d}x$$

定理 6.5 若 $f(x)$ 在 $[-a,a]$ 上连续且为奇函数，则

$$\int_{-a}^{a} f(x)\mathrm{d}x = 0$$

例 6.16 计算 $\int_{-\frac{1}{2}}^{\frac{1}{2}} \dfrac{(\arcsin x)^2}{\sqrt{1-x^2}}\mathrm{d}x$。

解 $f(x) = \dfrac{(\arcsin x)^2}{\sqrt{1-x^2}}$，$f(-x) = \dfrac{[\arcsin(-x)]^2}{\sqrt{1-(-x)^2}} = \dfrac{(-1)^2(\arcsin x)^2}{\sqrt{1-x^2}} = f(x)$，函数为偶函数。

所以

$$\int_{-\frac{1}{2}}^{\frac{1}{2}} \frac{(\arcsin x)^2}{\sqrt{1-x^2}}\mathrm{d}x = 2\int_{0}^{\frac{1}{2}} (\arcsin x)^2 \frac{1}{\sqrt{1-x^2}}\mathrm{d}x = 2\int_{0}^{\frac{1}{2}} (\arcsin x)^2 \mathrm{d}(\arcsin x)$$

$$= \frac{2}{3}(\arcsin x)^3 \Big|_{0}^{\frac{1}{2}} = \frac{2}{3}[(\arcsin \frac{1}{2})^3 - (\arcsin 0)^3] = \frac{2}{3}\left(\frac{\pi}{6}\right)^3$$

例 6.17 计算 $\int_{-5}^{5} \dfrac{x^3 \sin^2 x}{x^4 + 2x^2 + 1}\mathrm{d}x$。

解 $f(x) = \dfrac{x^3 \sin^2 x}{x^4 + 2x^2 + 1}$，$f(-x) = \dfrac{(-x)^3 \sin^2(-x)}{(-x)^4 + 2(-x)^2 + 1} = \dfrac{-x^3 \sin^2 x}{x^4 + 2x^2 + 1} = -f(x)$，函数为奇函数。所以有

$$\int_{-5}^{5} \frac{x^3 \sin^2 x}{x^4 + 2x^2 + 1}\mathrm{d}x = 0$$

一般情况下，当被积函数看起来比较复杂时，应考虑它的奇偶性。

【数学文化】微积分发展中的一些重要要人物（4）

莱布尼兹（1646—1716），德国哲学家、数学家，历史上少见的通才，被誉为 17 世纪的亚里士多德。他是一名律师，经常往返于各大城镇，他的许多公式都是在颠簸的马车上完成的，他也自称具有贵族身份。他和牛顿先后独立发明了微积分，而且他所使用的微积分的数学符号被更广泛使用，莱布尼兹所发明的符号被普遍认为更综合，适用范围更加广泛。莱布尼兹还对二进制的发展做出了贡献。

【能力训练 6.2】

1. 求下列各函数的导数。

（1）$\Phi(x) = \int_{0}^{x} \sin(t^2)\mathrm{d}t$；
（2）$F(x) = \int_{x}^{0} \dfrac{1}{\sqrt{2+t^2}}\mathrm{d}t$。

2. 求下列函数的极限。

（1）$\lim\limits_{x\to 0}\dfrac{\displaystyle\int_0^x \ln(1+t)\mathrm{d}t}{x^2}$；

（2）$\lim\limits_{x\to 0}\dfrac{\displaystyle\int_0^x t^2 \sin 2t\,\mathrm{d}t}{\displaystyle\int_0^x t^3\mathrm{d}t}$。

3. 计算下列定积分。

（1）$\displaystyle\int_1^2\left(x+\dfrac{1}{x}\right)^2\mathrm{d}x$；

（2）$\displaystyle\int_1^4 \sqrt{x}\left(1+\sqrt{x}\right)\mathrm{d}x$；

（3）$\displaystyle\int_{-1}^0 \dfrac{x^4-1}{x^2+1}\mathrm{d}x$；

（4）$\displaystyle\int_{-1}^1 \left|x-x^2\right|\mathrm{d}x$。

（5）$\displaystyle\int_0^1 \dfrac{x\mathrm{d}x}{\sqrt{1+x^2}}$。

4. 已知 $xf(x)=x^3+\displaystyle\int_1^x f(t)\mathrm{d}t$，求 $f'(x)$ 与 $f(x)$。

5. 计算下列定积分。

（1）$\displaystyle\int_4^9 \dfrac{\sqrt{x}}{\sqrt{x}-1}\mathrm{d}x$；

（2）$\displaystyle\int_1^2 \dfrac{\sqrt{x-1}}{x}\mathrm{d}x$；

（3）$\displaystyle\int_0^a \sqrt{a^2-x^2}\,\mathrm{d}x\,(a>0)$；

（4）$\displaystyle\int_0^{\frac{\pi}{2}} \cos^5 x \sin x\,\mathrm{d}x$。

6. 计算下列定积分。

（1）$\displaystyle\int_1^{\mathrm{e}} \ln x\,\mathrm{d}x$；

（2）$\displaystyle\int_0^{\pi} x\cos 3x\,\mathrm{d}x$；

（3）$\displaystyle\int_0^{\frac{\pi}{4}} \dfrac{x}{1+\cos 2x}\mathrm{d}x$；

（4）$\displaystyle\int_0^1 \mathrm{e}^{\sqrt{x}}\mathrm{d}x$。

6.3　定积分的应用

6.3.1　定积分元素法

　　元素法是用来将实际问题转化为定积分问题的一种简便方法，也是物理学、力学和工程技术上普遍采用的方法。在计算一些不规则图形的面积、体积、弧长或者计算某些物理量的时候，由于在计算公式中，某些量不是常量而是变量，因此，无法用初等数学的方法求解，此时可采用元素法。

　　回顾一下在引入定积分的概念时所用的求曲边梯形面积的引例。利用定积分的思想，采用了"分割、取近似、求和、取极限"四大步骤。这四步可提炼简化为以下两步。

　　（1）**分割、取近似（求微元）**：设想将区间 $[a,b]$ 分成 n 个小区间，由于每个小区间的做法相同，所以只考虑其中任意一小区间 $[x,x+\mathrm{d}x]$ 即可，在任意区间 $[x,x+\mathrm{d}x]$ 内，小曲边梯

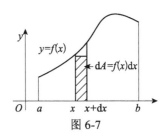

图 6-7

形面积近似值为 $\Delta A \approx f(x)\Delta x = f(x)\mathrm{d}x$。 $f(x)\mathrm{d}x$ 称为总面积的**微元（元素）**，记为 $\mathrm{d}A = f(x)\mathrm{d}x$，如图 6-7 所示。

（2）**求和、取极限（求积分）**：将总面积的微元 $\mathrm{d}A$ 加起来再取极限，得总面积为

$$A = \lim \sum \mathrm{d}A = \int_a^b \mathrm{d}A = \int_a^b f(x)\mathrm{d}x$$

这种**先求整体量的微元再用定积分求整体量的方法称为微元法（元素法）**。

从引例中发现，在进行第一步求微元的过程中，分割的目的就在于取近似，取近似经常运用，如以不变代变，以直代曲，以均匀代不均匀，或者以会求的代不会求的；在进行第二步求积分的过程中，发现 $\lim \sum = \int_a^b$，即定积分等于和式的极限，并且可以发现，它们都满足下述三个条件。

① 所求的量 F 是与一个变量 x 的变化区间 $[a,b]$ 有关的量；

② 量 F 对于区间 $[a,b]$ 具有可加性；

③ 任意小部分量 $\mathrm{d}F$ 的近似值表示为 $\mathrm{d}F = f(x)\mathrm{d}x$。

一般的，如果一个量 F 满足上述三个条件，则可以

考虑用定积分来表达这个量。确定量 F 的积分表达式的步骤如下。

（1）根据问题的具体情况，选择一个变量，如 x，并确定它的变化区间 $[a,b]$；

（2）取区间 $[a,b]$ 的任一小区间并记为 $[x, x+\mathrm{d}x]$，求出量 F 在这一小区间 $[x, x+\mathrm{d}x]$ 上的微元 $\mathrm{d}F = f(x)\mathrm{d}x$；

（3）所求量为 $F = \int_a^b \mathrm{d}F = \int_a^b f(x)\mathrm{d}x$。

6.3.2　直角坐标系下平面图形的面积

由前面的讨论可知，如果 $f(x) \geqslant 0$，则曲线 $y = f(x)$，直线 $x = a$、$x = b$ 及 x 轴所围成的平面图形的面积 A 的微元是

$$\mathrm{d}A = f(x)\mathrm{d}x$$

如果 $f(x)$ 在 $[a,b]$ 上有正有负，那么面积 A 的微元是以 $|f(x)|$ 为高、$\mathrm{d}x$ 为底的矩形面积（图 6-8），即

$$\mathrm{d}A = |f(x)|\mathrm{d}x$$

于是，总有

$$A = \int_a^b |f(x)|\mathrm{d}x$$

下面来讨论更一般的情形。求由两条曲线 $y = f(x)$、$y = g(x)$ 与两条直线 $x = a$、$x = b$ 所围成的平面图形的面积 A。

如果在 $[a,b]$ 上 $f(x) \geqslant g(x)$，则面积 A 的微元是以 $[f(x) - g(x)]$ 为高、$\mathrm{d}x$ 为底的矩形

面积，如图 6-9 所示，即

$$dA = \left[f(x) - g(x) \right] dx$$

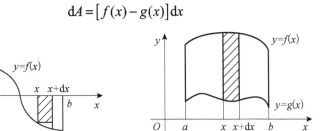

图 6-8　　　　　　　　　　　图 6-9

如果在 $[a,b]$ 上 $\left[f(x) - g(x) \right]$ 有正有负，则面积 A 的微元是以 $\left| f(x) - g(x) \right|$ 为高、dx 为底的矩形面积，即

$$dA = \left| f(x) - g(x) \right| dx$$

因此，不论是何种情况，总有

$$A = \int_a^b \left| f(x) - g(x) \right| dx$$

同理，由两条曲线 $x = \psi(y)$、$x = \varphi(y)$ 与两条直线 $y = c$、$y = d$ 所围成的平面图形的面积 A 为 $A = \int_c^d \left| \psi(y) - \varphi(y) \right| dy$。

例 6.18　求由两条抛物线 $y = x^2$ 和 $y^2 = x$ 所围成的平面图形的面积。

解　该平面图形如图 6-10 所示。容易求出这两条抛物线的交点为 $(0,0)$ 和 $(1,1)$，则所求图形的面积为

$$A = \int_0^1 \left(\sqrt{x} - x^2 \right) dx = \left[\frac{2}{3} x^{\frac{3}{2}} - \frac{1}{3} x^3 \right] \Bigg|_0^1 = \frac{1}{3}$$

一个平面图形的面积，虽然总可以用定积分表达，但还应考虑怎样选择恰当的积分变量，而使问题被方便地解决。

例 6.19　求由抛物线 $y^2 = 2x$ 与直线 $y = x - 4$ 所围成的平面图形的面积。

解　该平面图形如图 6-11 所示。容易求出抛物线 $y^2 = 2x$ 与直线 $y = x - 4$ 的交点为 $(2,-2)$ 和 $(8,4)$，则所求图形的面积为

$$A = \int_{-2}^4 \left[(y + 4) - \frac{y^2}{2} \right] dy = \left[\frac{1}{2} y^2 + 4y - \frac{1}{6} y^3 \right] \Bigg|_{-2}^4 = 18$$

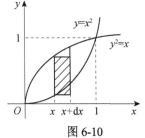
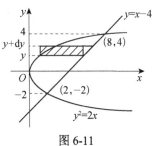

图 6-10　　　　　　　　　　　图 6-11

如果选择 x 为积分变量，那么它的表达式比上式复杂。读者不妨自己试试。

6.3.3 旋转体的体积

旋转体就是由一个平面图形绕这平面内一条直线旋转一周而成的立体。该直线称为旋转轴。圆柱、圆锥、圆台、球体可以分别看做由矩形绕它的一边、直角三角形绕它的直角边、直角梯形绕它的直角腰、半圆绕它的直径旋转一周而成的立体，所以它们都是旋转体。

上述旋转体都可以看做由连续曲线 $y = f(x)$，直线 $x = a$、$x = b$ $(a < b)$ 及 x 轴所围成的曲边梯形绕 x 轴旋转一周而成的立体。下面考虑用定积分来计算这种旋转体的体积。

用微元法分析。取 x 为积分变量，积分区间为 $[a, b]$。任取一子区间 $[x, x+dx] \subset [a, b]$，设与此小区间相对应的那部分旋转体的体积为 ΔV，则 ΔV 近似于以 $f(x)$ 为底半径、以 dx 为高的扁圆柱体的体积，如图 6-12 所示。于是体积微元为

$$dV = \pi \left[f(x) \right]^2 dx$$

所求的旋转体的体积为

$$V = \pi \int_a^b \left[f(x) \right]^2 dx$$

类似的，由连续曲线 $x = \varphi(y)$，直线 $y = c$、$y = d$ $(c < d)$ 及 y 轴所围成的曲边梯形绕 y 轴旋转一周而成的旋转体的体积为

$$V = \pi \int_c^d \left[\varphi(y) \right]^2 dy$$

例 6.20 求由椭圆 $\dfrac{x^2}{a^2} + \dfrac{y^2}{b^2} = 1$ 绕 x 轴旋转一周而成的旋转体的体积，如图 6-13 所示。

解 取 x 为积分变量，积分区间是 $[-a, a]$，所求旋转体的体积为

$$V = \pi \int_{-a}^a \left[\frac{b}{a} \sqrt{a^2 - x^2} \right]^2 dx = \frac{\pi b^2}{a^2} \int_{-a}^a \left(a^2 - x^2 \right) dx$$

$$= \frac{2\pi b^2}{a^2} \int_0^a \left(a^2 - x^2 \right) dx = \frac{2\pi b^2}{a^2} \left[a^2 x - \frac{x^3}{3} \right]_0^a = \frac{4}{3} \pi a b^2$$

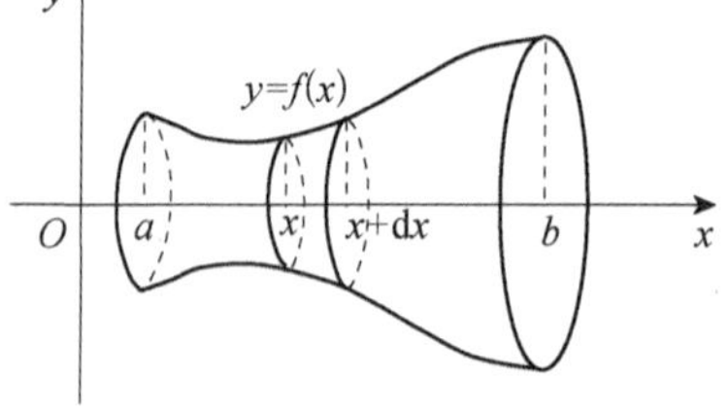

图 6-12 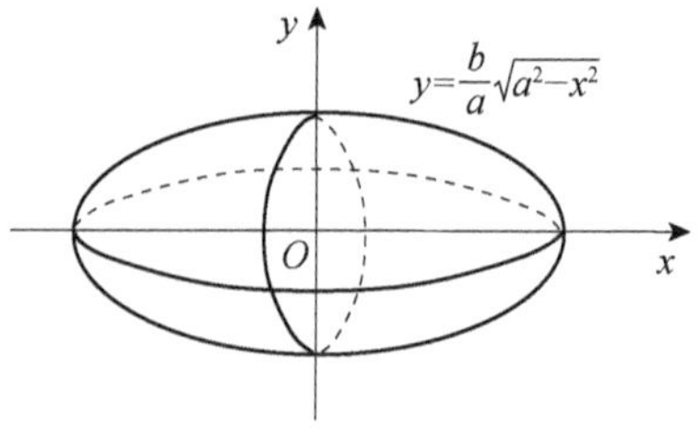　　　　　　　　　　　图 6-13

【数学文化】微积分发展中的一些重要要人物（5）

17 世纪法国数学家笛卡儿（1596—1650）引入了坐标的概念，创立了解析几何。笛卡

儿之所以创立解析几何，是因为他认识到几何和代数分别存在各
自的缺点，还不能满足科学的需要。传说，有一天笛卡儿生病在
床，此时，窗外在蜘蛛网上忙碌的蜘蛛引起了他的注意，最终激
发了他的思维，诞生了直角坐标系。笛卡儿坐标几何的建立具有
划时代的科学意义，他的数形结合思想也为研究数学和其他科学
提供了有效工具，直接促进了微积分的诞生。笛卡儿终身未婚，
传说，笛卡儿在瑞典时曾与瑞典公主克里斯汀相爱，但遭到国王
反对。笛卡儿返回法国后因病离开人世，去世前他给公主寄去一

封信，信中只有一个方程 $r = a(1-\sin\theta)$，这个方程代表的就是心形曲线。笛卡儿用这种方
式表达了自己对公主的爱。

【能力训练 6.3】

1. 计算下列曲线所围成的平面图形的面积。

（1） $y = \sqrt{x}$ ， $y = x$ ；

（2） $y = \dfrac{1}{2}x^2$ ， $x = 1$ ， $x = 3$ ， $y = 0$ 。

2. 求下列旋转体的体积。

（1）由 $y = x^2$ ， $y = 0$ ， $x = 1$ 围成的图形绕 x 轴旋转；

（2）由 $y = x^2$ ， $y^2 = x$ 围成的图形绕 y 轴旋转。

【综合能力训练 6】

用定积分表示 1～5 题的解(只写出定积分，不求解)。

1. 近年来，世界范围内每年的石油消耗率呈指数增长，增长指数大约为 0.07。1970 年
初，消耗量大约为 161 亿桶。设 $R(t)$ 表示从 1970 年起第 t 年的石油消化率，已知
$R(t) = 161e^{0.07t}$ (亿桶)。试用此式计算 1970 年到 1990 年间石油消耗的总量。

2. 一物体以速度 $v = 2t+1$ 做直线运动，求该物体在时间区间[0,3]内所经过的路程 s 。

3. 设某产品生产 Q 个单位产品时的总收益的变化率为 $f(Q) = 20 - \dfrac{Q}{10}$ $(Q \geqslant 0)$ 。

（1）求生产 40 个单位的产品时的总收益；

（2）求从生产 40 个单位到 60 个单位产品时的总收益。

4. 设某昆虫的增长速度是 $\dfrac{3000}{\sqrt{t}}$ (只/周)，试问从第 9 周到第 25 周这种昆虫总共增加了
多少只？

5. 已知某产品的总产量的变化率(单位为单位/天)是 $\dfrac{\mathrm{d}Q}{\mathrm{d}t} = 40 + 12t - \dfrac{3}{2}t^2$ ，求从第 2 天到
第 10 天产品的总产量。

6. 一辆汽车正以 $v=10$m/s 匀速行驶，突然发现前方有一障碍物，于是以-5m/s² 的加速度减速停下，求汽车的刹车路程。

7. 中国人的收入正在逐年提高。据统计，深圳 2009 年的年人均收入为 23 951 元，假设这一人均收入以速度 $v(t)=1000(1.05)^t$ (单位为元/年)增长，这里 t 是从 2010 开始算起的年数，试估算 2015 年深圳的年人均收入。

8. 一架波音 747 喷气式客机起飞时的速度为 320km/h，如果它在 30s 内匀加速地将速度提到 320km/h，问跑道应有多长？

9. 一汽车以 100km/h 的速度行驶，此时司机看到前方 80m 处发生了交通事故，于是开始刹车。问汽车应该有多大的加速度才能避免和前面的车辆相撞？

10. 某段河道的河床截线呈抛物线形，如图 6-14 所示，河两岸相距 100m，岸与河道最深处的垂直距离为 10m，求河床的截面积。

11. 有两个人工湖如图 6-15 所示，经测量发现其边界近似于图中所示函数，试求此图中两个湖的表面积。

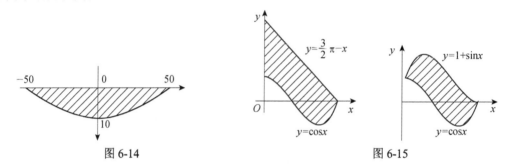

图 6-14　　　　　　　　　　　　　　图 6-15

12. 经研究发现，某一个小伤口表面修复的速度为 $\dfrac{\mathrm{d}A}{\mathrm{d}t}=-5t^{-2}$ (t 的单位为天；$1\leqslant t\leqslant5$)，其中 A 表示伤口的面积，假设 $A(1)=5$，问受伤 5 天后该病人的伤口表面积为多少？

13. 一窗户为由抛物线 $y=3-2x^2$ 与 x 轴所围成的图形，求它的面积。

14. 一喇叭可视为由曲线 $y=x^2$、直线 $x=1$ 以及 x 轴所围成的图形绕 x 轴旋转所成的旋转体，求此旋转体的体积。

15. 某人正在用计算机设计一台机器的底座，它在第一象限的图形由 $y=8-x^3$、$y=2$ 以及 x 轴、y 轴围成，底座由此图形绕 y 轴旋转一周而成。求此底座的体积。

能力训练和综合能力训练参考答案

【能力训练 6.1】

（1）12；　　　　　　（2）$\dfrac{9}{4}\pi$；　　　　　　（3）$\dfrac{5}{2}$。

【能力训练 6.2】

1.（1）$\sin x^2$；　　　　　　（2）$-\dfrac{1}{\sqrt{2+x^2}}$。

2.（1）1/2； （2）2。

3.（1）29/6； （2）73/6； （3）−2/3；

（4）1； （5）$\sqrt{2}-1$。

4. $f'(x)=3x$； $f(x)=\dfrac{3x^2}{2}+C$（C 为任意常数）。

5.（1）$2\ln 2+7$； （2）$2\left(1-\dfrac{\pi}{4}\right)$； （3）$\dfrac{\pi a^2}{4}$； （4）1/6。

6.（1）1； （2）−2/9； （3）$\dfrac{\pi}{8}-\dfrac{1}{4}\ln 2$； （4）2。

【能力训练6.3】

1.（1）1/6； （2）13/3。

2.（1）$\dfrac{\pi}{5}$； （2）$\dfrac{3\pi}{10}$。

【综合能力训练6】

1. $P=\displaystyle\int_0^{20}161e^{0.07t}\mathrm{d}t$。

2. $s=\displaystyle\int_0^3(2t+1)\mathrm{d}t$。

3.（1）$R_1=\displaystyle\int_0^{40}\left(20-\dfrac{Q}{10}\right)\mathrm{d}Q$； （2）$R_2=\displaystyle\int_{40}^{60}\left(20-\dfrac{Q}{10}\right)\mathrm{d}Q$。

4. $A=\displaystyle\int_9^{25}\dfrac{3000}{\sqrt{t}}\mathrm{d}t$。

5. $A=\displaystyle\int_2^{10}(40+12t-\dfrac{3}{2}t^2)\mathrm{d}t$。

6. 10m。

7. 30 921.6 元。

8. 1 333.33m。

9. $a\approx-4.822\,5$。

10. 800m²。

11. $\dfrac{9\pi^2}{8}+1$； $\dfrac{3\pi}{2}+2$。

12. 1。

13. $2\sqrt{6}$。

14. $\dfrac{\pi}{5}$。

15. 22.975。

第7章　线性代数

宇宙之大，粒子之微，火箭之速，化工之巧，地球之变，生物之谜，日用之繁，无处不用数学。

——华罗庚

 学习目标

1. 理解矩阵、矩阵相等、矩阵的秩、逆矩阵的概念。

2. 熟练掌握矩阵的加减、数乘、乘法运算。

3. 熟练掌握矩阵的初等变换，并运用矩阵的初等变换。

　　（1）化矩阵为阶梯型矩阵和行最简形矩阵。

　　（2）求矩阵的秩。

　　（3）求可逆矩阵的逆矩阵。

　　（4）求简单的矩阵方程。

　　（5）利用矩阵设置密码。

4. 熟练掌握线性方程组有解的充分必要条件，并会利用初等变换求解线性方程组。

5. 知道零矩阵、三角矩阵、对角矩阵、单位矩阵、阶梯型矩阵等特殊矩阵及矩阵的转置。

 教学提示

　　随着互联网和计算机技术的飞速发展，线性代数在计算机技术中的基础性地位日益突出。矩阵是线性代数的主要研究对象之一，它已经被人们广泛地应用到了工程技术、自然科学、经济管理等各个领域。本章主要介绍矩阵的相关概念、运算、矩阵的初等变换、矩阵的秩、逆矩阵及利用矩阵求解线性方程组。

7.1　矩阵

7.1.1　矩阵的概念

在工程技术、经济管理和日常工作中，我们常常用列表的方法表示一些数据及其关系，如学生成绩表、销售业绩表、物资调运表等，为了处理方便，可以将它们按照一定的顺序组成一个矩形数表，先看一个实际的例子。

案例 7.1　设某企业三个部门上年各季度的营业额完成情况如表 7-1 所示。

表 7-1　　　　　　　　　　　　　　　　　　　　　　　　　　　　　　　　　　　单位：万元

季度 营业额 部门	一	二	三	四
1	80	76	78	81
2	67	68	72	70
3	88	90	87	86

取出表 7-1 中的营业额数据并保持原来的相对位置，则可得到一个数表：

$$\begin{bmatrix} 80 & 76 & 78 & 81 \\ 67 & 68 & 72 & 70 \\ 88 & 90 & 87 & 86 \end{bmatrix}$$

这类矩形数表在数学上就是下面定义的矩阵。

定义 7.1　由 $m \times n$ 个数 $a_{ij}(i=1,2,\cdots,m; j=1,2,\cdots,n)$ 排列成一个 m 行 n 列，并括以方括弧（或圆括弧）的数表

$$\begin{pmatrix} a_{11} & a_{12} & \cdots & a_{1n} \\ a_{21} & a_{22} & \cdots & a_{2n} \\ \vdots & \vdots & \ddots & \vdots \\ a_{m1} & a_{m1} & \cdots & a_{mn} \end{pmatrix}$$

称为 m 行 n 列矩阵，简称 $m \times n$ 矩阵。通常用大写字母 $\boldsymbol{A}, \boldsymbol{B}, \boldsymbol{C}, \cdots$ 表示矩阵，其中 a_{ij} 称为矩阵 $\boldsymbol{A}$ 的第 i 行第 j 列的元素，$m \times n$ 矩阵 $\boldsymbol{A}$ 也可简记为 $\boldsymbol{A} = (a_{ij})_{m \times n}$ 或 $\boldsymbol{A}_{m \times n}$。

【思考题】将下面的问题用矩阵表示，并指出各个矩阵的行数和列数。

（1）某电视台举办歌唱比赛，甲、乙两名选手参加了初赛、复赛。甲初赛、复赛成绩分别为 80、90；乙初赛、复赛成绩分别为 60、85。

（2）某牛仔裤商店经销 A、B、C、D、E 五种不同牌子的牛仔裤，其腰围大小分别有 28 英寸、30 英寸、32 英寸、34 英寸四种，在一个星期内，该商店的销售情况如表 7-2 所示。

表 7-2

品牌 / 尺寸	A	B	C	D	E
28 英寸	1	3	0	1	2
30 英寸	5	8	6	1	2
32 英寸	2	3	5	6	0
34 英寸	0	1	1	0	3

7.1.2 几种特殊的矩阵

（1）**零矩阵**：所有元素全为零的矩阵称为**零矩阵**，记为 O 或 $O_{m \times n}$。

（2）**行矩阵**：只有一行的矩阵称为**行矩阵**，如 $A = [1 \quad 2 \quad 3]$。

（3）**列矩阵**：只有一列的矩阵称为**列矩阵**，如 $B = \begin{bmatrix} 1 \\ 2 \\ 3 \end{bmatrix}$。

（4）n **阶方阵**：当 $m = n$ 时称 $A = \left(a_{ij} \right)_{m \times n}$ 为 n **阶方阵**，也可记为 A_n。

定义 7.2 　方阵 $A_n = \begin{pmatrix} a_{11} & a_{12} & \cdots & a_{1n} \\ a_{21} & a_{22} & \cdots & a_{2n} \\ \vdots & \vdots & \ddots & \vdots \\ a_{n1} & a_{n2} & \cdots & a_{nn} \end{pmatrix}$ 中，从左上角到右下角由元素连成的直线称为方阵的**主对角线**。

（5）**上三角形矩阵**：如果 n 阶方阵中主对角线左下方的元素均为零，则称为 n **阶上三角形矩阵**，记为

$$A = \begin{pmatrix} a_{11} & a_{12} & \cdots & a_{1n} \\ 0 & a_{22} & \cdots & a_{2n} \\ \vdots & \vdots & \ddots & \vdots \\ 0 & 0 & \cdots & a_{nn} \end{pmatrix}$$

（6）**下三角形矩阵**：如果 n 阶方阵中主对角线右上方的元素均为零，则称为 n **阶下三角形矩阵**，记为

$$A = \begin{pmatrix} a_{11} & 0 & \cdots & 0 \\ a_{21} & a_{22} & \cdots & 0 \\ \vdots & \vdots & \ddots & \vdots \\ a_{n1} & a_{n2} & \cdots & a_{nn} \end{pmatrix}$$

（7）**对角矩阵**：除了对角线上的元素以外，其余元素全为零的矩阵称为 n **阶对角矩阵**，记为

$$A = \begin{pmatrix} a_{11} & 0 & \cdots & 0 \\ 0 & a_{22} & \cdots & 0 \\ \vdots & \vdots & \ddots & \vdots \\ 0 & 0 & \cdots & a_{nn} \end{pmatrix}$$

（8）**数量矩阵**：主对角线上的元素全相等的 n 阶对角矩阵称为 ***n* 阶数量矩阵**，记为

$$A = \begin{pmatrix} a & 0 & \cdots & 0 \\ 0 & a & \cdots & 0 \\ \vdots & \vdots & \ddots & \vdots \\ 0 & 0 & \cdots & a \end{pmatrix} \quad (a \neq 0)$$

（9）**单位矩阵**：如果 n 阶对角矩阵中主对角线上的元素均为 1，其余元素均为 0，则称之为**单位矩阵**，记为 E，即

$$E = \begin{pmatrix} 1 & 0 & \cdots & 0 \\ 0 & 1 & \cdots & 0 \\ \vdots & \vdots & \ddots & \vdots \\ 0 & 0 & \cdots & 1 \end{pmatrix}$$

7.1.3 矩阵的相等

定义 7.3 两个矩阵行数相等，列数也相等，就称它们是**同型矩阵**。

定义 7.4 如果两个矩阵 $A = (a_{ij})$ 和 $B = (b_{ij})$ 是同型矩阵，并且它们的对应元素相等，即 $a_{ij} = b_{ij}(i = 1, 2, \cdots, m; j = 1, 2, \cdots, n)$，则称矩阵 A 与矩阵 B 相等，记为 $A = B$。

【能力训练 7.1】

1. 指出下列特殊矩阵的名称。

(1) $[1 \quad -2 \quad 5]$；
(2) $\begin{bmatrix} 3 \\ -2 \\ 0 \\ 2 \end{bmatrix}$；
(3) $\begin{bmatrix} 0 & 0 & 0 \\ 0 & 0 & 0 \end{bmatrix}$；

(4) $\begin{bmatrix} 3 & 0 & 0 \\ 0 & -2 & 0 \\ 0 & 0 & 2 \end{bmatrix}$；
(5) $\begin{bmatrix} 1 & -2 & 3 \\ 0 & -2 & 1 \\ 0 & 0 & 2 \end{bmatrix}$；
(6) $\begin{bmatrix} 1 & 0 & 0 \\ 0 & 1 & 0 \\ 0 & 0 & 1 \end{bmatrix}$。

2. 设矩阵

$$A = \begin{bmatrix} 15 & 8 & -9 & 7 \\ 6 & 11 & 3 & 9 \\ 4 & 6 & -5 & 2 \end{bmatrix}$$

是 3×4 矩阵，则 $a_{21} = ($ $)$，$a_{14} = ($ $)$，$a_{32} = ($ $)$。

3. 四个城市间的单线航线通航图如图 7-1 所示，令

$$a_{ij} = \begin{cases} 1,\text{从}\,i\,\text{市到}\,j\,\text{市有一条单向航线} \\ 0;\text{从}\,i\,\text{市到}\,j\,\text{市没有单向航线} \end{cases}。$$

则此航线图可用矩阵表示为（　　）。

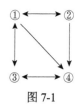

4. 某班级四位同学在期末考试中语文、数学、英语、理科综合的成绩分别如表 7-3 所示。

图 7-1

表 7-3

姓名＼科目	语文	数学	英语	理科综合
张华	120	135	144	277
王红	112	142	126	258
李明	128	110	118	220
孙亮	138	98	122	268

试写出四名学生的成绩矩阵，并给出矩阵的行数和列数。

【数学文化赏】　矩阵的历史

矩阵的历史悠久，在公元前我国就已经有了矩阵的萌芽。成书于西汉末、东汉初的《九章算术》用分离系数法表示线性方程组，得到其增广矩阵。在消元过程中，使用的把某行乘以某一个非零数、从某行中减去另一行等运算技巧，相当于矩阵的初等变换。虽然它与现在的矩阵在形式上相同，但在当时只是作为线性方程组的标准表示与处理方式，并没有将矩阵作为一个独立的对象进行深入的系统研究，所以未能形成独立的矩阵理论。

1850 年，英国数学家西尔维斯特 1814—1897 在研究方程的个数与未知量的个数不相同的线性方程组时，由于无法使用行列式，所以引入了矩阵的概念。1858 年，英国数学家凯莱（1821—1895）发表的《关于矩阵理论的研究报告》中，首先脱离了行列式与方程组而对矩阵本身进行了研究，并在这个主题上首先发表了一系列文章，因而被认为是矩阵论的创立者，他给出了现在通用的一系列定义，如两个矩阵相等、零矩阵、单位矩阵、两个矩阵的和、一个数与一个矩阵的数量积、两个矩阵的积、矩阵的逆、转置矩阵等。凯莱还注意到矩阵的乘积是可结合的，但一般不可交换，且 $m \times n$ 矩阵只能用 $n \times k$ 矩阵去右乘。1878 年，德国数学家费罗贝尼乌斯（1849—1917）给出了正交矩阵的定义，1879 年，他又在自己的论文中引进了矩阵秩的概念。

矩阵的理论发展非常迅速，到 19 世纪末，矩阵理论体系已基本形成。到 20 世纪，矩阵理论得到了进一步的发展。目前，它已经发展成为在物理、控制论、生物学、经济学等学科有大量应用的数学分支。

7.2　矩阵的运算

7.2.1　矩阵的加法

【思考题】设有两种物资（单位为 t）要从四个产地运往两个销地，调运方案可分别用矩阵 A 和矩阵 B 表示为

$$A=\begin{bmatrix} 6 & 5 \\ 4 & 1 \\ 2 & 3 \\ 8 & 5 \end{bmatrix}, \qquad B=\begin{bmatrix} 5 & 3 \\ 4 & 0 \\ 1 & 7 \\ 8 & 6 \end{bmatrix}$$

试求从各产地运往各销地的两种物资的总调运方案。

定义 7.5　设 $A=(a_{ij})$，$B=(b_{ij})$ 是两个 $m\times n$ 矩阵，则矩阵 A 与 B 的和规定为

$$A+B=(a_{ij}+b_{ij})=\begin{bmatrix} a_{11}+b_{11} & a_{12}+b_{12} & \cdots & a_{1n}+b_{1n} \\ a_{21}+b_{21} & a_{22}+b_{22} & \cdots & a_{2n}+b_{2n} \\ \vdots & \vdots & & \vdots \\ a_{n1}+b_{n1} & a_{n2}+b_{n2} & \cdots & a_{mn}+b_{mn} \end{bmatrix}$$

注意： 只有当两个矩阵是同型矩阵时，这两个矩阵才能进行加法运算。

例 7.1　设矩阵 $A=\begin{bmatrix} 2 & 0 & -4 \\ -2 & 3 & -1 \end{bmatrix}$，$B=\begin{bmatrix} 3 & 2 & 4 \\ 0 & -3 & 2 \end{bmatrix}$，求 $A+B$。

解　$A+B=\begin{bmatrix} 2 & 0 & -4 \\ -2 & 3 & -1 \end{bmatrix}+\begin{bmatrix} 3 & 2 & 4 \\ 0 & -3 & 2 \end{bmatrix}=\begin{bmatrix} 5 & 2 & 0 \\ -2 & 0 & 1 \end{bmatrix}$。

设矩阵 $A=(a_{ij})_{m\times n}$，则矩阵 $-A=(-a_{ij})_{m\times n}$ 称为矩阵 A 的负矩阵，记为 $-A$，显然

$$A+(-A)=O, A+(-B)=A-B$$

设 A,B,C,O 都是 $m\times n$ 矩阵，容易验证矩阵的加法满足如下运算规律。

（1）交换律：$A+B=B+A$。

（2）结合律：$A+(B+C)=(A+B)+C$。

（3）零矩阵满足：$A+O=A$。

（4）存在矩阵 $-A$，满足 $A-A=A+(-A)=O$。

7.2.2　数与矩阵相乘

【思考题】设某两个地区与另外四个地区之间的里程（单位为 km）可用矩阵表示为

$$A=\begin{bmatrix} 25 & 30 & 35 & 45 \\ 20 & 40 & 28 & 36 \end{bmatrix}$$

如果货物每吨每千米的运价为 3 元，试计算上述地区之间每吨货物的运费（单位为元/吨）。

定义 7.6 数 λ 与矩阵 $A_{m \times n}$ 的乘积记为 λA 或 $A\lambda$ ，规定为

$$\lambda A = A\lambda = (\lambda a_{ij})_{m \times n} = \begin{bmatrix} \lambda a_{11} & \lambda a_{12} & \cdots & \lambda a_{1n} \\ \lambda a_{21} & \lambda a_{22} & \cdots & \lambda a_{2n} \\ \vdots & \vdots & \ddots & \vdots \\ \lambda a_{m1} & \lambda a_{m2} & \cdots & \lambda a_{mn} \end{bmatrix}$$

设 A、B 为 $m \times n$ 矩阵，λ、μ 为实数，则数乘矩阵满足以下规律。

（1）结合律：$(\lambda\mu)A = \lambda(\mu A)$ 。

（2）分配律：$(\lambda + \mu)A = \lambda A + \mu A$，$\lambda(A + B) = \lambda A + \lambda B$ 。

例 7.2 设矩阵 $A = \begin{bmatrix} 3 & -1 \\ 4 & 0 \\ 1 & 6 \end{bmatrix}, B = \begin{bmatrix} 4 & -3 \\ 2 & 1 \\ -1 & 6 \end{bmatrix}$，求 $3A - 2B$ 。

解 $\because 3A = \begin{bmatrix} 3 \times 3 & 3 \times (-1) \\ 3 \times 4 & 3 \times 0 \\ 3 \times 1 & 3 \times 6 \end{bmatrix} = \begin{bmatrix} 9 & -3 \\ 12 & 0 \\ 3 & 18 \end{bmatrix}$,

$2B = \begin{bmatrix} 2 \times 4 & 2 \times (-3) \\ 2 \times 2 & 2 \times 1 \\ 2 \times (-1) & 2 \times 6 \end{bmatrix} = \begin{bmatrix} 8 & -6 \\ 4 & 2 \\ -2 & 12 \end{bmatrix}$,

$\therefore 3A - 2B = \begin{bmatrix} 9 & -3 \\ 12 & 0 \\ 3 & 18 \end{bmatrix} - \begin{bmatrix} 8 & -6 \\ 4 & 2 \\ -2 & 12 \end{bmatrix} = \begin{bmatrix} 1 & 3 \\ 8 & -2 \\ 5 & 6 \end{bmatrix}$ 。

7.2.3 矩阵的乘法

案例 7.2 某乡有三个村，今年农作物产量如表 7-4 所示，农作物运输价格及收购价格如表 7-5 所示。

表 7-4 单位：吨

村名 \ 作物	小麦	玉米	大豆	棉花
一村	600	800	400	30
二村	550	700	500	20
三村	500	600	600	40

表 7-5 单位：元/吨

作物 \ 项目	运输价格	收购价格
小麦	12	1200
玉米	10	1000
大豆	0	1500
棉花	90	8000

现希望给出一张指明各村 4 种农作物总运输费用和收购费用的明细表。

借助矩阵记号，可将上述两张表格写成矩阵形式，即

$$A = \begin{bmatrix} 600 & 800 & 400 & 30 \\ 550 & 700 & 500 & 20 \\ 500 & 600 & 600 & 40 \end{bmatrix}, \quad B = \begin{bmatrix} 12 & 1200 \\ 10 & 1000 \\ 11 & 1500 \\ 90 & 8000 \end{bmatrix},$$

则所需的明细表可归结为下列矩阵：

$$\begin{array}{c} \\ \text{一村} \\ \text{二村} \\ \text{三村} \end{array} \begin{array}{cc} \text{运输费用} & \text{收购费用} \\ \begin{bmatrix} \times & \times \\ \times & \times \\ \times & \times \end{bmatrix} \end{array}$$

这是一个 3×2 矩阵，可利用所给的两张表，即矩阵 A 和 B，计算出这里每个元素的值后填入。例如，二村的运输费用为

$$550\times12 + 700\times10 + 500\times11 + 20\times90 = 20\,900$$

从矩阵运算的角度来看，这是 A 的第 2 行（对应于二村的农作物产量）与 B 的第 1 列（对应于农作物的运输价格）对应位置上的元素的乘积之和。如果把由 A 和 B 结合产生的明细表称为 A 与 B 的乘积，并记为 AB，则可发现

$$AB = \begin{bmatrix} 600 & 800 & 400 & 30 \\ 550 & 700 & 500 & 20 \\ 500 & 600 & 600 & 40 \end{bmatrix} \begin{bmatrix} 12 & 1200 \\ 10 & 1000 \\ 11 & 1500 \\ 90 & 8000 \end{bmatrix}$$

$$= \begin{bmatrix} 600\times12 + 800\times10 + 400\times11 + 30\times90 & 600\times1200 + 800\times1000 + 400\times1500 + 30\times8000 \\ 550\times12 + 700\times10 + 500\times11 + 20\times90 & 550\times1200 + 700\times1000 + 500\times1500 + 20\times8000 \\ 500\times12 + 600\times10 + 600\times11 + 40\times90 & 500\times1200 + 600\times1000 + 600\times1500 + 40\times8000 \end{bmatrix}$$

$$= \begin{bmatrix} 22\,300 & 2\,360\,000 \\ 20\,900 & 2\,270\,000 \\ 22\,200 & 2\,420\,000 \end{bmatrix}$$

这是 3×4 矩阵和 4×2 矩阵作乘法，结果是 3×2 矩阵，并且乘积矩阵第 i 行第 j 列的元素 c_{ij} 等于左边矩阵第 i 行与右边矩阵第 j 列对应元素的乘积之和。

一般的，对矩阵的乘法做如下定义。

定义 7.7　设矩阵 A 是一个 $m\times s$ 矩阵，即 $A = (a_{ij})_{m\times s}$，矩阵 B 是一个 $s\times n$ 矩阵，即 $B = (b_{ij})_{s\times n}$，则称 $m\times n$ 矩阵 $C = (c_{ij})_{m\times n}$ **为矩阵 A 与 B 的乘积**，其中，

$$c_{ij} = a_{i1}b_{1j} + a_{i2}b_{2j} + \cdots + a_{is}b_{sj} = \sum_{k=1}^{s} a_{ik}b_{kj} \qquad (i = 1, 2, \cdots, m; \ \ j = 1, 2, \cdots, n)$$

记为 $C = AB$。

注意：

（1）只有当左边矩阵 A 的列数等于右边矩阵 B 的行数时，AB 才有意义；

（2）矩阵 $C = AB$ 的行数等于左边矩阵 A 的行数，列数等于右边矩阵 B 的列数；

（3）矩阵 $C = AB$ 的第 i 行第 j 列的元素 c_{ij} 等于 A 的第 i 行与 B 的第 j 列对应元素的乘积之和。

例 7.3　设 $A = \begin{bmatrix} 2 & 1 \\ -1 & 3 \\ 2 & 0 \end{bmatrix}$，$B = \begin{bmatrix} 1 & -2 & 4 \\ 3 & 5 & -1 \end{bmatrix}$，求 AB。

解　$AB = \begin{bmatrix} 2 & 1 \\ -1 & 3 \\ 2 & 0 \end{bmatrix}\begin{bmatrix} 1 & -2 & 4 \\ 3 & 5 & -1 \end{bmatrix}$

$= \begin{bmatrix} 2\times1+1\times3 & 2\times(-2)+1\times5 & 2\times4+1\times(-1) \\ -1\times1+3\times3 & -1\times(-2)+3\times5 & -1\times4+3\times(-1) \\ 2\times1+0\times3 & 2\times(-2)+0\times5 & 2\times4+0\times(-1) \end{bmatrix}$

$= \begin{bmatrix} 5 & 1 & 7 \\ 8 & 17 & -7 \\ 2 & -4 & 8 \end{bmatrix}$

例 7.4　设 $A = \begin{bmatrix} 1 & 0 \\ 0 & 0 \end{bmatrix}$，$B = \begin{bmatrix} 3 & 2 \\ 4 & 6 \end{bmatrix}$，$C = \begin{bmatrix} 3 & 2 \\ 2 & -1 \end{bmatrix}$，求 AB、AC。

解　$AB = \begin{bmatrix} 1 & 0 \\ 0 & 0 \end{bmatrix}\begin{bmatrix} 3 & 2 \\ 4 & 6 \end{bmatrix} = \begin{bmatrix} 3 & 2 \\ 0 & 0 \end{bmatrix}$，

$AC = \begin{bmatrix} 1 & 0 \\ 0 & 0 \end{bmatrix}\begin{bmatrix} 3 & 2 \\ 2 & -1 \end{bmatrix} = \begin{bmatrix} 3 & 2 \\ 0 & 0 \end{bmatrix}$。

由例 7.4 可知，$AB = AC$ 不能判定 $B = C$，即矩阵的乘法不满足消去律。

例 7.5　设 $A = \begin{bmatrix} 2 & 1 \\ 6 & 3 \end{bmatrix}$，$B = \begin{bmatrix} -2 & 1 \\ 4 & -2 \end{bmatrix}$，$C = \begin{bmatrix} 1 & 5 & 3 \\ -2 & 0 & 1 \end{bmatrix}$，求 AB，BA，CA。

解　$AB = \begin{bmatrix} 2 & 1 \\ 6 & 3 \end{bmatrix}\begin{bmatrix} -2 & 1 \\ 4 & -2 \end{bmatrix} = \begin{bmatrix} 0 & 0 \\ 0 & 0 \end{bmatrix}$，

$BA = \begin{bmatrix} -2 & 1 \\ 4 & -2 \end{bmatrix}\begin{bmatrix} 2 & 1 \\ 6 & 3 \end{bmatrix} = \begin{bmatrix} 2 & 1 \\ -4 & -2 \end{bmatrix}$，

CA 没有意义。

由例 7.5 可知，矩阵的乘法不一定满足交换律，即 $AB \neq BA$。两个非零矩阵的乘积可以等于零矩阵。

矩阵的乘法满足如下运算规律。

（1）结合律：$(AB)C = A(BC)$。

（2）分配律：$(A+B)C = AC + BC$，$C(A+B) = CA + CB$。

（3）数乘结合律：$(\lambda A)B = A(\lambda B) = \lambda(AB)$（$\lambda$ 为常数）。

单位矩阵在矩阵的乘法中，起着类似于数 1 在数的乘法中的作用。容易验证，在可以相乘的前提下，对任意矩阵 A 总有　$A_{m\times n}E_n = E_m A_{m\times n} = A_{m\times n}$。

矩阵的乘法不满足交换律是对一般情况而言的。但是，若两个矩阵 A 和 B 满足

$$AB = BA，$$

则称矩阵 A 和 B 是可交换的。

当 A 是 n 阶矩阵时，规定：

$$A^k = \underbrace{AA\cdots A}_{k\text{个}},$$

称 A^k 为矩阵 A 的 k 次幂，其中 k 是正整数。

显然有 $A^m A^n = A^{m+n}, (A^m)^n = A^{mn}$，其中 m、n 是任意正整数。

7.2.4　矩阵的转置

定义 7.8　将矩阵 A 的行换成同序数的列得到的矩阵，称为 A 的**转置矩阵**，记作 A^T。

设 $A = \begin{pmatrix} a_{11} & a_{12} & \cdots & a_{1n} \\ a_{21} & a_{22} & \cdots & a_{2n} \\ \vdots & \vdots & \ddots & \vdots \\ a_{m1} & a_{m2} & \cdots & a_{mn} \end{pmatrix}$，则 $A^T = \begin{pmatrix} a_{11} & a_{21} & \cdots & a_{m1} \\ a_{12} & a_{22} & \cdots & a_{m2} \\ \vdots & \vdots & \ddots & \vdots \\ a_{1n} & a_{2n} & \cdots & a_{mn} \end{pmatrix}$。

由定义 7.8 可知，转置矩阵 A^T 的第 i 行第 j 列的元素等于矩阵 A 的第 j 行第 i 列的元素，A 是矩阵 $m\times n$ 矩阵，而 A^T 是 $n\times m$ 矩阵。

例如，$A = \begin{pmatrix} 1 & 5 & 8 \\ 3 & -2 & 2 \end{pmatrix}$，则 $A^T = \begin{pmatrix} 1 & 3 \\ 5 & -2 \\ 8 & 2 \end{pmatrix}$。

转置矩阵满足以下运算规律。

(1) $(A^T)^T = A$；

(2) $(A+B)^T = A^T + B^T$；

(3) $(\lambda A)^T = \lambda A^T$（$\lambda$ 为实数）；

(4) $(AB)^T = B^T A^T$。

例 7.6　已知 $A = \begin{bmatrix} 2 & 0 & -1 \\ 1 & 3 & 2 \end{bmatrix}$，$B = \begin{bmatrix} 1 & 7 & -1 \\ 4 & 2 & 3 \\ 2 & 0 & 1 \end{bmatrix}$，求 $(AB)^T$。

解法1　$AB = \begin{bmatrix} 2 & 0 & -1 \\ 1 & 3 & 2 \end{bmatrix}\begin{bmatrix} 1 & 7 & -1 \\ 4 & 2 & 3 \\ 2 & 0 & 1 \end{bmatrix} = \begin{bmatrix} 0 & 14 & -3 \\ 17 & 13 & 10 \end{bmatrix}$，

$(AB)^T = \begin{bmatrix} 0 & 17 \\ 14 & 13 \\ -3 & 10 \end{bmatrix}$。

解法2　$(AB)^{\mathrm{T}} = B^{\mathrm{T}}A^{\mathrm{T}} = \begin{bmatrix} 1 & 4 & 2 \\ 7 & 2 & 0 \\ -1 & 3 & 1 \end{bmatrix}\begin{bmatrix} 2 & 1 \\ 0 & 3 \\ -1 & 2 \end{bmatrix} = \begin{bmatrix} 0 & 17 \\ 14 & 13 \\ -3 & 10 \end{bmatrix}$。

【能力训练 7.2】

1. 设 $A = \begin{bmatrix} 2 & 1 \\ 3 & -1 \end{bmatrix}$，$B = \begin{bmatrix} 2 & 1 \\ -1 & 0 \end{bmatrix}$。求 $A+2B$、$2A-3B$、$A^{\mathrm{T}}-B$、AB。

2. 计算下列矩阵乘积。

(1) $\begin{bmatrix} 3 & 1 & 2 \\ 1 & -1 & 2 \\ 2 & 0 & 1 \end{bmatrix}\begin{bmatrix} 1 & 2 \\ -1 & 0 \\ 3 & 1 \end{bmatrix}$；　(2) $\begin{bmatrix} 1 & 3 \\ -2 & -1 \end{bmatrix}\begin{bmatrix} 3 & 1 & -1 \\ 2 & 0 & 4 \end{bmatrix}$；

(3) $\begin{bmatrix} 2 & 1 & 3 & -1 \end{bmatrix}\begin{bmatrix} 1 \\ 2 \\ -2 \\ 3 \end{bmatrix}$；　(4) $\begin{bmatrix} 1 \\ 2 \\ -2 \\ 3 \end{bmatrix}\begin{bmatrix} 1 & 5 & 2 & -1 \end{bmatrix}$。

3. 设矩阵 $A = \begin{bmatrix} 2 & 1 & 0 \\ -1 & 2 & 1 \\ 3 & 1 & 2 \end{bmatrix}$，$B = \begin{bmatrix} 4 & -1 & -2 \\ 1 & 0 & 5 \\ -1 & 3 & 2 \end{bmatrix}$，求满足方程 $3A-2X=B$ 的 X。

4. 设 $A = \begin{bmatrix} 1 & 1 & 0 \\ -1 & 0 & 1 \\ 1 & 1 & -1 \end{bmatrix}$，$B = \begin{bmatrix} -1 & -1 & -2 \\ 1 & 2 & 3 \\ -1 & 0 & 1 \end{bmatrix}$。求 $A^{\mathrm{T}}B^{\mathrm{T}}$、$(BA)^{\mathrm{T}}$。

5. 下面两个矩阵给出了某校机电系 2015—2017 学年不同年级各个专业在校学生人数以及不同年级学生应交的学费和书费。利用矩阵的乘法计算出各专业学生应交学费和书费的总额。

2015级　2016级　2017级

$A = \begin{pmatrix} 80 & 80 & 100 \\ 80 & 80 & 90 \\ 80 & 90 & 100 \\ 90 & 90 & 110 \end{pmatrix}\begin{matrix} \leftarrow 制冷工程 \\ \leftarrow 机电设备 \\ \leftarrow 数控模具 \\ \leftarrow 汽车维修 \end{matrix}$　
书费　学费
$B = \begin{pmatrix} 4000 & 500 \\ 5000 & 550 \\ 6000 & 600 \end{pmatrix}\begin{matrix} \leftarrow 2015级 \\ \leftarrow 2016级 \\ \leftarrow 2017级 \end{matrix}$

6. 为支援灾区，A 公司准备了 1 000t 大米、500t 面粉和 2000 箱方便面；B 公司准备了 500t 大米、1 000t 面粉和 1 000 箱方便面。假设大米、面粉、方便面的采购价分别是 3 500 元/吨、2600 元/吨和 36 元/箱；运输费分别是 20 元/吨、20 元/吨和 10 元/箱。问两个公司的采购和运输费用分别是多少？请用矩阵表示运算过程和运算结果。

【数学文化赏】　洛水神龟献奇图

相传大禹治水的时候，洛水中有一只神龟浮出。龟背上的裂纹形似文字，大禹将它记录下来，认为这是上天赐给他治水用的宝图，后人称之为"洛书"，如图 7-2 所示。

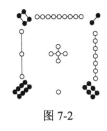

洛书图中，奇数用若干个空心的圆圈表示，偶数用若干个实心的圆圈表示，有黑白圆圈 45 个，用直线连成 9 个数字，并构成方阵。该数字方阵的任意一行、任意一列及两条对角线的数字之和都是 15。南宋数学家称此图为"纵横图"，又称"九宫图"，如表 7-6 所示。这种纵横图是世界上最早的矩阵，又称幻方。欧洲人直到 14 世纪才开始研究幻方，比我国推迟了近 2000 年。

图 7-2

表 7-6

4	9	2
3	5	7
8	1	6

7.3 矩阵的初等变换和矩阵的秩

矩阵的初等变换是矩阵十分重要的一种运算，它在解线性方程组、求逆矩阵及矩阵理论的探讨中都起着十分重要的作用。

7.3.1 矩阵的初等变换

为引进矩阵的初等变换，先来分析用消元法解线性方程组的步骤。消元法是线性代数中解 n 元线性方程组的最直接、最有效的方法。下面通过一个例子来说明消元法的具体用法。

案例 7.3 某人购买了甲、乙、丙三种商品，现去商店退换货物。若退掉 1 件乙产品换一件甲和一件丙产品需要再给商店 2 万元；若退掉 3 件丙产品换 2 件乙产品则商店退给他 4 万元；若退掉 4 件乙产品换 3 件甲产品和 2 件丙产品需要再给商店 3 万元。问甲、乙、丙三种产品的价格分别是多少？

解 设甲产品的价格为 x_1 万元，乙产品的价格为 x_2 万元，丙产品的价格为 x_3 万元，则

$$\begin{cases} x_1 - x_2 + x_3 = 2 \\ 2x_2 - 3x_3 = -4 \\ 3x_1 - 4x_2 + 2x_3 = 3 \end{cases} \tag{7-1}$$

下面用消元法求解线性方程组，为了叙述问题方便，可以采用以下几种记号。

（1）用 $r_i \leftrightarrow r_j$ 表示交换第 i 个方程和第 j 个方程的位置；

（2）用 kr_i 表示用数 k 乘第 i 个方程；

（3）用 $r_i \times k + r_j$ 表示把第 i 个方程乘以数 k 加到第 j 个方程上。

解题过程如下：

$$\begin{cases} x_1 - x_2 + x_3 = 2 \\ 2x_2 - 3x_3 = -4 \\ 3x_1 - 4x_2 + 2x_3 = 3 \end{cases} \xrightarrow{r_3 + r_1 \times (-3)} \begin{cases} x_1 - x_2 + x_3 = 2 \\ 2x_2 - 3x_3 = -4 \\ -x_2 - x_3 = -3 \end{cases} \xrightarrow{r_2 \leftrightarrow r_3} \begin{cases} x_1 - x_2 + x_3 = 2 \\ -x_2 - x_3 = -3 \\ 2x_2 - 3x_3 = -4 \end{cases} \xrightarrow{(-1)r_2}$$

$$\begin{cases} x_1 - x_2 + x_3 = 2 \\ x_2 + x_3 = 3 \\ 2x_2 - 3x_3 = -4 \end{cases} \xrightarrow{r_3 + r_2 \times (-2)} \begin{cases} x_1 - x_2 + x_3 = 2 \\ x_2 + x_3 = 3 \\ -5x_3 = -10 \end{cases} \xrightarrow{(-\frac{1}{5})r_3} \begin{cases} x_1 - x_2 + x_3 = 2 \\ x_2 + x_3 = 3 \\ x_3 = 2 \end{cases} \tag{7-2}$$

只要把最后一个方程组的第三个方程依次代入第二个和第一个方程，即可求出方程组的解，即 $x_1 = 1$，$x_2 = 1$，$x_3 = 2$。

也可以对方程组进一步做变换，得到更简化的方程式。

$$\begin{cases} x_1 - x_2 + x_3 = 2 \\ x_2 + x_3 = 3 \\ x_3 = 2 \end{cases} \xrightarrow{r_1 + r_2} \begin{cases} x_1 + 0x_2 + 2x_3 = 5 \\ x_2 + x_3 = 3 \\ x_3 = 2 \end{cases} \xrightarrow[r_2 + r_3 \times (-1)]{r_1 + r_3 \times (-2)} \begin{cases} x_1 + 0x_2 + 0x_3 = 1 \\ x_2 + 0x_3 = 1 \\ x_3 = 2 \end{cases} \quad （7\text{-}3）$$

由式（7-3）可直接得到解 $x_1 = 1$，$x_2 = 1$，$x_3 = 2$。

式（7-2）最后一个方程组称为**阶梯形方程组**，而式（7-3）最后一个方程组称为**最简阶梯形方程组**。显然，方程组在变换过程中的方程组都是和原方程组（7-1）同解的方程组。从上述解题过程中可以看出，只需要把原方程组变换成阶梯形方程组，就可以得到方程组的解；或者把原方程组变换为最简阶梯形方程组，就可以得到方程组的解。

因此，用消元法解线性方程组的具体做法是对方程组反复使用如下三种转换。

（1）互换两个方程的位置；

（2）用一个非零的数乘某一个方程；

（3）一个方程加上另一个方程的 k 倍。

从上面的解题过程中可以看出，用消元法求解方程组时，只对方程组的系数和常数项进行了运算，而未知量并没有参与运算。因此，在用消元法解方程组时，可以把方程组（7-1）的全部系数和常数项表示为如下矩阵（称为增广矩阵）：

$$\begin{bmatrix} 1 & -1 & 1 & 2 \\ 0 & 2 & -3 & -4 \\ 3 & -4 & 2 & 3 \end{bmatrix}$$

那么用消元法求解方程组，也可以看做是对增广矩阵进行相应的变换，即

$$\begin{bmatrix} 1 & -1 & 1 & 2 \\ 0 & 2 & -3 & -4 \\ 3 & -4 & 2 & 3 \end{bmatrix} \xrightarrow{r_3 + r_1 \times (-3)} \begin{bmatrix} 1 & -1 & 1 & 2 \\ 0 & 2 & -3 & -4 \\ 0 & -1 & -1 & -3 \end{bmatrix} \xrightarrow{r_2 \leftrightarrow r_3} \begin{bmatrix} 1 & -1 & 1 & 2 \\ 0 & -1 & -1 & -3 \\ 0 & 2 & -3 & -4 \end{bmatrix}$$

$$\xrightarrow{(-1)r_2} \begin{bmatrix} 1 & -1 & 1 & 2 \\ 0 & 1 & 1 & 3 \\ 0 & 2 & -3 & -4 \end{bmatrix} \xrightarrow{r_3 + r_2 \times (-2)} \begin{bmatrix} 1 & -1 & 1 & 2 \\ 0 & 1 & 1 & 3 \\ 0 & 0 & -5 & -10 \end{bmatrix} \xrightarrow{(-\frac{1}{5})r_3} \begin{bmatrix} 1 & -1 & 1 & 2 \\ 0 & 1 & 1 & 3 \\ 0 & 0 & 1 & 2 \end{bmatrix}$$

$$\xrightarrow{r_1 + r_2} \begin{bmatrix} 1 & 0 & 2 & 5 \\ 0 & 1 & 1 & 3 \\ 0 & 0 & 1 & 2 \end{bmatrix} \xrightarrow[r_2 + r_3 \times (-1)]{r_1 + r_3 \times (-2)} \begin{bmatrix} 1 & 0 & 0 & 1 \\ 0 & 1 & 0 & 1 \\ 0 & 0 & 1 & 2 \end{bmatrix} 。$$

显然，上面的每个矩阵都对应着一个方程组，这样的变换过程称为矩阵的初等行变换。

定义 7.9 下面三种变换称为矩阵的**初等行变换**。

（1）交换矩阵的任意两行（交换 i, j 两行，记作 $r_i \leftrightarrow r_j$）；

（2）用一个非零数 k 乘以矩阵的某一行（第 i 行乘以数 k，记作 $r_i \times k$）；

（3）把某一行所有元素的 k 倍加到另一行对应的元素中（第 j 行的 k 倍加到第 i 行上，记作 $r_i + kr_j$）。

把定义中的行换成列，得到矩阵的**初等列变换**的定义（所用记号中的 r 换成 c）。矩阵的初等行变换和初等列变换统称为**矩阵的初等变换**。

7.3.2　阶梯形矩阵和行最简形矩阵

定义 7.10　满足下列两个条件的矩阵称为**阶梯形矩阵**。

（1）零行（元素全为零的行）位于矩阵的下方；

（2）非零行的第一个不为零的元素的列标号随行标号的增加而严格增加。

例如，$A = \begin{bmatrix} 1 & -2 & 3 & 2 \\ 0 & 0 & 2 & 4 \\ 0 & 0 & 0 & 0 \end{bmatrix}$，$B = \begin{bmatrix} 1 & 2 & 1 & 2 \\ 0 & 0 & 1 & 3 \\ 0 & 0 & 0 & -2 \end{bmatrix}$ 都是阶梯形矩阵。

定义 7.11　满足下列条件的阶梯形矩阵称为**行最简形矩阵**。

（1）非零行的第一个不为零的元素是 1；

（2）非零行的第一个元素 1 所在列的其他元素都为 0。

例如，$C = \begin{bmatrix} 1 & -2 & 0 & 2 \\ 0 & 0 & 1 & 4 \\ 0 & 0 & 0 & 0 \end{bmatrix}$，$D = \begin{bmatrix} 1 & 0 & 8 & 0 \\ 0 & 1 & 0 & 4 \\ 0 & 0 & 0 & 0 \end{bmatrix}$ 都是行最简形矩阵。

定理 7.1　任何一个矩阵 A 经过一系列初等变换可化成阶梯形矩阵，再经过一系列初等变换可以化成行最简形矩阵。

例 7.7　用矩阵的初等行变换将矩阵 $A = \begin{bmatrix} 2 & 3 & -5 \\ 1 & 2 & 3 \\ 4 & 7 & 1 \end{bmatrix}$ 化为阶梯形矩阵。

解

$$A = \begin{bmatrix} 2 & 3 & -5 \\ 1 & 2 & 3 \\ 4 & 7 & 1 \end{bmatrix} \xrightarrow{r_1 \leftrightarrow r_2} \begin{bmatrix} 1 & 2 & 3 \\ 2 & 3 & -5 \\ 4 & 7 & 1 \end{bmatrix}$$

$$\xrightarrow[r_3 + r_1 \times (-4)]{r_2 + r_1 \times (-2)} \begin{bmatrix} 1 & 2 & 3 \\ 0 & -1 & -11 \\ 0 & -1 & -11 \end{bmatrix} \xrightarrow{r_3 + r_2 \times (-1)} \begin{bmatrix} 1 & 2 & 3 \\ 0 & -1 & -11 \\ 0 & 0 & 0 \end{bmatrix}$$

例 7.8　利用初等行变换将矩阵 $A = \begin{bmatrix} 1 & 3 & -2 & 2 \\ 0 & 2 & -1 & 3 \\ -2 & 0 & 1 & 5 \end{bmatrix}$ 化成行最简形矩阵。

解

$$A = \begin{bmatrix} 1 & 3 & -2 & 2 \\ 0 & 2 & -1 & 3 \\ -2 & 0 & 1 & 5 \end{bmatrix} \xrightarrow{r_3+r_1\times 2} \begin{bmatrix} 1 & 3 & -2 & 2 \\ 0 & 2 & -1 & 3 \\ 0 & 6 & -3 & 9 \end{bmatrix} \xrightarrow{r_3+r_2\times(-3)} \begin{bmatrix} 1 & 3 & -2 & 2 \\ 0 & 2 & -1 & 3 \\ 0 & 0 & 0 & 0 \end{bmatrix}$$

$$\xrightarrow{\frac{1}{2}r_2} \begin{bmatrix} 1 & 3 & -2 & 2 \\ 0 & 1 & -\frac{1}{2} & \frac{3}{2} \\ 0 & 0 & 0 & 0 \end{bmatrix} \xrightarrow{r_1+r_2\times(-3)} \begin{bmatrix} 1 & 0 & -\frac{1}{2} & -\frac{5}{2} \\ 0 & 1 & -\frac{1}{2} & \frac{3}{2} \\ 0 & 0 & 0 & 0 \end{bmatrix}$$

注意，矩阵的行最简形矩阵是唯一的，而矩阵的阶梯形矩阵并不是唯一的，但是一个矩阵的阶梯形矩阵中非零行的个数是唯一的。

7.3.3 矩阵的秩

定义 7.12 矩阵 A 的阶梯形矩阵中非零行的个数称为**矩阵 A 的秩**，记作 $r(A)$、$R(A)$ 或 $\text{rank}(A)$。

例 7.8 中，矩阵 A 的阶梯形矩阵中非零行有 2 行，那么 $r(A)=2$。

例 7.9 设 $A = \begin{bmatrix} 1 & 0 & -1 & -1 \\ 3 & -1 & -5 & -3 \\ 0 & 1 & 2 & 1 \\ -1 & -2 & -3 & 1 \end{bmatrix}$，求 $r(A)$ 和 $r(A^{\mathrm{T}})$。

解

$$A = \begin{bmatrix} 1 & 0 & -1 & -1 \\ 3 & -1 & -5 & -3 \\ 0 & 1 & 2 & 1 \\ -1 & -2 & -3 & 1 \end{bmatrix} \xrightarrow[r_4+r_1]{r_2+r_1\times(-3)} \begin{bmatrix} 1 & 0 & -1 & -1 \\ 0 & -1 & -2 & 0 \\ 0 & 1 & 2 & 1 \\ 0 & -2 & -4 & 0 \end{bmatrix} \xrightarrow[r_4+r_2\times(-2)]{r_3+r_2} \begin{bmatrix} 1 & 0 & -1 & -1 \\ 0 & -1 & -2 & 0 \\ 0 & 0 & 0 & 1 \\ 0 & 0 & 0 & 0 \end{bmatrix}$$

所以 $r(A)=3$。

$$A^{\mathrm{T}} = \begin{bmatrix} 1 & 3 & 0 & -1 \\ 0 & -1 & 1 & -2 \\ -1 & -5 & 2 & -3 \\ -1 & -3 & 1 & 1 \end{bmatrix} \xrightarrow[r_4+r_1]{r_3+r_1} \begin{bmatrix} 1 & 3 & 0 & -1 \\ 0 & -1 & 1 & -2 \\ 0 & -2 & 2 & -4 \\ 0 & 0 & 1 & 0 \end{bmatrix}$$

$$\xrightarrow{r_3+r_2\times(-2)} \begin{bmatrix} 1 & 3 & 0 & -1 \\ 0 & -1 & 1 & -2 \\ 0 & 0 & 0 & 0 \\ 0 & 0 & 1 & 0 \end{bmatrix} \xrightarrow{r_3\leftrightarrow r_4} \begin{bmatrix} 1 & 3 & 0 & -1 \\ 0 & -1 & 1 & -2 \\ 0 & 0 & 1 & 0 \\ 0 & 0 & 0 & 0 \end{bmatrix}$$

所以 $r(A^{\mathrm{T}})=3$。

事实上，对于任意一个矩阵 A ，都有 $r(A) = r(A^{\mathrm{T}})$ 。

初等变换求矩阵秩的方法：把矩阵用初等行变换变为阶梯形矩阵，阶梯形矩阵中非零行的行数就是矩阵的秩。

定义 7.13　设 A 是一个 n 阶方阵，如果 $r(A) = n$ ，则称 A 为**满秩矩阵**，或**非奇异的矩阵**。

定理 7.2　任何满秩矩阵 A 都能经过一系列初等行变换化为 n 阶单位矩阵 E 。

【能力训练 7.3】

1. 用初等行变换将下列矩阵化为阶梯形矩阵。

(1) $\begin{bmatrix} 1 & -1 & 1 & -1 \\ -1 & 1 & 2 & 4 \\ 2 & -2 & 5 & 0 \end{bmatrix}$；　　(2) $\begin{bmatrix} 2 & 2 & -1 & 6 \\ 1 & -2 & 4 & 3 \\ 5 & 8 & 2 & 16 \\ 2 & -4 & 8 & 8 \end{bmatrix}$。

2. 用初等行变换将下列矩阵化为行最简形矩阵。

(1) $\begin{bmatrix} 1 & -2 & 1 & -1 \\ -1 & 1 & 2 & 1 \\ 3 & -5 & 1 & 3 \end{bmatrix}$；　　(2) $\begin{bmatrix} 1 & -1 & 3 & -4 & 3 \\ 3 & -3 & 5 & -4 & 1 \\ 2 & -2 & 3 & -2 & 0 \\ 3 & -3 & 4 & -2 & -1 \end{bmatrix}$。

3. 求下列矩阵的秩。

(1) $\begin{bmatrix} 1 & 1 & 3 \\ 1 & 3 & 5 \\ 0 & 1 & 1 \end{bmatrix}$；　　(2) $\begin{bmatrix} 3 & 1 & 0 & 2 \\ 1 & -1 & 2 & 2 \\ 1 & 3 & -4 & -3 \end{bmatrix}$。

【数学文化赏】　矩阵形式情报搜索模型

随着网络上数字图书馆的发展，对情报的存储和检索提出了更高的要求，现代的情报检索技术就是在矩阵理论的基础上构建的。通常，在数据库中收集了大量的文件，我们希望能够从中搜索出那些与关键词相匹配的文件。文件的类型可以是网络上的网页、图书馆中的书籍、杂志中的文章等。

假如数据库中包含 s 个文件，搜索所用的关键词有 m 个，若将关键词按照字母顺序排列，便可将数据库表示成 $m \times s$ 矩阵 A ，其中每个关键词用矩阵的一行表示，每个文件用矩阵的一列表示。A 的第 i 行第 j 列的元素是一个数，它表示第 i 个关键词是否出现在第 j 个文件中，如果出现则取 1，不出现则取 0。用于搜索的关键词清单用 $\boldsymbol{R}^m$ 空间的列向量 $\boldsymbol{x}$ 表示，如果关键词清单中第 i 个关键词出现在搜索列中，则 $\boldsymbol{x}$ 的第 i 个元素赋值为 1，否则赋值为 0。根据 $A^{\mathrm{T}}\boldsymbol{x}$ 可以计算出各文件与搜索关键词的匹配程度。

7.4 线性方程组

7.4.1 用矩阵表示线性方程组

对于一般线性方程组

$$\begin{cases} a_{11}x_1 + a_{12}x_2 + \cdots + a_{1n}x_n = b_1 \\ a_{21}x_1 + a_{22}x_2 + \cdots + a_{2n}x_n = b_2 \\ \qquad\qquad \cdots\cdots \\ a_{m1}x_1 + a_{m2}x_2 + \cdots + a_{mn}x_n = b_m \end{cases} \qquad (7\text{-}4)$$

由于方程组的解是由未知量的系数 a_{ij} 和常数项 b_j 决定的，为此，人们把方程组（7-4）的全部系数和常数项表示为矩阵，由矩阵的乘法运算以及矩阵相等的概念，得线性方程组（7-4）对应的矩阵方程表示形式

$$AX = B$$

其中，$A = \begin{pmatrix} a_{11} & a_{12} & \cdots & a_{1n} \\ a_{21} & a_{22} & \cdots & a_{2n} \\ \vdots & \vdots & \ddots & \vdots \\ a_{m1} & a_{m2} & \cdots & a_{mn} \end{pmatrix}, X = \begin{bmatrix} x_1 \\ x_2 \\ \vdots \\ x_n \end{bmatrix}, B = \begin{bmatrix} b_1 \\ b_2 \\ \vdots \\ b_m \end{bmatrix},$$

称 A 为方程组（7-4）的**系数矩阵**，X 为**未知数矩阵**，B 为**常数项矩阵**。

将系数矩阵 A 和常数项矩阵 B 放在一起构成的矩阵

$$\begin{bmatrix} A & B \end{bmatrix} = \begin{pmatrix} a_{11} & a_{12} & \cdots & a_{1n} & b_1 \\ a_{21} & a_{22} & \cdots & a_{2n} & b_2 \\ \vdots & \vdots & \ddots & \vdots & \vdots \\ a_{m1} & a_{m2} & \cdots & a_{mn} & b_m \end{pmatrix}$$

称为方程组（7-4）的**增广矩阵**，因为线性方程组和它的增广矩阵一一对应，因此可用增广矩阵 $\begin{bmatrix} A & B \end{bmatrix}$ 表示线性方程组。

例 7.10 写出线性方程组 $\begin{cases} 4x_1 - 3x_2 + x_3 = 5 \\ \qquad\quad x_2 - 5x_3 = 7 \\ 3x_1 - x_2 + 2x_3 = 0 \end{cases}$ 的增广矩阵和矩阵方程形式。

解 增广矩阵 $\begin{bmatrix} A & B \end{bmatrix} = \begin{pmatrix} 4 & -3 & 1 & 5 \\ 0 & 1 & -5 & 7 \\ 3 & -1 & 2 & 0 \end{pmatrix}$，矩阵形式是 $\begin{bmatrix} 4 & -3 & 1 \\ 0 & 1 & -5 \\ 3 & -1 & 2 \end{bmatrix} \begin{bmatrix} x_1 \\ x_2 \\ x_3 \end{bmatrix} = \begin{bmatrix} 5 \\ 7 \\ 0 \end{bmatrix}$。

定理 7.3 如果用初等行变换将增广矩阵 $\begin{bmatrix} A & B \end{bmatrix}$ 化成 $\begin{bmatrix} C & D \end{bmatrix}$，则方程组 $AX = B$ 与 $CX = D$ 是同解方程组。

7.4.2　非齐次线性方程组的解法

在方程组（7-4）中，若右端常数 $b_1, b_2, \cdots, b_m$ 不全为 0，则称方程组为**非齐次线性方程组**。

例 7.11　解以下非齐次线性方程组。

$$\begin{cases} x_1 - x_2 + 3x_3 = 8 \\ 3x_1 + 2x_2 - x_3 = -1 \\ 4x_1 - 3x_2 + 2x_3 = 11 \end{cases}$$

解　先写出增广矩阵，再对增广矩阵进行初等行变换，将其化为行最简形矩阵。

$$[A \quad B] = \begin{bmatrix} 1 & -1 & 3 & 8 \\ 3 & 2 & -1 & -1 \\ 4 & -3 & 2 & 11 \end{bmatrix} \xrightarrow[r_3 + r_1 \times (-4)]{r_2 + r_1 \times (-3)} \begin{bmatrix} 1 & -1 & 3 & 8 \\ 0 & 5 & -10 & -25 \\ 0 & 1 & -10 & -21 \end{bmatrix}$$

$$\xrightarrow{r_2 \times \left(\frac{1}{5}\right)} \begin{bmatrix} 1 & -1 & 3 & 8 \\ 0 & 1 & -2 & -5 \\ 0 & 1 & -10 & -21 \end{bmatrix} \xrightarrow{r_3 + r_2 \times (-1)} \begin{bmatrix} 1 & -1 & 3 & 8 \\ 0 & 1 & -2 & -5 \\ 0 & 0 & -8 & -16 \end{bmatrix}$$

$$\xrightarrow{r_3 \times \left(-\frac{1}{8}\right)} \begin{bmatrix} 1 & -1 & 3 & 8 \\ 0 & 1 & -2 & -5 \\ 0 & 0 & 1 & 2 \end{bmatrix} \xrightarrow[r_2 + r_1 \times 2]{r_1 + r_3 \times (-3)} \begin{bmatrix} 1 & -1 & 0 & 2 \\ 0 & 1 & 0 & -1 \\ 0 & 0 & 1 & 2 \end{bmatrix}$$

$$\xrightarrow{r_1 + r_2} \begin{bmatrix} 1 & 0 & 0 & 1 \\ 0 & 1 & 0 & -1 \\ 0 & 0 & 1 & 2 \end{bmatrix}$$

将上述最后一个矩阵还原为方程组，即可得到方程组的解为

$$\begin{cases} x_1 = 1 \\ x_2 = -1 \\ x_3 = 2 \end{cases}$$

例 7.12　解以下非齐次线性方程组。

$$\begin{cases} x_1 + 2x_2 + 3x_3 = 0 \\ x_1 + x_2 - x_3 = -2 \\ 3x_1 + 4x_2 + x_3 = -4 \end{cases}$$

解　先写出增广矩阵，再对增广矩阵进行初等行变换，将其化为行最简形矩阵。

$$[A \quad B] = \begin{bmatrix} 1 & 2 & 3 & 0 \\ 1 & 1 & -1 & -2 \\ 3 & 4 & 1 & -4 \end{bmatrix} \xrightarrow[r_3 + r_1 \times (-3)]{r_2 + r_1 \times (-1)} \begin{bmatrix} 1 & 2 & 3 & 0 \\ 0 & -1 & -4 & -2 \\ 0 & -2 & -8 & -4 \end{bmatrix}$$

$$\xrightarrow{r_2 \times (-1)} \begin{bmatrix} 1 & 2 & 3 & 0 \\ 0 & 1 & 4 & 2 \\ 0 & -2 & -8 & -4 \end{bmatrix} \xrightarrow[r_1 + r_2 \times (-2)]{r_3 + r_2 \times 2} \begin{bmatrix} 1 & 0 & -5 & -4 \\ 0 & 1 & 4 & 2 \\ 0 & 0 & 0 & 0 \end{bmatrix}$$

注意到 $r(A)=r([A \quad B])=2<n$ （n 为未知数的个数），则由上述最后一个矩阵得同解方程组为

$$\begin{cases} x_1 - 5x_3 = -4 \\ x_2 + 4x_3 = 2 \end{cases}$$

移项，得方程组的解为

$$\begin{cases} x_1 = 5x_3 - 4 \\ x_2 = -4x_3 + 2 \end{cases} \quad （x_3 可任意取值）$$

令 $x_3 = c$（c 是任意常数），则方程组的解可写成

$$\begin{cases} x_1 = 5c - 4 \\ x_2 = -4c + 2 \quad (c \in \mathbf{R}) \\ x_3 = c \end{cases}$$

此方程组有无穷多解。

例 7.13 解以下非齐次线性方程组。

$$\begin{cases} 2x_1 + x_2 + 3x_3 = 6 \\ 3x_1 + 2x_2 + x_3 = 1 \\ 5x_1 + 3x_2 + 4x_3 = 13 \end{cases}$$

解 先写出增广矩阵，再对增广矩阵进行初等行变换，将其化为阶梯形矩阵。

$$[A \quad B] = \begin{bmatrix} 2 & 1 & 3 & 6 \\ 3 & 2 & 1 & 1 \\ 5 & 3 & 4 & 13 \end{bmatrix} \xrightarrow{r_2+r_1\times(-1)} \begin{bmatrix} 2 & 1 & 3 & 6 \\ 1 & 1 & -2 & -5 \\ 5 & 3 & 4 & 13 \end{bmatrix}$$

$$\xrightarrow{r_1 \leftrightarrow r_2} \begin{bmatrix} 1 & 1 & -2 & -5 \\ 2 & 1 & 3 & 6 \\ 5 & 3 & 4 & 13 \end{bmatrix} \xrightarrow[r_3+r_1\times(-5)]{r_2+r_1\times(-2)} \begin{bmatrix} 1 & 1 & -2 & -5 \\ 0 & -1 & 7 & 16 \\ 0 & -2 & 14 & 38 \end{bmatrix}$$

$$\xrightarrow{r_3+r_2\times(-2)} \begin{bmatrix} 1 & 1 & -2 & -5 \\ 0 & -1 & 7 & 16 \\ 0 & 0 & 0 & 6 \end{bmatrix}$$

得同解方程组为

$$\begin{cases} x_1 + x_2 - 2x_3 = -5 \\ -x_2 + 7x_3 = 16 \\ 0 = 6 \end{cases}$$

此方程组无解，这是由于 $r(A)=2, r([A \quad B])=3, r(A) \neq r([A \quad B])$。

由上面的几个例子，可以在一般情况下得到如下定理。

定理 7.4 n 元非齐次线性方程组 $AX=B$，$\overline{A}=[A \quad B]$ 为增广矩阵，n 为未知数的个数，则：

（1）无解的充分必要条件是 $r(A) < r(\overline{A})$；

（2）有唯一解的充分必要条件是 $r(A) < r(\overline{A}) = n$；

（3）有无穷多解的充分必要条件是 $r(A) = r(\overline{A}) < n$。

推论 7.1 线性方程组 $AX = B$ 有解的充分必要条件是 $r(A) = r(\overline{A})$。

可以从上面总结出**求解非齐次线性方程组的步骤**。

（1）写出方程的增广矩阵 $\overline{A} = [A \quad B]$；

（2）把增广矩阵 $\overline{A}$ 用矩阵初等行变换化为阶梯型矩阵，从中可同时看出 $r(A)$ 和 $r(\overline{A})$，根据定理 7.4，判断解的情况；

（3）若 $r(A) = r(\overline{A})$，则进一步把增广矩阵 $\overline{A}$ 化成行最简形矩阵，得到同解方程组，对同解方程组进行移项，即可得到同解方程组的解。

例 7.14 λ、μ 为何值时方程组

$$\begin{cases} x_1 + 2x_2 + 3x_3 = 6 \\ x_1 - x_2 - 6x_3 = 0 \\ 3x_1 - 2x_2 + \lambda x_3 = \mu \end{cases}$$

无解？有唯一解？有无穷解？

解 对增广矩阵 $\overline{A} = [A \quad B]$ 做初等行变换，把它变为阶梯形矩阵，有

$$\begin{bmatrix} 1 & 2 & 3 & 6 \\ 1 & -1 & -6 & 0 \\ 3 & -2 & \lambda & \mu \end{bmatrix} \xrightarrow[r_3 + r_1 \times (-3)]{r_2 + r_1 \times (-1)} \begin{bmatrix} 1 & 2 & 3 & 6 \\ 0 & -3 & -9 & -6 \\ 0 & -8 & \lambda - 9 & \mu - 18 \end{bmatrix}$$

$$\xrightarrow{r_2 \times (-\frac{1}{3})} \begin{bmatrix} 1 & 2 & 3 & 6 \\ 0 & 1 & 3 & 2 \\ 0 & -8 & \lambda - 9 & \mu - 18 \end{bmatrix} \xrightarrow{r_3 + 8r_2} \begin{bmatrix} 1 & 2 & 3 & 6 \\ 0 & 1 & 3 & 2 \\ 0 & 0 & \lambda + 15 & \mu - 2 \end{bmatrix}$$

（1）当 $\lambda = -15, \mu \neq 2$ 时，$r(A) = 2, r(\overline{A}) = 3$，方程组无解；

（2）当 $\lambda \neq -15, \mu \neq 2$ 时，$r(A) = r(\overline{A}) = 3$，方程组有唯一解；

（3）当 $\lambda = -15, \mu = 2$ 时，$r(A) = r(\overline{A}) = 2 < 3$，方程组有无穷多解。

7.4.3　齐次线性方程组的解法

在方程组（7-4）中，当右端常数 $b_1, b_2, \cdots, b_m$ 全为 0 时，称方程组为**齐次线性方程组**。

例 7.15 解以下齐次线性方程组。

$$\begin{cases} x_1 + x_2 = 0 \\ x_1 - 2x_2 - x_3 = 0 \\ 4x_1 + 4x_2 + 3x_3 = 0 \end{cases}$$

解 对系数矩阵进行初等行变换

$$A = \begin{bmatrix} 1 & 1 & 0 \\ 1 & -2 & -1 \\ 4 & 4 & 3 \end{bmatrix} \xrightarrow[r_3 + r_1 \times (-4)]{r_2 + r_1 \times (-1)} \begin{bmatrix} 1 & 1 & 0 \\ 0 & -3 & -1 \\ 0 & 0 & 3 \end{bmatrix}$$

得同解方程组

$$\begin{cases} x_1 + x_2 = 0 \\ -3x_2 - x_3 = 0 \\ 3x_3 = 0 \end{cases}$$

即方程组的解为

$$\begin{cases} x_1 = 0 \\ x_2 = 0 \\ x_3 = 0 \end{cases}$$

注意到 $r(A) = 3$ ，等于未知数的个数，此时方程组有唯一解且为零解。

例 7.16 解以下齐次线性方程组。

$$\begin{cases} x_1 + x_2 + x_3 + x_4 = 0 \\ 2x_1 + 3x_2 + x_3 - x_4 = 0 \\ -x_2 + x_3 + 3x_4 = 0 \\ 3x_1 + 4x_2 + 2x_3 = 0 \end{cases}$$

解 对系数矩阵 A 进行初等行变换：

$$\begin{bmatrix} 1 & 1 & 1 & 1 \\ 2 & 3 & 1 & -1 \\ 0 & -1 & 1 & 3 \\ 3 & 4 & 2 & 0 \end{bmatrix} \xrightarrow[r_4 + r_1 \times (-3)]{r_2 + r_1 \times (-2)} \begin{bmatrix} 1 & 1 & 1 & 1 \\ 0 & 1 & -1 & -3 \\ 0 & -1 & 1 & 3 \\ 0 & 1 & -1 & -3 \end{bmatrix} \xrightarrow[r_4 + r_2 \times (-1)]{\substack{r_1 + r_2 \times (-1) \\ r_3 + r_2}} \begin{bmatrix} 1 & 0 & 2 & 4 \\ 0 & 1 & -1 & -3 \\ 0 & 0 & 0 & 0 \\ 0 & 0 & 0 & 0 \end{bmatrix}$$

得到同解方程组

$$\begin{cases} x_1 + 2x_3 + 4x_4 = 0 \\ x_2 - x_3 - 3x_4 = 0 \end{cases}$$

移项，得方程组的解

$$\begin{cases} x_1 = -2x_3 - 4x_4 \\ x_2 = x_3 + 3x_4 \end{cases} \quad (x_3 、 x_4 可任意取值)$$

令 $x_3 = c_1, x_4 = c_2$ ，得方程组解的参数形式为

$$\begin{cases} x_1 = -2c_1 - 4c_2 \\ x_2 = c_1 + 3c_2 \\ x_3 = c_1 \\ x_4 = c_2 \end{cases} \quad (c_1 、 c_2 \in \mathbf{R})$$

由上面的例子，对齐次线性方程组的解可得如下结论。

定理 7.5 n 元齐次线性方程组 $AX = O$ 必有解，且

（1）有唯一解（零解）的充分必要条件是 $r(A) = n$;

（2）有无穷多解的充分必要条件是 $r(A) < n$ 。

推论 7.2 n 元齐次线性方程组 $AX = O$ 有非零解的充分必要条件是 $r(A) < n$ 。

解 n 元齐次线性方程组 $AX = O$ 的步骤如下。

（1）把系数矩阵 A 用行初等变换化为阶梯形矩阵，得出 $r(A)$ ，根据定理 7.5 判断解的

情况；

（2）若 $r(A) < n$，则进一步把 A 化为行最简形矩阵，得到同解方程组，再进行移项，即可得到方程组的通解。

例 7.17　现有 3 种化肥 A、B、C，其成分如表 7-7 所示。

表 7-7

成分 化肥	氮	磷	钾
A	30%	50%	20%
B	20%	70%	10%
C	30%	70%	0

若配制含氮 25%、含磷 63%、含钾 12% 的化肥 200kg，问需要上述 3 种化肥各多少千克？请用矩阵解方程的方法求解。

解　设需要氮 x_1 kg，磷 x_2 kg，钾 x_3 kg，则

$$\begin{cases} 30\% x_1 + 20\% x_2 + 30\% x_3 = 200 \times 25\% \\ 50\% x_1 + 70\% x_2 + 70\% x_3 = 200 \times 63\% \\ 20\% x_1 + 10\% x_2 = 200 \times 12\% \end{cases}$$

化简，得

$$\begin{cases} 3x_1 + 2x_2 + 3x_3 = 500 \\ 5x_1 + 7x_2 + 7x_3 = 1260 \\ 2x_1 + x_2 = 240 \end{cases}$$

先写出增广矩阵，再对增广矩阵进行初等行变换，将其化为行最简形矩阵，即

$$\begin{bmatrix} 3 & 2 & 3 & 500 \\ 5 & 7 & 7 & 1260 \\ 2 & 1 & 0 & 240 \end{bmatrix} \xrightarrow{r_1 + r_3 \times (-1)} \begin{bmatrix} 1 & 1 & 3 & 260 \\ 5 & 7 & 7 & 1260 \\ 2 & 1 & 0 & 240 \end{bmatrix} \xrightarrow[r_3 + r_1 \times (-2)]{r_2 + r_1 \times (-5)} \begin{bmatrix} 1 & 1 & 3 & 260 \\ 0 & 2 & -8 & -40 \\ 0 & -1 & -6 & -280 \end{bmatrix}$$

$$\xrightarrow[r_3 \times (-1)]{r_2 \times \frac{1}{2}} \begin{bmatrix} 1 & 1 & 3 & 260 \\ 0 & 1 & -4 & -20 \\ 0 & 1 & 6 & 280 \end{bmatrix} \xrightarrow{r_3 + r_2 \times (-1)} \begin{bmatrix} 1 & 1 & 3 & 260 \\ 0 & 1 & -4 & -20 \\ 0 & 0 & 10 & 300 \end{bmatrix} \xrightarrow{r_3 \times \frac{1}{10}} \begin{bmatrix} 1 & 1 & 3 & 260 \\ 0 & 1 & -4 & -20 \\ 0 & 0 & 1 & 30 \end{bmatrix}$$

$$\xrightarrow[r_2 + r_3 \times 4]{r_1 + r_3 \times (-3)} \begin{bmatrix} 1 & 1 & 0 & 170 \\ 0 & 1 & 0 & 100 \\ 0 & 0 & 1 & 30 \end{bmatrix} \xrightarrow{r_1 + r_2 \times (-1)} \begin{bmatrix} 1 & 0 & 0 & 70 \\ 0 & 1 & 0 & 100 \\ 0 & 0 & 1 & 30 \end{bmatrix}$$

将上述最后一个矩阵还原为方程组，即可得方程组的解为

$$\begin{cases} x_1 = 70 \\ x_2 = 100 \\ x_3 = 30 \end{cases}$$

所以需要氮 70kg、磷 100kg、钾 30kg。

【能力训练 7.4】

1. 求下列非齐次线性方程组。

(1) $\begin{cases} x_1 - 2x_2 + 2x_3 = 5 \\ 2x_1 + 5x_2 - x_3 = -4 \\ -x_1 + 3x_2 + 2x_3 = -2 \end{cases}$;

(2) $\begin{cases} x_1 + 2x_2 + 3x_3 = 4 \\ 3x_1 + 5x_2 + 7x_3 = 9 \\ 2x_1 + 3x_2 + 4x_3 = 5 \end{cases}$;

(3) $\begin{cases} 2x_1 + 2x_2 - 3x_3 = 4 \\ -x_1 - 2x_2 + 4x_3 = 9 \\ 3x_1 + 8x_2 - 17x_3 = -2 \end{cases}$ 。

2. 求下列齐次线性方程组。

(1) $\begin{cases} x_1 + 2x_2 - 3x_3 = 0 \\ 2x_1 + 5x_2 - x_3 = 0 \\ 3x_1 - x_2 - 2x_3 = 0 \end{cases}$;

(2) $\begin{cases} x_1 + x_2 + 2x_3 - x_4 = 0 \\ 2x_1 + x_2 - x_3 + x_4 = 0 \\ 2x_1 + 2x_2 + x_3 + x_4 = 0 \end{cases}$ 。

3. 当 λ、μ 取何值时，非齐次线性方程组

$$\begin{cases} x_1 + \quad\quad 2x_3 = 1 \\ -x_1 + x_2 - 3x_3 = 3 \\ 2x_1 - x_2 + \lambda x_3 = \mu \end{cases}$$

（1）有唯一解；（2）无解；（3）有无穷多解.

4. 设工厂生产三种产品，需要三种原材料，其用量由表 7-8 给出（单位为 t）

表 7-8

原料\产品	甲原料	乙原料	丙原料
A 产品	1	2	3
B 产品	2	1	7
C 产品	3	9	8

现在有甲原料 100t、乙原料 200t、丙原料 300t。利用这些原料（无剩余），能生产 A、B、C 三种产品各多少？请用矩阵解方程的方法求解。

【数学文化赏】 线性方程组发展史

线性方程组的研究起源于中国古代，在中国经典数学著作《九章算术》中就有了线性方程组的介绍和研究，有关求解线性方程组的理论已经很完整了，在后面近十个世纪里不再有创新。

约在公元 263 年，刘徽撰写了《九章算术注》，书中他创立了方程组的"互乘相消法"，为《九章算术》中求解线性方程组增加了新内容。

公元 1247 年，秦九韶完成了《数学九章》，成为当时中国数学的最高峰，在该书中，秦九韶将《九章算术》中解方程组的"直除法"改进成了"互乘法"，使线性方程组的理论又增添了新的内容，这说明用初等方法解线性方程组理论已由我国数学家创立完成。

约 1678 年，德国数学家莱布尼兹首次开始了线性方程组在西方的研究。

1729 年，麦克劳林（1698—1746）首次利用行列式解含有 2、3、4 个未知数的线性方

程组。

　　1750 年，克莱姆（1704—1752）在他的代表作《线性代数分析导言》中创立了克莱姆法则，并用它求解了含有 5 个未知数及 5 个方程的线性方程组。

　　1764 年，法国数学家裴蜀（1730—1783）研究了含有 n 个未知数及 n 个方程的齐次线性方程组的求解问题，证明了这样的方程组有非零解的条件是系数行列式等于零，后来，裴蜀和拉普拉斯以行列式为工具，给出了齐次线性方程组有非零解的条件。

　　1867 年，道奇森（1832—1898）的著作《行列式初等理论》发表，他证明了含有 n 个未知数 m 个方程的一般线性方程组有解的充分必要条件是系数矩阵和增广矩阵有同阶的非零子式，这就是现在的结论：系数矩阵和增广矩阵的秩相等。

7.5　逆矩阵

　　在中学曾经学过,对于线性方程：$ax = b$ 的解为 $x = \dfrac{b}{a} = a^{-1}b(a \neq 0)$。而矩阵方程 $AX = B$ 的解是否可以写成 $X = A^{-1}B$ 的形式呢？若可以，$A^{-1}B$ 的含义是什么？为此我们引进了有关逆矩阵的概念。

7.5.1　逆矩阵的概念

　　定义 7.14　对于 n 阶矩阵 A，如果有一个 n 阶矩阵 B，使

$$AB = BA = E$$

则称矩阵 A 是可逆的，并把矩阵 B 称为 A 的逆矩阵，记作 A^{-1}，即 $B = A^{-1}$。

　　命题 7.1　如果 A 可逆，则 A 与其逆矩阵 B 都必须是方阵。

　　证明　设 $A_{m \times n}, B_{p \times q}$，因 AB 有意义，故 $n = p$，

又因为 BA 有意义，故 $q = m$，

再由 $(AB)_m = (BA)_n = E$，故 $m = n$，

所以 A 与其逆矩阵 B 都必须是方阵。

　　命题 7.2　若 A 可逆，则 A 的逆矩阵是唯一的。

　　证明　设 B、C 都是 A 的逆矩阵，则有

$$AB = BA = E, AC = CA = E, \qquad B = BE = B(AC) = (BA)C = EC = C,$$

所以 A 的逆矩阵是唯一的。

　　命题 7.3　零矩阵是不可逆的。

　　证明　设 O 是 n 阶零矩阵，因为对任意 n 阶矩阵 A，都有

$$OA = AO = O \neq E$$

所以零矩阵是不可逆矩阵。

例 7.18 设 $A = \begin{bmatrix} 1 & -2 \\ 0 & 1 \end{bmatrix}$， $B = \begin{bmatrix} 1 & 2 \\ 0 & 1 \end{bmatrix}$，验证 A 与 B 互为逆矩阵。

解 因为

$$AB = \begin{bmatrix} 1 & -2 \\ 0 & 1 \end{bmatrix}\begin{bmatrix} 1 & 2 \\ 0 & 1 \end{bmatrix} = \begin{bmatrix} 1 & 0 \\ 0 & 1 \end{bmatrix},$$

$$BA = \begin{bmatrix} 1 & 2 \\ 0 & 1 \end{bmatrix}\begin{bmatrix} 1 & -2 \\ 0 & 1 \end{bmatrix} = \begin{bmatrix} 1 & 0 \\ 0 & 1 \end{bmatrix},$$

所以 A 与 B 互为逆矩阵。

7.5.2 逆矩阵的性质

性质 7.1 若 A 可逆，则 A^{-1} 也可逆，且 $(A^{-1})^{-1} = A$。

性质 7.2 若 A 可逆， $k \neq 0$，则 kA 也可逆，且 $(kA)^{-1} = \dfrac{1}{k}A^{-1}$。

性质 7.3 若 A 可逆，则 A^{T} 也可逆，且 $(A^{\mathrm{T}})^{-1} = (A^{-1})^{\mathrm{T}}$。

性质 7.4 若 n 阶矩阵 A、 B 都可逆，则 AB 也可逆， $(AB)^{-1} = B^{-1}A^{-1}$。

注意： 若 n 阶矩阵 A 和 B 都可逆，但是 $A+B$ 不一定可逆；即当 $A+B$ 可逆时，通常 $(A+B)^{-1} \neq A^{-1} + B^{-1}$。

例如， $A = \begin{bmatrix} 1 & 0 \\ 0 & 1 \end{bmatrix}, B = \begin{bmatrix} -1 & 0 \\ 0 & -1 \end{bmatrix}$，但 $A+B = \begin{bmatrix} 0 & 0 \\ 0 & 0 \end{bmatrix}$ 不可逆。

7.5.3 初等行变换求逆矩阵

下面来介绍求逆矩阵的一种方法——**初等行变换法**，具体方法：把 n 阶方阵 A 和与 A 同阶的单位矩阵 E 写成一个 $n \times 2n$ 的矩阵

$$[A \vdots E]$$

利用初等行变换将 A 部分化成单位矩阵 E，此时在相同的变换下，原来的 E 部分就化成了 A^{-1}。上面的过程可简写成

$$[A \vdots E] \xrightarrow{\text{进行一系列初等行变换}} [E \vdots A^{-1}]$$

注意：如果经过若干次行初等变换后，发现左边的方阵中有一行元素全为零，则意味着 A 不可逆，此时 A^{-1} 不存在。

例 7.19 用行初等变换的方法判断下列方阵是否可逆，如果可逆，求其逆矩阵。

（1） $A = \begin{bmatrix} 1 & -1 & 2 \\ 0 & 1 & -1 \\ 2 & 1 & 0 \end{bmatrix}$；　　　（2） $B = \begin{bmatrix} 1 & 2 & 3 \\ 4 & 5 & 6 \\ 7 & 8 & 9 \end{bmatrix}$。

解 （1）因为

$$[A\ E]=\begin{bmatrix}1 & -1 & 2 & | & 1 & 0 & 0\\0 & 1 & -1 & | & 0 & 1 & 0\\2 & 1 & 0 & | & 0 & 0 & 1\end{bmatrix}\xrightarrow{r_3+(-2)r_1}\begin{bmatrix}1 & -1 & 2 & | & 1 & 0 & 0\\0 & 1 & -1 & | & 0 & 1 & 0\\0 & 3 & -4 & | & -2 & 0 & 1\end{bmatrix}$$

$$\xrightarrow{r_3+(-3)r_2}\begin{bmatrix}1 & -1 & 2 & | & 1 & 0 & 0\\0 & 1 & -1 & | & 0 & 1 & 0\\0 & 0 & -1 & | & -2 & -3 & 1\end{bmatrix}\xrightarrow[r_2+(-1)r_3]{r_1+2r_3}\begin{bmatrix}1 & -1 & 0 & | & -3 & -6 & 2\\0 & 1 & 0 & | & 2 & 4 & -1\\0 & 0 & -1 & | & -2 & -3 & 1\end{bmatrix}$$

$$\xrightarrow[(-1)r_3]{r_1+r_2}\begin{bmatrix}1 & 0 & 0 & | & -1 & -2 & 1\\0 & 1 & 0 & | & 2 & 4 & -1\\0 & 0 & 1 & | & 2 & 3 & -1\end{bmatrix}=\begin{bmatrix}E & A^{-1}\end{bmatrix}$$

所以

$$A^{-1}=\begin{bmatrix}-1 & -2 & 1\\2 & 4 & -1\\2 & 3 & -1\end{bmatrix}$$

（2）因为

$$[B\ E]=\begin{bmatrix}1 & 2 & 3 & | & 1 & 0 & 0\\4 & 5 & 6 & | & 0 & 1 & 0\\7 & 8 & 9 & | & 0 & 0 & 1\end{bmatrix}\xrightarrow[r_3+(-7)r_1]{r_2+(-4)r_1}\begin{bmatrix}1 & 2 & 3 & | & 1 & 0 & 0\\0 & -3 & -6 & | & -4 & 1 & 0\\0 & -6 & -12 & | & -7 & 0 & 1\end{bmatrix}$$

$$\xrightarrow{r_3+(-2)r_2}\begin{bmatrix}1 & 2 & 3 & | & 1 & 0 & 0\\0 & -3 & -6 & | & -4 & 1 & 0\\0 & 0 & 0 & | & 1 & -2 & 1\end{bmatrix}$$

左边的方阵中最后一行元素全部为零，所以 B 不可逆，即 B^{-1} 不存在。

把 n 阶方阵 A 与 n 阶方阵 B 写成一个 $n\times 2n$ 的矩阵，即

$$[A\vdots B],$$

利用初等行变换将 A 部分化成单位矩阵 E，此时，在相同的变换下，原来的 B 部分就化成了 $A^{-1}B$。上面的过程可简写成

$$[A\vdots B]\xrightarrow{\text{进行一系列初等行变换}}[E\vdots A^{-1}B],$$

故解矩阵方程 $AX=B(X=A^{-1}B)$ 时也可用初等行变换方法。

例 7.20　解矩阵方程 $\begin{pmatrix}1 & -5\\-1 & 4\end{pmatrix}X=\begin{pmatrix}3 & 2\\1 & 4\end{pmatrix}$。

解　因为

$$\begin{pmatrix}1 & -5 & 3 & 2\\-1 & 4 & 1 & 4\end{pmatrix}\xrightarrow{r_1+r_2}\begin{pmatrix}1 & -5 & 3 & 2\\0 & -1 & 4 & 6\end{pmatrix}$$

$$\xrightarrow{r_2\times(-1)}\begin{pmatrix}1 & -5 & 3 & 2\\0 & 1 & -4 & -6\end{pmatrix}\xrightarrow{r_1+r_2\times5}\begin{pmatrix}1 & 0 & -17 & -28\\0 & 1 & -4 & -6\end{pmatrix}$$

所以

$$X = \begin{pmatrix} -17 & -28 \\ -4 & -6 \end{pmatrix}$$

7.5.4 矩阵的应用

过去有一种对密码进行保密的措施，就是把消息中的英文字母用整数来表示，然后传送这组整数.

例如，"明 18 时行动"拼音为"MING 18 SHI XING DONG"，其英文字母与数有以下对应关系：

A B C D E F G H I J K L M N O P Q

1 2 3 4 5 6 7 8 9 10 11 12 13 14 15 16 17

R S T U V W X Y Z

18 19 20 21 22 23 24 25 26

根据字母与整数的对应关系，"MING 18 SHI XING DONG"这则消息可以用下列 16 个数字来表示：

$$13,\ 9,\ 14,\ 7,\ 18,\ 19,\ 8,\ 9,\ 24,\ 9,\ 14,\ 7,\ 4,\ 15,\ 14,\ 7$$

其中，13 代表 M，9 代表 I，……这种方法是很容易被破译的。可以利用矩阵乘法对这个消息进行进一步加密，而经过这样变换过的消息就较难破译了.为了说明问题，设

$$A = \begin{bmatrix} 1 & 2 & 1 \\ 0 & 1 & 0 \\ 1 & 2 & 2 \end{bmatrix},\ 可得\ A^{-1} = \begin{bmatrix} 2 & -2 & -1 \\ 0 & 1 & 0 \\ -1 & 0 & 1 \end{bmatrix}。$$

把编码的消息依次按列组成一个矩阵：

$$B = \begin{bmatrix} 13 & 7 & 8 & 9 & 4 & 7 \\ 9 & 18 & 9 & 14 & 15 & 0 \\ 14 & 19 & 24 & 7 & 14 & 0 \end{bmatrix}$$

则乘积

$$AB = \begin{bmatrix} 1 & 2 & 1 \\ 0 & 1 & 0 \\ 1 & 2 & 2 \end{bmatrix} \begin{bmatrix} 13 & 7 & 8 & 9 & 4 & 7 \\ 9 & 18 & 9 & 14 & 15 & 0 \\ 14 & 19 & 24 & 7 & 14 & 0 \end{bmatrix} = \begin{bmatrix} 45 & 62 & 50 & 44 & 48 & 7 \\ 9 & 18 & 9 & 14 & 15 & 0 \\ 59 & 81 & 74 & 51 & 62 & 7 \end{bmatrix} = C$$

所以发出的消息为 45，9，59，62，18，81，50，9，74，44，14，51，48，15，62，7，0，7。注意原来的三个 7 和三个 14，在利用矩阵加密后成为了不同的数字，所以就难以按其出现的频率来破译密码了，而接收方只要将这个消息左乘以 A^{-1} 就可以恢复原来的消息。

$$A^{-1}C = \begin{bmatrix} 2 & -2 & -1 \\ 0 & 1 & 0 \\ -1 & 0 & 1 \end{bmatrix} \begin{bmatrix} 45 & 62 & 50 & 44 & 48 & 7 \\ 9 & 18 & 9 & 14 & 15 & 0 \\ 59 & 81 & 74 & 51 & 62 & 7 \end{bmatrix} = \begin{bmatrix} 13 & 7 & 8 & 9 & 4 & 7 \\ 9 & 18 & 9 & 14 & 15 & 0 \\ 14 & 19 & 24 & 7 & 14 & 0 \end{bmatrix} = B$$

【能力训练 7.5】

1. 用行初等变换的方法判断下列方阵是否可逆，如果可逆，求其逆矩阵。

(1) $\begin{bmatrix} 1 & 1 \\ 3 & 4 \end{bmatrix}$;　　(2) $\begin{bmatrix} 2 & 2 & 3 \\ 1 & -1 & 0 \\ -1 & 2 & 1 \end{bmatrix}$;　　(3) $\begin{bmatrix} 2 & 2 & -1 \\ 3 & 4 & 1 \\ -2 & 0 & 6 \end{bmatrix}$。

2. 用初等变换解矩阵方程。

(1) $\begin{bmatrix} 2 & 5 \\ 1 & 3 \end{bmatrix} X = \begin{bmatrix} 2 & -3 \\ 3 & 2 \end{bmatrix}$;　　　　(2) $\begin{bmatrix} 1 & 2 & 1 \\ 3 & 1 & -2 \\ -2 & 0 & 1 \end{bmatrix} X = \begin{bmatrix} 4 \\ -3 \\ 1 \end{bmatrix}$。

3. 甲、乙二人拟定用 $A = \begin{bmatrix} 1 & 1 & 3 \\ 1 & 2 & 3 \\ 2 & 3 & 7 \end{bmatrix}$ 编制密码，甲收到乙发来的密码为 43，51，104，

34，41，77，27，35，65，请用学过的矩阵理论，帮甲译出密文。

【数学文化赏】　欧拉的拉丁幻方

瑞士著名数学家欧拉在晚年构造了一种新的"拉丁幻方"［图 7-3（a）图 7-3（b）］，用不同的元素（如颜色或图形）填入幻方，使该元素每行每列都只出现一次。

还有更复杂的"正交拉丁幻方"［图 7-3（c）］，在每个方格内填入两个元素（如颜色和字母，或者颜色和图形），并且使每行每列均不相同。

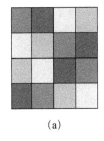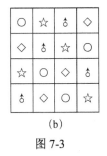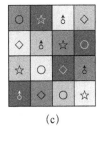

(a)　　　　　　(b)　　　　　　(c)

图 7-3

拉丁幻方，可以作为思维游戏训练。据说普鲁士国王在阅兵时提出要求，在 6 个兵种中抽出 6 种军衔的军官各一人，这 36 名军官要组成 6×6 的方阵，并使每行每列的兵种、军衔均不相同。这个问题就是一个 6 阶正交拉丁幻阵。当时，欧拉猜出这样的方阵是不存在的。1901 年，法国数学家塔利利用穷举法证明了 6 阶正交拉丁幻方确实是不存在的。但 3、4、5、7 阶正交拉丁幻方均存在，有兴趣的同学可以试试！

【综合能力训练 7】

1. 选择题。

（1）设 $\begin{bmatrix} 2 & x+y & y \\ 2 & z & 1 \end{bmatrix} = \begin{bmatrix} \omega & 3 & x-y \\ 2 & x+\omega & 1 \end{bmatrix}$，求 x, y, z, ω 的值（　　　）。

A. $x=1, y=1, z=3, \omega=-2$ 　　　　　　　　B. $x=1, y=2, z=3, \omega=2$

C. $x=1, y=1, z=3, \omega=2$ 　　　　　　　　D. $x=2, y=1, z=2, \omega=2$

（2）设矩阵 $A = \begin{bmatrix} 1 & -2 & 1 \\ 3 & 1 & -2 \end{bmatrix}$，则下列运算有意义的是（　　　）。

A. A^2 　　　　B. $A+A^{\mathrm{T}}$ 　　　　C. $3+A$ 　　　D. $2A$

（3）已知矩阵 A 与矩阵 B 的乘积是 4×6 矩阵，若 A 的列数为 3，则矩阵 A 的行数、B 的行数与 B 的列数分别为（　　　）。

A. 4、3、6 　　　　B. 4、6、3 　　　　C. 3、4、6 　　　　D. 6、4、3

（4）若 A 是可逆矩阵，则下列等式不一定成立的是（　　　）。

A. $(A^{\mathrm{T}})^{\mathrm{T}}=A$ 　　B. $(A^{-1})^{-1}=A$ 　　C. $A=A^{\mathrm{T}}$ 　　D. $AE=A$

（5）已知矩阵 A、B、C 满足关系 $AC=CB$，其中 C 为 $m\times n$ 矩阵，则（　　　）。

A. A、B 都是 $m\times n$ 矩阵 　　　　　　B. A、B 都是 $n\times m$ 矩阵

C. A 是 $m\times n$ 矩阵，B 是 $n\times m$ 矩阵 　　　　D. A 是 $m\times m$ 矩阵，B 是 $n\times n$ 矩阵

（6）若线性方程组 $\begin{cases} 2x_1-x_2-x_3+x_4=1 \\ x_1+2x_2-x_3-2x_4=0 \\ 3x_1+x_2-2x_3-x_4=\lambda \end{cases}$ 有解，则（　　　）。

A. $\lambda=-1$ 　　　　B. $\lambda=1$ 　　　　C. $\lambda=2$ 　　　　D. $\lambda=-2$

2. 计算题。

（1）设 $A=\begin{bmatrix} 1 & 2 & 1 & 1 \\ 2 & 1 & 2 & 2 \\ 1 & 2 & 3 & 4 \end{bmatrix}, B=\begin{bmatrix} 4 & 3 & 2 & 2 \\ -1 & 1 & 2 & -1 \\ 0 & 1 & 0 & -1 \end{bmatrix}$，计算 $3A-B$；$2A+3B$；$2A+X=B$。

（2）设 $A=\begin{bmatrix} 1 & -3 \\ -2 & 5 \end{bmatrix}$，求 $(A^{-1})^{\mathrm{T}}, (A^{\mathrm{T}})^{-1}$。

（3）设 $A=\begin{bmatrix} 1 & -1 & 0 \\ 0 & 1 & -1 \\ -1 & 0 & 1 \end{bmatrix}$，$AX=2X+A$，求 X。

（4）用初等行变换把下列矩阵化为阶梯形矩阵。

① $\begin{bmatrix} 1 & 2 & 3 \\ 2 & 1 & 2 \\ 1 & 3 & 3 \end{bmatrix}$；　　　　　② $\begin{bmatrix} 1 & 3 & -1 & -2 \\ 2 & -1 & 2 & 3 \\ 3 & 2 & 1 & 1 \\ 1 & -4 & 3 & 5 \end{bmatrix}$。

（5）用初等行变换把下列矩阵化为行最简形矩阵。

① $\begin{bmatrix} 1 & 2 & 0 & -1 \\ 2 & 3 & 0 & 1 \\ 3 & 4 & 0 & 3 \end{bmatrix}$；　　② $\begin{bmatrix} 2 & 3 & -3 & -7 \\ 1 & 2 & -2 & -4 \\ 2 & -3 & 4 & 3 \end{bmatrix}$。

（6）求下列矩阵的秩。

$$①A=\begin{bmatrix} 1 & 2 & -3 \\ -1 & -1 & 1 \\ 2 & -3 & 1 \end{bmatrix}; \qquad ②B=\begin{bmatrix} 1 & -1 & 2 & -1 \\ 3 & 1 & 0 & 2 \\ 1 & 3 & -4 & 4 \end{bmatrix}。$$

（7）求下列矩阵的逆矩阵。

$$①\begin{bmatrix} 2 & 5 \\ 1 & 3 \end{bmatrix}; \qquad ②\begin{bmatrix} 1 & 0 & 1 \\ -1 & 1 & 1 \\ -2 & -1 & 1 \end{bmatrix}; \qquad ③\begin{bmatrix} 1 & 1 & 0 & 0 \\ 1 & 2 & 0 & 0 \\ 3 & 7 & 2 & 3 \\ 2 & 5 & 1 & 2 \end{bmatrix}。$$

（8）解下列矩阵方程。

$$①\begin{bmatrix} 2 & 5 \\ 1 & 3 \end{bmatrix}X=\begin{bmatrix} 4 & -6 \\ 2 & 1 \end{bmatrix}; ②\begin{bmatrix} 1 & 1 & -1 \\ 0 & 2 & -2 \\ 1 & -1 & 0 \end{bmatrix}X=\begin{bmatrix} 3 & 2 \\ 1 & 0 \\ -2 & 1 \end{bmatrix}。$$

（9）求解下列非齐次线性方程组。

$$① \begin{cases} 3x_1+2x_2+6x_3=6 \\ 3x_1+5x_2+9x_3=9 \\ 6x_1+4x_2+15x_3=6 \end{cases}; \quad ② \begin{cases} 2x_1-3x_2+x_3+5x_4=6 \\ 3x_1-x_2-2x_3+4x_4=-5 \\ x_1+2x_2-3x_3-x_4=-2 \end{cases}。$$

（10）求解下列齐次线性方程组。

$$① \begin{cases} x_1-x_2+3x_3=0 \\ x_1+2x_2+5x_3=0 \\ x_1+5x_3=0 \end{cases}; \quad ② \begin{cases} x_1-x_2+5x_3-x_4=0 \\ x_1+x_2-2x_3+3x_4=0 \\ 3x_1-x_2+8x_3+x_4=0 \end{cases}。$$

3. 应用题。

（1）某地区有四个工厂Ⅰ、Ⅱ、Ⅲ、Ⅳ，生产甲、乙、丙三种产品，矩阵 A 表示一年中各工厂生产各种产品的数量，矩阵 B 表示各种产品的单位价格（元）及单位利润（元）。

$$A=\begin{bmatrix} 10 & 20 & 10 \\ 20 & 15 & 30 \\ 25 & 30 & 20 \\ 30 & 20 & 15 \end{bmatrix}\begin{matrix} Ⅰ \\ Ⅱ \\ Ⅲ \\ Ⅳ \end{matrix}, \quad B=\begin{bmatrix} 100 & 40 \\ 200 & 100 \\ 300 & 120 \end{bmatrix}\begin{matrix} 甲 \\ 乙 \\ 丙 \end{matrix}$$

甲 乙 丙 　　　单位 单位
价格 利润

利用矩阵的乘法计算各个工厂三种产品的总收入和总利润。

（2）某企业某年出口到三个国家的两种货物的数量以及货物的单价、重量、体积如表 7-9 所示。

表 7-9

	美国	德国	日本	单价/万元	单位重量/吨	单位体积/m²
A1	3000	1500	2000	0.5	0.04	0.2
A2	1400	1300	800	0.4	0.06	0.4

利用矩阵乘法计算该企业出口到三个国家的货物的总价值、总重量、总体积。

（3）甲、乙二人拟定用 $A = \begin{bmatrix} 1 & 0 & 0 \\ 0 & 0 & 1 \\ 0 & 1 & 1 \end{bmatrix}$ 编制密码，甲收到乙发来的密码为 9，15，27，

22，25，30，15，0，21，请用学过的矩阵理论，帮甲译出密文。

能力训练和综合能力训练参考答案

【能力训练 7.1】

1. （1）行矩阵；（2）列矩阵；（3）零矩阵；（4）对角矩阵；（5）上三角形矩阵；
（6）单位矩阵。

2. 6，7，6。

3. $\begin{bmatrix} 0 & 1 & 1 & 1 \\ 1 & 0 & 0 & 1 \\ 1 & 0 & 0 & 0 \\ 0 & 0 & 1 & 0 \end{bmatrix}$

4. $\begin{bmatrix} 120 & 135 & 144 & 277 \\ 112 & 142 & 126 & 258 \\ 128 & 110 & 118 & 220 \\ 138 & 98 & 122 & 268 \end{bmatrix}$，4 行 4 列。

【能力训练 7.2】

1. $\begin{bmatrix} 6 & 3 \\ 1 & -1 \end{bmatrix}$；$\begin{bmatrix} -2 & -1 \\ 9 & -2 \end{bmatrix}$；$\begin{bmatrix} 0 & 2 \\ 2 & -1 \end{bmatrix}$；$\begin{bmatrix} 3 & 2 \\ 7 & 3 \end{bmatrix}$。

2. (1) $\begin{bmatrix} 8 & 8 \\ 8 & 4 \\ 5 & 5 \end{bmatrix}$； (2) $\begin{bmatrix} 9 & 1 & 11 \\ -8 & -2 & -2 \end{bmatrix}$； (3) $[-5]$； (4) $\begin{bmatrix} 1 & 5 & 2 & -1 \\ 2 & 10 & 4 & -2 \\ -2 & -10 & -4 & 2 \\ 3 & 15 & 6 & -3 \end{bmatrix}$。

3. $X = \begin{bmatrix} 1 & 2 & 1 \\ -2 & 3 & -1 \\ 5 & 0 & 2 \end{bmatrix}$。

4. $A^{\mathrm{T}} B^{\mathrm{T}} = (BA)^{\mathrm{T}} = \begin{bmatrix} -2 & 2 & 0 \\ -3 & 4 & 0 \\ 1 & -1 & -1 \end{bmatrix}$。

5. $AB = \begin{bmatrix} 1\,320\,000 & 144\,000 \\ 1\,260\,000 & 138\,000 \\ 1\,370\,000 & 149\,500 \\ 1\,470\,000 & 160\,500 \end{bmatrix}$。

6. $\begin{bmatrix} 1000 & 500 & 2000 \\ 500 & 1000 & 1000 \end{bmatrix} \begin{bmatrix} 3500 & 20 \\ 2600 & 20 \\ 36 & 10 \end{bmatrix} = \begin{bmatrix} 4\,872\,000 & 50\,000 \\ 4\,386\,000 & 40\,000 \end{bmatrix}$。

【能力训练 7.3】

1. 答案略。

2. (1) $\begin{bmatrix} 1 & 0 & 0 & 29 \\ 0 & 1 & 0 & 18 \\ 0 & 0 & 1 & 6 \end{bmatrix}$；　　(2) $\begin{bmatrix} 1 & -1 & 0 & 2 & -3 \\ 0 & 0 & 1 & -2 & 2 \\ 0 & 0 & 0 & 0 & 0 \\ 0 & 0 & 0 & 0 & 0 \end{bmatrix}$。

3. （1）2；（2）3

【能力训练 7.4】

1. (1) $\begin{cases} x_1 = 1 \\ x_2 = -1; \\ x_3 = 1 \end{cases}$　　(2) $\begin{cases} x_1 = -2 + x_3 \\ x_2 = 3 - 2x_3 \end{cases}$。　　(3)无解。

2. (1) $\begin{cases} x_1 = 0 \\ x_2 = 0; \\ x_3 = 0 \end{cases}$　　(2) $\begin{cases} x_1 = x_4 \\ x_2 = -2x_4 \\ x_3 = x_4 \end{cases}$。

3. 当 $\lambda \neq 5$，$\mu \neq -2$ 时有唯一解；

　　当 $\lambda = 5$，$\mu = -2$ 时有无穷多解；

　　当 $\lambda = 5$，$\mu \neq -2$ 时无解。

4. 设利用这些原材料能生产出 x 件 A 产品，y 件 B 产品，z 件 C 产品，则由

$\begin{cases} x + 2y + 3z = 100 \\ 2x + y + 7z = 200 \\ 3x + 9y + 8z = 300 \end{cases}$ 得 $\begin{cases} x = 100 - 5z \\ y = z \end{cases}$。

【能力训练 7.5】

1. (1) $\begin{bmatrix} 4 & -1 \\ -3 & 1 \end{bmatrix}$；　　(2) $\begin{bmatrix} 1 & -4 & -3 \\ 1 & -5 & -3 \\ -1 & 6 & 4 \end{bmatrix}$；　　(3)不可逆。

2. (1) $X = \begin{bmatrix} -9 & -19 \\ 4 & 7 \end{bmatrix}$；　　(2) $X = \begin{bmatrix} 1 \\ 0 \\ 3 \end{bmatrix}$。

3. send money

【**综合能力训练7**】

1. （1）D；（2）D；（3）A；（4）C；（5）C；（6）B。

2. （1）$\begin{bmatrix} -1 & 3 & 1 & 1 \\ 7 & 2 & 4 & 7 \\ 3 & 5 & 9 & 13 \end{bmatrix}$；$\begin{bmatrix} 14 & 13 & 8 & 8 \\ 1 & 5 & 10 & 1 \\ 2 & 7 & 6 & 5 \end{bmatrix}$；$X = \begin{bmatrix} 2 & -1 & 0 & 0 \\ -5 & -1 & -2 & -5 \\ -2 & -3 & -6 & -9 \end{bmatrix}$。

（2）$(A^{-1})^{\mathrm{T}} = (A^{\mathrm{T}})^{-1} = \begin{bmatrix} -5 & -3 \\ -2 & -1 \end{bmatrix}$。

（3）$X = \begin{bmatrix} 0 & 1 & -1 \\ -1 & 0 & 1 \\ 1 & -1 & 0 \end{bmatrix}$。

（5）① $\begin{bmatrix} 1 & 0 & 0 & 5 \\ 0 & 1 & 0 & -3 \\ 0 & 0 & 0 & 0 \end{bmatrix}$；② $\begin{bmatrix} 1 & 0 & 0 & -2 \\ 0 & 1 & 0 & 3 \\ 0 & 0 & 1 & 4 \end{bmatrix}$。

（6）$r(A) = 2$；$r(B) = 3$。

（7）① $\begin{bmatrix} 3 & -5 \\ -1 & 2 \end{bmatrix}$；② $\begin{bmatrix} \dfrac{2}{5} & -\dfrac{1}{5} & -\dfrac{1}{5} \\ -\dfrac{1}{5} & \dfrac{3}{5} & -\dfrac{2}{5} \\ \dfrac{3}{5} & \dfrac{1}{5} & \dfrac{1}{5} \end{bmatrix}$；③ $\begin{bmatrix} 2 & -1 & 0 & 0 \\ -1 & 1 & 0 & 0 \\ -1 & 1 & 2 & -3 \\ 1 & -2 & -1 & 2 \end{bmatrix}$。

（8）① $\begin{bmatrix} 2 & -23 \\ 0 & 8 \end{bmatrix}$；② $\begin{bmatrix} \dfrac{5}{2} & 2 \\ \dfrac{9}{2} & 1 \\ 4 & 1 \end{bmatrix}$。

（9）①$x_1 = 4$, $x_2 = 3$, $x_3 = -2$。 ②无解。

（10）①$x_1 = x_2 = x_3 = 0$；②$x_1 = -\dfrac{3}{2}x_3 - x_4$, $x_2 = \dfrac{7}{2}x_3 - 2x_4$。

3. （1）$\begin{bmatrix} 8000 & 3600 \\ 14000 & 5900 \\ 14500 & 6400 \\ 11500 & 5000 \end{bmatrix}$。 （2）$\begin{bmatrix} 2060 & 204 & 1160 \\ 1270 & 138 & 820 \\ 1320 & 128 & 720 \end{bmatrix}$。

（3）I love you。

第8章　趣味图论

读史使人明智，读诗使人聪慧，数学使人周密，科学使人深刻，伦理学使人有修养，逻辑修辞使人善辩。

——培根

1. 领会图论中图的概念。
2. 领会握手定理。
3. 领会欧拉图和哈密尔顿图及其应用。
4. 领会图的矩阵表示。
5. 通过生活实例解决最短路径问题。

通过教学让学生领会图论中的图的概念，并能将实际问题用图表示出来；学生通过握手定理解决实际问题；通过教与学让学生领会欧拉图和哈密尔顿图，并能解决生活中的问题；如何将图转化为能计算的矩阵，对计算机专业的学生而言是必须掌握的；最短路径问题是网络计划模型，在生产和管理等多领域广泛应用；本章共四节，每节皆为重点，其中欧拉图及最短路径问题是难点。

8.1　图的基本概念

1. 哥尼斯堡七桥问题

图论起源很早，远在 18 世纪就已经出现图论问题，著名的哥尼斯堡 7 桥问题就是经典的案例，18 世纪的德国有一座哥尼斯堡城，就是现在俄国的历史名城加里宁格勒城，哥尼斯堡当时属东普鲁士，位于普雷格尔河畔。这座美丽的城市曾经诞生和培育过很多伟大的人物，如康德和希尔伯特。哥尼斯堡城风景宜人，碧波荡漾的普雷格尔河穿过哥尼斯堡城，普雷格尔河中有两座美丽的小岛，岛上商业繁华，普雷格尔河的两条支流环绕其旁，在流贯全城的普雷格尔河两岸与河中两个岛之间架设了 7 座桥，把河两岸陆地 A、B 与两个岛 C、D 连接起来，如图 8-1（a）所示。

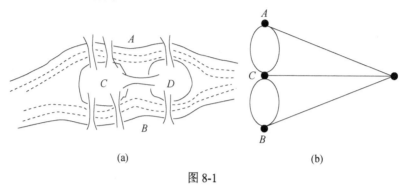

$$(a) \qquad\qquad (b)$$

图 8-1

这座知名的旅游胜地吸引了众多的游人，游人和当地居民经常通过这 7 座桥到岛上游玩和散步，于是产生了一个有趣的数学难题：游人从两岸 A、B 或两个岛 C、D 中的任一个地方出发，寻找走遍这 7 座桥，并且每座桥只通过一次，最后返回到原出发点的路径。该问题就是著名的"哥尼斯堡七桥问题"。很多人拿出地图，在地图上寻找，问题看来简单，但一时间谁也解决不了。后来，这个问题被瑞士著名的数学家欧拉解决了。

1736 年，欧拉经过对哥尼斯堡七桥问题的仔细研究后，发现问题与陆地和小岛的大小、形状无关，与桥梁的形状和长短也无关，把上述问题中的四块陆地与七座桥之间的关系用一个抽象图形来描述，将图 8-1（a）中的陆地 A、B、C、D 分别用四个点来表示，而陆地之间有桥相连者则用连接两点的连线来表示，如图 8-1（b）所示。他抽象出问题最本质的东西，忽视问题非本质的东西（如桥的长度等），从而将哥尼斯堡七桥问题抽象为一个数学问题，奠定了图论的基础。

2. 图的定义

案例 8.1　图 8-2 的顶点表示城市，顶点间的连线表示城市间有航班。

案例 8.2　图 8-3 的顶点表示程序，顶点间的连线表示程序间的调用关系。

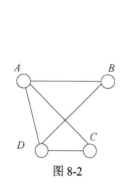

图 8-2

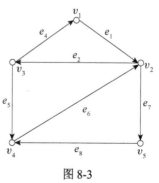

图 8-3

上述两个案例与交通图和数学中的几何图不同，它简洁明了地表达了要研究的对象和对象间的关系，这种由点集和边集组成的图就是图论中的图。

定义 8.1 图 G 是由非空节点集合 $V=\{v_1, v_2, …, v_n\}$ 以及边集合 $E=\{e_1, e_2, …, e_m\}$ 两部分组成的，这样的一个图 G 可记为 $G=<V, E>$。其中节点也称顶点或点，边也称弧。

图论中的图与几何学中研究的图不同，它没有形状、大小、比例、曲直的概念，它关注的因素只有两个：所研究问题中的对象——节点，以及对象间的联系——边。它与所研究的对象的大小、形状、性质无关，把它抽象为点；而对象之间的联系抽象为边，而与这个边是曲的还是直的，以下及长短都没关系。

【课堂练习】上海到深圳有航班；上海到北京有航班；深圳到北京有航班；深圳到东莞有航班，用图表示城市间的航班。

【思考题】图是由哪两个集合构成的？请说出现在所学的"图"和中学所学的"几何图"有什么区别？图中的点代表什么？边代表什么？

下面介绍图中的相关概念。

（1）端点：一条边的两个节点。

（2）始点和终点：有向边的起点和终点。

（3）无向边：没有标方向的边，用无序节点对 $e_m = (v_i, v_j)$ 表示。

（4）有向边：标明方向的边，用有序节点对 $e_m = <v_i, v_j>$ 表示。

（5）无向图：若图 G 的每条边都是无向边，则称 G 为无向图。

（6）有向图：若图 G 的每条边都是有向边，则称 G 为有向图。

（7）关联：如果节点 v 是边 e 的一个端点，称边 e 与节点 v 相关联。

（8）邻接点：节点 u 和 v 间有一条无向边，则称 u 和 v 是邻接的；如果有一条有向边以节点 u 为始点，v 为终点，则称 u 邻接到 v。

（9）邻接边：若两条边有公共的节点，则这两条边为邻接边。

（10）环：两个端点重合的边，环也称自回路，如图 8-4 中的 e_1。

（11）平行边：连接于同一对节点间的多条边，如图 8-5 中的 e_1、e_2；有向图中多条边的始点和终点分别相同。

（12）孤立点：一个图中的某点不与任何边关联，如图 8-6 所示。

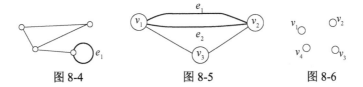

图 8-4   图 8-5   图 8-6

3. 特殊图

（1）零图：图 8-6 中的所有点均为孤立点（无边）。

（2）平凡图：图 8-7 是只有一个节点的图。

$\circ\, v_1$

图 8-7

（3）简单图：不含有平行边和环的图。

（4）多重图：含有平行边的图。

例8.1 指出图 8-8 中哪些是简单图和多重图？

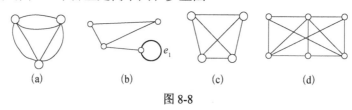

（a）　　　　　（b）　　　　　（c）　　　　　（d）

图 8-8

解 由简单图定义可知图（c）、（d）是简单图；由多重图定义可知图（a）、（b）是多重图。

4. 节点的度

定义8.2 在无向图或有向图 $G=(V, E)$ 中，与节点 v 关联的边的个数，称为该节点的度数，简称度，记为 $\deg(v)$ 或 $d(v)$。

如果某节点有环，则一个环对该节点度数记为 2。

例8.2 写出图 8-9 中两个图各点的度数。

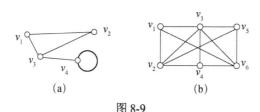

（a）　　　　　　　　（b）

图 8-9

解 在图 8-9（a）中，$\deg(v_1)=2$、$\deg(v_2)=2$、$\deg(v_3)=3$、$\deg(v_3)=3$；

在图 8-9（b）中，$\deg(v_1)=3$、$\deg(v_2)=4$、$\deg(v_3)=5$、$\deg(v_4)=3$、$\deg(v_5)=3$、$\deg(v_6)=4$。

定义8.3 在有向图 $G=(V, E)$ 中，射入节点 v 的边数称为该节点的入度，记为 $d=(v)$；射出节点 v 的边数称为该节点的出度，记为 $d=(v)$。

例8.3 写出图 8-10 中各点的度数。

解 $d=(v_1)=1$、$d=(v_1)=1$、$d=(v_2)=2$、$d=(v_2)=2$、$d=(v_3)=2$、$d=(v_3)=3$、$d=(v_4)=2$、$d=(v_4)=1$、$d=(v_5)=1$、$d=(v_5)=1$。

定理8.1 在 n 个节点、m 条边的图中，该图所有节点度数

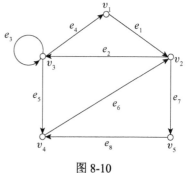

图 8-10

总和等于边数的两倍，即

$$\sum_{i=1}^{n}\deg(v_i)=2m$$

定理 8.1　通常也称为**握手定理**，由握手定理可以得到以下推论。

推论 8.1　在任何图中度数为奇数的节点一定是偶数个。

推论 8.2　在任何有向图中，所有节点的入度之和等于所有节点的出度之和，并且等于该图的边数，即

$$\sum_{i=1}^{n}d^{-}(v_i)=\sum_{i=1}^{n}d^{+}(v_i)=m$$

例 8.4　学术交流会上大家相互握手，证明握过奇次手的人数应该为偶数个。

证明　该事件可以构造一图，以学术交流会上的人为节点，两人握手时意味着两个节点间有关系，用线来表示，因此握手的次数就是构造图中对应节点的度数。由推论 8.1 可知图中度数为奇数的节点一定是偶数个，所以，握过奇次手的人数一定是偶数个。

例 8.5　解答下列问题。

（1）图 G 的各点度数分别是（2，3，4，7，6，8），问边数 m 是多少？

（2）图 G 有 12 条边，度数为 3 的节点共有 6 个，其余节点的度数只能为 1 或 2，问该图至少有多少个节点？

（3）能否画出各点度数分别是（2，3，4，4）的图？

解　（1）根据握手定理，图 G 的度数和为 $2m=2+3+4+7+6+8=30$，故 $m=15$。

（2）根据握手定理，图 G 的度数和为 $2m=2\times12=24$，除度数为 3 的 6 个节点外，余下度数为 $24-3\times6=0$，余下节点度数都为 2 时，节点最少，最少节点为 3。故图 G 至少有 9 个节点。

（3）由推论 8.1 可知度数为奇数的节点一定是偶数个，而该题度数为奇数的节点只有一个，所以画不出图。

【能力训练 8.1】

1. 设 $V=\{a,\ b,\ c,\ d,\ e\}$，画出下列图。

（1）无向图 $G=(V,\ E)$，其中 $V=\{a,\ b,\ c,\ d,\ e\}$，$E=\{(a,\ b),\ (a,\ c),\ (a,\ e),\ (b,\ c),\ (c,\ d),\ (c,\ e)\}$；

（2）有向图 $D=(V,\ E)$，其中 $V=\{a,\ b,\ c,\ d,\ e\}$，$E=\{<a,\ b>,\ <a,\ e>,\ <b,\ a>,\ <b,\ a>,\ <b,\ c>,\ <c,\ d>,\ <c,\ e>,\ <d,\ c>\}$。

2. 图 G 的各点度数分别是（1，2，3，3，4，4，5），其边数 m 是多少？请写出计算过程。

3. 一个图 G 有 14 条边，度数为 3 的节点共有 8 个，其他节点度数只能为 1 或 2，问该图至少有多少个节点？请说明你的理由。

4. 一个部门中有 25 人，由于纠纷而使得关系十分紧张，是否可使每个人恰好与其他 5

个人相处融洽？

提示1：利用图论模型，点代表人，边代表"关系融洽"关系。

提示2：充分利用节点的度数理论。

5. 在任何一个有6个人的组里，存在3个人互相认识或者存在3个人互相不认识的情况。

提示1：利用图论模型，点代表人，边代表"认识"关系。

提示2：请参考握手定理以及相关理论。

6. 一个国际会议，有 a, b, c, d, e, f, g 共7个人。已知下列事实：

a 会讲英语；b 会讲英语和汉语；c 会讲英语、意大利语和俄语；d 会讲日语和汉语；e 会讲德语和意大利语；f 会讲法语、日语和俄语；g 会讲法语和德语。

这7人是否任意两人都能交谈？

7. 标出图8-11中各图各节点的度数。

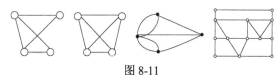

图 8-11

【数学文化】图论思想

图论源于18世纪的哥尼斯堡七桥问题，其思想方法之一是将所研究的对象的本质特征抽象出来，舍弃非本质特征，即抓住问题的实质，对于七桥问题陆地和岛的大小，以及桥的曲直长短是无关紧要的，只需关注陆地和相连的桥，通过特征抽象分析法，提炼出用点和边来描述事物和事物间的关系，将实际问题抽象为简洁明了的图论中的图。又如，图论中树的定义，根据日常生活中的树，通过特征抽象分析法定义。通过拓扑思考方法只考虑图形中点和边的个数，而图形的大小和形状忽略不加以考虑。

图论是研究关联关系的一门科学，通过学习可以提高学生以下能力：通过矛盾转化思想的学习，提高学生将复杂的信息和问题转化为简单、直观、清晰的问题加以解决的能力；通过优化思想、算法思想，如欧拉图和哈密尔顿图，以及最短路问题，提高学生运用计算机，统筹管理的能力；通过拓扑思想，提高学生抓住问题和事物的本质的能力。

8.2 欧拉图和哈密尔顿图

8.2.1 欧拉图

欧拉在他发表的关于"哥尼斯堡七桥问题"的论文——《与位置几何有关的一个问题的解》中，论述了经过图中每边一次且仅一次的回路是不存在的，也就是说，从两岸 A、B

或两个岛 C、D 中的任一个地方出发，走遍这 7 座桥，并且每座桥只通过一次，最后返回到原出发点的路径是不存在的。后来，把具有这样回路的图称为欧拉图。

定义 8.4 图 G 中前后相互关联的点边交替序列 $w=v_0e_1v_1e_2...e_nv_n$ 称为连接 v_0 到 v_n 的通路，简称路，W 中边的数目 K 称为通路 W 的长；当 $v_0=v_n$ 时，称此通路为**回路**。

定义 8.5 在无向图 G 中，节点 u 和节点 v 之间存在一条能通达的路，则称节点 u 与节点 v 是连通的。若图 G 中，任意两个节点均连通，则称图 G 是**连通图**。

例 8.6 判断图 8-12 中哪些是连通图。

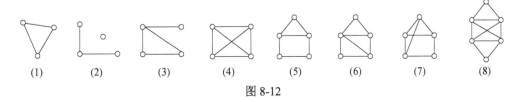

图 8-12

解 （1）、（3）、（4）、（5）、（6）、（7）、（8）均为连通图，（2）是非连通图。

定义 8.6 设 $G=<V, E>$ 是连通无向图：

（1）若在图 G 中存在一条通路，经过图 G 中每条边一次且仅一次，则这条通路称为欧拉通路；

（2）若在图 G 中存在一条通路，从某点出发经过图 G 中每条边一次且仅一次，又回到该点，则这条通路称为**欧拉回路**。具有欧拉回路的图为**欧拉图**。

定理 8.2 无向图 $G=<V, E>$ 具有欧拉回路，即欧拉图的充分必要条件是这个图是连通的，并且图 G 中所有节点的度数都是偶数，即都与偶数条边相连。

定理 8.3 无向图 $G=<V, E>$ 具有欧拉通路的充分必要条件是图 G 是连通的，并且图 G 中恰有两个度数是奇数的节点或者没有度数是奇数的节点。

例 8.7 指出图 8-13 中各图哪些是欧拉回路？哪些是欧拉通路？

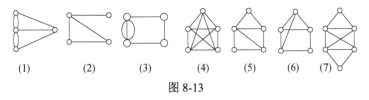

图 8-13

解 根据以上定理不难看出，图（1）是哥尼斯堡七桥问题，其中 3 个节点度数都是 3，还有一个节点度数是 5，因此七桥图既不存在欧拉通路，也不具有欧拉回路；（2）（5）中度数为奇数的节点只有 2 个，具有欧拉通路；（3）（4）（7）中所有节点度数均为偶数，具有欧拉回路；（6）中度数为奇数的节点有 4 个，既不存在欧拉通路，也不具有欧拉回路。

哥尼斯堡七桥问题可以转化为一笔画问题，即一个图形能否一笔画成。

定理 8.4 （一笔画定理）如果图中的每个节点都与偶数条边相连，则可以任取一点做始点，一笔画完，回到始点；如果图中只有两个顶点与奇数条边相连，则选择这两个顶点中的一个做始点，一笔画完，终点为另一个与奇数条边相连的节点。

8.2.2 欧拉图应用

蚂蚁赛跑问题 在图 8-14 中，在节点 v_2、v_3 上的两只蚂蚁跑过图的所有边（必须一次）到达目标 v_4，谁花费的时间多？（假设蚂蚁通过每一条边所花费的时间相同。）

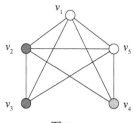

图 8-14

分析：从这个图中可以看出节点 v_1、v_2、v_5 的度数都是 4，节点 v_3、v_4 的度数都是 3，根据一笔画定理，该图具有欧拉通路，从 v_3 出发跑过图的所有边并且只一次，最终可以到达目标 v_4，而从 v_2 出发到达目标 v_4，有一边一定需要经过两次，所以最终所花时间要多。

邮递员问题 图 8-15 为一街道图，是否存在一条投递线路使邮递员从街道 a 出发，通过所有街道一次再回到邮局 a？

分析：从图中可以看出所有节点的度数都是偶数，即该图具有欧拉回路，所以存在一条路，邮递员从邮局 a 出发走遍所有街道，最后回到邮局 a，具体行走路线如下。

$$A—b—d—h—i—e—d—f—h—k—i—g—e—b—c—g—l—k—j—f—a$$

地铁检查问题 地铁检查员必须在指定的时间内检查公司的 16 条线路，这 16 条线路连接了 8 个车站，如图 8-16 所示，现在，他想设计一条线路，用尽量少的行程走遍全部的线路，他可以在任意地方开始，他能做到吗？

分析：从图中可以看出所有节点的度数都是偶数，即该图具有欧拉回路，所以地铁检查员从任意地方开始，都存在一条线路走遍所有线路，并回到这个地方，他是能做到的。

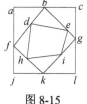

图 8-15

图 8-16

完美旅游 图 8-17 是一张某国简略的地图，圆圈代表风景美丽的小镇，线代表连接小镇的铁路，铁路沿线风景秀丽，有一个青年决定游览一下这个国家，然后去拜访一位住在东南角 V_8 镇上的老朋友。他想乘坐火车，坐遍每一条线路，为了节约费用，每条线路只坐一次，最终去见他的老朋友。他发现设计旅游线路是件难事，但他最终还是成功地找到了符合条件的线路，你知道他是如何设计游览线路的吗？

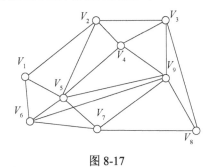

图 8-17

分析：从这个图中可以看出节点 V_1、V_8 的度数都是 3，其余节点的度数都是偶数，根据一笔画定理，该图具有欧拉通路，从 V_1 出发跑过图的所有边并且只跑过一次，最终可以到达目标 V_8，具体的路线是 1-2-5-1-6-5-4-2-3-4-9-3-8-9-5-7-9-6-7-8（其中 1 代表 V_1，其他类似。

8.2.3　哈密尔顿图

周游世界问题　1856 年，英国天文学家、数学家哈密尔顿设计了一个周游世界的游戏，他在一个正十二面体的 20 个顶点上标上 20 个著名城市的名称，如图 8-18（a）所示，要求游戏者沿着正十二面体的棱，从一个城市出发，经过每一个城市一次且仅经过一次，然后回到出发点。

如果以正十二面体顶点作为节点，相应的棱作为边，即可得到平面上的一个图，如图 8-18（b）所示，已知该游戏要寻找的是一条通过途中每个节点一次的回路，此回路有若干个，称为哈密尔顿回路。

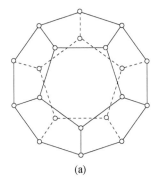

(a)

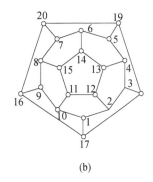

(b)

图 8-18

定义 8.7　设 $G=<V,\ E>$ 是连通无向图，图 G 中存在一条经过图中的每个节点一次且仅一次的通路，称此通路为**哈密尔顿通路**。图 G 中存在一条经过图中的每个节点一次且仅经过一次的回路，称此回路为**哈密尔顿回路**。具有哈密尔顿回路的图为哈密尔顿图。

周游世界的问题可以通过图 8-18（b）找到多条哈密尔顿回路，可以满足哈密尔顿设定的规则，其中一条路是 17-1-10-11-15-14-13-12-2-3-4-5-6-7-8-9-16-20-19-18-17。

例 8.8 判定图 8-19 是否存在哈密尔顿回路和哈密尔顿通路？

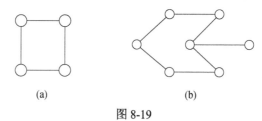

图 8-19

解 图（a）具有哈密尔顿回路；图（b）具有哈密尔顿通路，但不具有哈密尔顿回路。

排座问题 一个国际会议，有 a, b, c, d, e, f, g 共 7 个人。已知事实：a 会讲英语；b 会讲英语和汉语；c 会讲英语、意大利语和俄语；d 会讲日语和汉语；e 会讲德语和意大利语；f 会讲法语、日语和俄语；g 会讲法语和德语。试问这 7 个人应如何排座位，才能使每个人都能和他身边的人交谈？并说明理由。

分析：根据题意，以 a, b, c, d, e, f, g 这 7 个人为节点，他们之间的联系——语言作为线可以做出图 8-20，从图 8-20 中很容易发现具有哈密尔顿回路，这个哈密尔顿回路就是排座的方案。

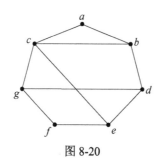

图 8-20

勇士夺宝 有一宝物被关进了城堡的迷宫中，迷宫中共有 63 间房，每间房的门都是敞开的，宝物所放地点如图 8-21 所示，现有一勇士通过聪明才智把宝物取了出来，那么他是怎样夺取宝物的呢？首先，他找到迷宫的入口（图 8-21），而后他找遍了每一间房，并且每间房只进一次，最后终于找到了宝物。如果是你，你能否设计一个由 22 条线段组成的线路，能把所有的房间都走一遍且仅走一遍么？

图 8-21

图 8-22

分析：图 8-22 中画出了 22 条直线段组成的道路，这 22 条直线段就是勇士夺宝的线路，应该注意的是勇士在进入第一个房间后，要迅速回到入口处，再进入另一个房间。

凶手是谁　大年初一的晚上 12 点哈尔滨下起了大雪，虽然只下了一个小时，但地面的积雪已经很厚，王飞一直在父母家，半夜 1 点半才步行回自己家。他想穿过公园，这样会近一些。他从 *D* 门进入公园，可是到了清晨，人们发现他被杀害在公园内（图 8-23 中标有星的位置）。警察很快赶来了，封锁了公园所有的门，经过勘察和询问后，得到了一些线索。

王飞的脚印很清晰，从 *D* 门直接到出事地点。此外，公园总管的脚印从 *E* 到房间 *EE*，但是他在半夜 1 点 20 分就睡觉了。夜班看守员的脚印从 *A* 到 *AA* 处。另外一些脚印表明有人从 *B* 门进入，从 *BB* 处走出，还有一个人从 *C* 走到 *CC* 处。那天晚上大雾弥漫，因此有的人走了弯路，致使这些人的线路没有任何两条是相交的。由于警察的疏忽，没有及时地画出他们的线路图，这给破案带来了麻烦。你能帮忙绘制出当时的线路图吗？凶手到底是谁呢？

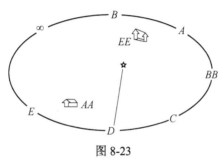

图 8-23

分析：要想使这些人的线路互不相交，只可能有图 8-24 中的两种线路。从图中可以看到，只有公园总管和从 *C* 门进来的人有可能接触到王飞。但是公园总管在半夜 1 点 20 分就睡觉了，不具备作案时间。所以，可以肯定，凶手就是从 *C* 门进入的人。

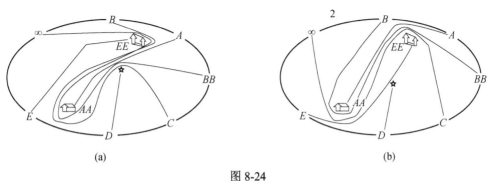

(a)　　　　　　　　　　　　(b)

图 8-24

【思考题】哈密尔顿回路与欧拉回路的区别是什么？

【能力训练8.2】

1. 一笔画游戏中如何确定起点与终点？指出图8-25中各图是否一笔画？若是，则用一笔画出。

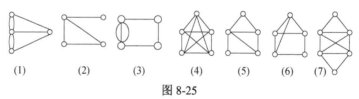

(1)　　(2)　　(3)　　(4)　　(5)　　(6)　　(7)

图8-25

2. 有一聪明的小男孩用三笔画出了图 8-26，可当我们拿起笔试着画出同样的图形时，却发现无论怎样画，都需用四笔画出。那么这个聪明的小男孩是怎么做到的？

图8-26

3. 判断图8-27中哪些图是欧拉图？哪些图是哈密尔顿图？请说明理由。

4. 图 8-28 给出的是某邮递员管辖区的投递网络图，其中点 V_8 表示邮局，每个圆圈代表交通路口，每条边代表街道，街道中有住户需要投递报纸和信件。每天投递员需早晚各投一次，为了减少工作量，请帮他设计一条投递线路，投递员管辖的街道每次都经过一次，并只经过一次，这样最节省时间。

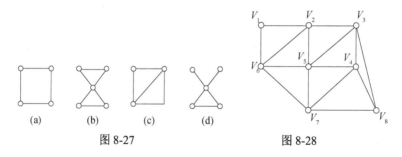

(a)　　　(b)　　　(c)　　　(d)

图8-27　　　　　　图8-28

5. 如何清扫图8-29中的街道最快？请说明理由。

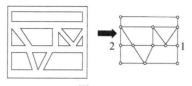

图8-29

【数学文化】奇才哈密尔顿

哈密尔顿于1805年8月3日出生于爱尔兰的都柏林。他在家排行第五，有三个哥哥和一个姐姐，还有四个弟妹。其父亲是一名律师，也很会做生意，还是一名教徒。

哈密尔顿很小的时候就比同龄孩子聪明很多，被称为神童。哈密尔顿的叔叔杰姆·哈密尔顿是一位语言专家，懂许多欧洲语言、方言。小哈密尔顿从三岁就受叔叔的培养，他三岁时就能看英文书，四岁时对天文很感兴趣，并且算术已经学得很好，五岁时就能阅读和翻译拉丁文、希腊文和希伯来文书籍，八岁时就能用意大利语和法语交流，还不到十岁就学习了阿拉伯文和梵文，14 岁时就掌握了 12 种语言。

　　哈密尔顿在 13 岁时遇见一位来自美国的计算神速的儿童，这引起了他对数学的浓厚兴趣。1823 年，18 岁的哈密尔顿考入都柏林三一学院学习。1827 年，他被聘为该校的天文学教授并获得皇家天文学家称号。1832 年，27 岁的哈密尔顿就已成为爱尔兰科学院院士，并于 1837 年到 1845 年期间担任院长。鉴于哈密尔顿显赫的学术成就和声望，在 1835 年都柏林召开的不列颠科学进步协会上，哈密尔顿被选为主席，同年被授予爵士头衔。1836 年，皇家学会因他在光学上的成就而授予他皇家奖章。1837 年，哈密尔顿被任命为爱尔兰皇家科学院院长。1863 年，哈密尔顿被新成立的美国国家科学院任命为 14 个国外院士之一。

　　在对复数长期研究的基础上，经历 15 年的不断探索，1843 年 10 月 16 日，哈密尔顿发现了"四元数"。当时他一直在研究如何扩展复数到更高的维次，他不能做到三维空间的例子，但四维却创造出四元数。哈密尔顿于 1843 年 10 月 16 日与妻子在都柏林的皇家运河上散步时突然想到 $i^2 = j^2 = k^2 = ijk = -1$ 公式，他激动万分，为了不遗忘，他马上从提袋中取出一把小刀在布尔罕桥的石头上刻下了这个公式。

　　许多数学家认为"四元数"的发现是 19 世纪纯数学方面的一个最重要的发现。爱尔兰政府为了纪念这个发现，在 1943 年特别发行了纪念哈密尔顿的邮票。

　　英国人汤姆斯·修曾经这么说："牛顿的发现对于英国及人类的贡献超过所有英国的国王；无可置疑，1843 年哈密尔顿的四元数的发现，对于人类所带来的真正利益和维多利亚女皇朝代的任何大事件一样。"

8.3　图的矩阵表示

　　一个图可以用数学定义来描述，也可以用图形来表示。现在介绍一种代数表示图的方法——图的矩阵表示法。矩阵是研究图的最有效工具之一，它便于用代数知识研究图的性质，特别便于计算机存储。利用矩阵将图的问题转化为数字计算问题，从而使对图的研究借助于计算机来进行。

　　由于矩阵的行列有固定的顺序，因此在用矩阵表示图之前，必须将图的节点和边编号，才能写出有关矩阵。

8.3.1　无向图的关联矩阵

定义 8.8　设无向图 $G=<V, E>$ 的节点集为 $V = \{v_1, v_2, \cdots v_n\}$，边集为 $E = \{e_1, e_2, \cdots, e_m\}$，

则矩阵 $M(G) = (m_{ij})_{n \times m}$ 称为 G 的关联矩阵，其中

$$m_{ij} = \begin{cases} 1, & \text{若} v_i \text{关联} e_j \\ 0, & \text{若} v_i \text{不关联} e_j \end{cases}$$

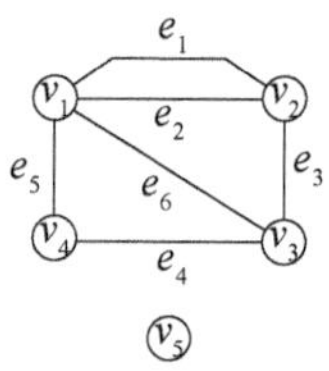

图 8-30

例 8.9 写出无向图 8-30 的关联矩阵。

解 图 8-30 的关联矩阵是 5 行 6 列的矩阵，用矩阵中的 5 行分别对应图中 5 个节点 $V = \{v_1, v_2, \cdots, v_5\}$，6 列分别对应图中 6 条边 $E = \{e_1, e_2, \cdots, e_6\}$。

$$M(G) = \begin{pmatrix} & e_1 & e_2 & e_3 & e_4 & e_5 & e_6 \\ v_1 & 1 & 1 & 0 & 0 & 1 & 1 \\ v_2 & 1 & 1 & 1 & 0 & 0 & 0 \\ v_3 & 0 & 0 & 1 & 1 & 0 & 1 \\ v_4 & 0 & 0 & 0 & 1 & 1 & 0 \\ v_5 & 0 & 0 & 0 & 0 & 0 & 0 \end{pmatrix} \Rightarrow M(G) = \begin{pmatrix} 1 & 1 & 0 & 0 & 1 & 1 \\ 1 & 1 & 1 & 0 & 0 & 0 \\ 0 & 0 & 1 & 1 & 0 & 1 \\ 0 & 0 & 0 & 1 & 1 & 0 \\ 0 & 0 & 0 & 0 & 0 & 0 \end{pmatrix}$$

注意： 图 8-30 的关联矩阵是 5 行 6 列的矩阵，其中第 1 列和第 1 行是为了说明关联矩阵的构成而标上去的。

从无向图的关联矩阵中，可以看出图形的一些性质。

（1）图中每一边关联两个节点，故 **M（G）** 的每一列中只有两个 1。

（2）每一行中元素的和数是对应节点的度数。

（3）一行中元素全为 0，其对应的节点为孤立节点。

（4）两个平行边对应的两列元素相同。

（5）关联矩阵中所有 1 的和是该无向图的边的个数的 2 倍。

8.3.2 有向图的关联矩阵

定义 8.9 设有向图 $D = <V, E>$ 的节点集为 $V = \{v_1, v_2, \cdots, v_n\}$，边集为 $E = \{e_1, e_2, \cdots, e_m\}$，则矩阵 $M(D) = (m_{ij})_{n \times m}$ 称为 **D** 的关联矩阵，其中

$$m_{ij} = \begin{cases} 1, & \text{若结点} v_i \text{是} e_j \text{的起点} \\ -1, & \text{若结点} v_i \text{是} e_j \text{的终点} \\ 0, & \text{若结点} v_i \text{与} e_j \text{不关联} \end{cases}$$

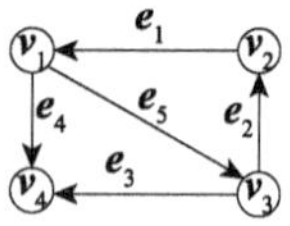

例 8.10 写出有向图 8-31 的关联矩阵。

解 图 8-31 的关联矩阵是 4 行 5 列的矩阵，用矩阵中的 4 行分别对应图中 4 个节点 $V = \{v_1, v_2, v_3, v_4\}$，5 列分别对应图中 5 条边 $E = \{e_1, e_2, \cdots, e_5\}$。

图 8-31

$$M(D) = \begin{pmatrix} & e_1 & e_2 & e_3 & e_4 & e_5 \\ v_1 & -1 & 0 & 0 & 1 & 1 \\ v_2 & 1 & -1 & 0 & 0 & 0 \\ v_3 & 0 & 1 & 1 & 0 & -1 \\ v_4 & 0 & 0 & -1 & -1 & 0 \end{pmatrix} \Rightarrow M(D) = \begin{pmatrix} -1 & 0 & 0 & 1 & 1 \\ 1 & -1 & 0 & 0 & 0 \\ 0 & 1 & 1 & 0 & -1 \\ 0 & 0 & -1 & -1 & 0 \end{pmatrix}$$

同样，从有向图的关联矩阵中，可以看出图形的一些性质。

（1）图中每一边关联两个节点，故 $M(G)$ 的每一列中有一个 1 和一个 -1。

（2）每一行中 1 的和对应该节点的出度，每一行中 -1 的和对应该节点的入度。

（3）一行中元素全为 0，则其对应的节点为孤立节点。

（4）两个平行边对应的两列元素相同。

（5）关联矩阵中 -1 的个数和 1 的个数相等，均等于有向图中边的个数。

8.3.3 无向图的邻接矩阵

定义 8.10 设无向图 $G=<V,E>$ 的节点集为 $V = \{v_1, v_2, \cdots, v_n\}$，则 n 阶方矩 $A(G) = (a_{ij})_{n \times n}$ 称为 G 的邻接矩阵，其中

图 8-32

$$a_{ij} = \begin{cases} 1 & 若 v_i 与 v_j 邻接 \\ 0 & 若 v_i 与 v_j 不邻接 \end{cases}$$

例 8.11 写出无向图 8-32 的邻接矩阵。

解 图 8-32 的邻接矩阵是 4 行 4 列的矩阵，因为它有 4 个节点，故用矩阵中的 4 行分别对应图中 4 个节点 $V = \{v_1, v_2, v_3, v_4\}$，4 列同样分别对应图中 4 个节点 $V = \{v_1, v_2, v_3, v_4\}$。

$$A(G) = \begin{pmatrix} & v_1 & v_2 & v_3 & v_4 \\ v_1 & 0 & 1 & 1 & 1 \\ v_2 & 1 & 0 & 1 & 0 \\ v_3 & 1 & 1 & 0 & 0 \\ v_4 & 1 & 0 & 0 & 0 \end{pmatrix} \Rightarrow A(G) = \begin{pmatrix} 0 & 1 & 1 & 1 \\ 1 & 0 & 1 & 0 \\ 1 & 1 & 0 & 0 \\ 1 & 0 & 0 & 0 \end{pmatrix}$$

例 8.12 已知无向图的相邻矩阵如下，试画出相应的无向图。

$$A(G) = \begin{pmatrix} 0 & 1 & 0 & 1 & 1 & 0 \\ 1 & 0 & 1 & 0 & 1 & 1 \\ 0 & 1 & 0 & 0 & 0 & 1 \\ 1 & 0 & 0 & 0 & 1 & 0 \\ 1 & 1 & 0 & 1 & 0 & 1 \\ 0 & 1 & 1 & 0 & 1 & 0 \end{pmatrix}$$

图 8-33

解 画法：先确定节点，再用行确定边，6 行显示有 6 个节点，第一行显示节点 v_1 与

点 v_2、v_4、v_5 是相邻接的，所以画节点 v_1 与节点 v_2、v_4、v_5 三条线，其他节点做法相同，结果为图 8-33。

注意：①两个点是邻接指的是这两个点间只有一条边相连，即这两个点是能互通的最近的点；

②简单无向图的邻接矩阵主对角线上元素均为 0；是对称矩阵；每一行各元素的和等于该节点的度数。

例 8.13 写出有向图 8-34 的邻接矩阵。

解 图 8-34 的邻接矩阵是 4 行 4 列的矩阵，因为它有 4 个节点，故用矩阵中的 4 行分别对应图中 4 个节点 $V = \{v_1, v_2, v_3, v_4\}$，4 列同样分

图 8-34

别对应图中 4 个节点 $V = \{v_1, v_2, v_3, v_4\}$。

$$A(G) = \begin{array}{c} \\ v_1 \\ v_2 \\ v_3 \\ v_4 \end{array} \begin{pmatrix} v_1 & v_2 & v_3 & v_4 \\ 0 & 0 & 0 & 1 \\ 1 & 0 & 0 & 0 \\ 1 & 1 & 0 & 1 \\ 0 & 1 & 1 & 0 \end{pmatrix} \Rightarrow A(G) = \begin{pmatrix} 0 & 0 & 0 & 1 \\ 1 & 0 & 0 & 0 \\ 1 & 1 & 0 & 1 \\ 0 & 1 & 1 & 0 \end{pmatrix}$$

注意：①有向图中两个点是邻接的是有方向的，指的是这两个点间沿着箭头方向只有一条边相连，即这两个点是能通的最近的点；

②简单有向图的邻接矩阵主对角线上元素均为 0；但不是对称矩阵；每一行各元素的和等于该节点的出度，每一列各元素的和等于该节点的入度。

【能力训练8.3】

1. 写出图 8-35 所示无向图的关联矩阵和邻接矩阵。

2. 写出图 8-36 所示有向图的关联矩阵和邻接矩阵。

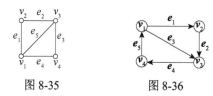

图 8-35　　　　　图 8-36

3. 已知有向图 D 的关联矩阵如下，请画出相应的无向图。

$$M(D) = \begin{bmatrix} 1 & -1 & 1 & 0 & 0 & 0 & 0 \\ -1 & 0 & 0 & 1 & 0 & 0 & 0 \\ 0 & 0 & -1 & -1 & 1 & -1 & 0 \\ 0 & 1 & 0 & 0 & -1 & 0 & -1 \\ 0 & 0 & 0 & 0 & 0 & 1 & 1 \end{bmatrix}$$

4. 已知无向图 G 的邻接矩阵如下，请画出相应的无向图。

$$A(G) = \begin{bmatrix} 0 & 1 & 0 & 0 & 1 & 0 \\ 1 & 0 & 1 & 1 & 0 & 1 \\ 0 & 1 & 0 & 0 & 0 & 0 \\ 0 & 0 & 0 & 0 & 0 & 0 \\ 1 & 0 & 0 & 1 & 0 & 1 \\ 0 & 0 & 0 & 0 & 1 & 0 \end{bmatrix}$$

【数学文化】图论创始人欧拉

　　欧拉是瑞士数学家及自然科学家，于 1707 年 4 月 15 日出生于瑞士的巴塞尔，1783 年 9 月 18 日于俄国的彼得堡去世。欧拉出生在牧师家庭，父亲对欧拉的教育从很小的时候就开始了。所以，欧拉 13 岁就入读了巴塞尔大学，15 岁就完成了大学课程，16 岁就获得了硕士学位。

　　作为牧师的父亲希望欧拉学习神学，但年轻的欧拉却对数学感兴趣。由于欧拉的突出表现，在大学期间，他就深受约翰·伯努利喜爱，伯努利对欧拉进行了特别指导，欧拉专心研究数学，18 岁时彻底地放弃当牧师的想法而专攻数学，19 岁时开始创作撰写文章，并获得了巴黎科学院奖金。

　　1727 年，丹尼尔·伯努利推荐欧拉到俄国的彼得堡科学院进行数学研究工作。1731 年，欧拉接替了丹尼尔·伯努利，成为一名物理学教授。

　　在俄国的 14 年中，他坚持不懈地投身研究工作，在分析学、数论及力学方面均有特别突出的成果。此外，在俄国政府的要求下，欧拉把数学研究应用到多领域中，解决了不少如地图学、造船业等领域的实际问题。1735 年，欧拉过度的工作致使右眼失明。1741 年，在普鲁士的腓特烈大帝强烈邀请下，欧拉来到了德国，并担任德国科学院物理数学所所长一职。他在柏林期间，大大地拓展了研究的领域，如行星运动、刚体运动、热力学、弹道学、人口学等，数学研究与欧拉的这些工作互相推动着。同时期，欧拉在微分方程、曲面微分几何及其他数学领域均有创造性的发现。

　　1766 年，应俄国沙皇喀德林二世敦的聘请，近 60 岁的欧拉重新回到彼得堡。1771 年的一场重病使他的左眼也完全失明。但他以顽强的毅力和惊人的记忆力以及心算技巧一直持续进行着科学研究。在助手的帮助下，通过讨论以及直接口授等方式，欧拉完成了大量的科学创作，直到生命的最后一刻。

　　欧拉是 18 世纪数学界最杰出的科学家之一，他不但为数学界做出了突出贡献，更是将数学推到整个物理的绝大部分领域。此外，在整个数学史上欧拉是最多产的数学家，他写了大量的力学、分析学、几何学、微积分法的书籍，《无穷小分析引论》（1748）、《微分学原理》（1755）以及《积分学原理》（1768—1770）都成为数学中的经典著作。

　　欧拉一生最大的功绩是拓展了微积分的领域，为微分几何及分析学的一些重要分支（如无穷级数、微分方程等）的产生与发展奠定了基础。欧拉将无穷级数从一般的运算工具转变成一门重要的研究科目。此外，欧拉也深入研究了调和级数，并非常精确地计算出欧拉常数 γ 的近似值为 0.577 215 664 901 532 860 606 512 09...

　　18 世纪中期，欧拉和其他数学家需解决很多物理方面的问题，他在研究过程中，创立了微分方程学。在常微分方程方面，欧拉完美地得出了 n 阶常系数线性齐次方程求解的解决方案，对于非齐次方程，欧拉提出了全新的降阶的求解法；而在偏微分方程方面，欧拉将二维物体振动的问题，归纳总结出了一、二、三维波动方程的求解法。欧拉撰写的《方程的积分法研究》开创了偏微分方程在纯数学研究中的第一文。

　　在微分几何方面（微分几何是研究曲线、曲面逐点变化性质的数学分支），大家熟悉的空间曲线的参数方程就是欧拉引入的，他给出了空间曲线曲率半径的解析表达方式，为解决空间几何问题奠定了基础。欧拉对微分几何最重要的贡献《关于曲面上曲线的研究》于 1766 年出版，更是微分几何发展史上一个里程碑。大家熟悉的曲面表示为 $z=f(x, y)$ 就是欧拉提出的，为了学习和研究的方便，他引入了一系列标准符号表示 z 对 x、y 的偏导数，这些符号已纳入到教科书中。此外，在该著作中，他还得到了曲面在任意截面上截线的曲率公式。

　　欧拉在分析学上的贡献不胜枚举，如他引入了 G 函数和 B 函数，证明了椭圆积分的加法定理，欧拉最早引进二重积分学等，为分析学奠定了坚实的基础。

　　在代数学方面，他创造发现了任意一个实系数多项式一定可以分解为一次或二次因子的乘积。欧拉还得出了费马小定理的三个证明，并引入了数论中重要的欧拉函数 $\varphi(n)$，经过欧拉研究过的数论的一系列成果为数论成为数学中的一个独立分支奠定了基础。欧拉还用解析方法讨论了数论问题。他还解决了著名的歌尼斯堡七桥问题，为近代数学图论奠定了基础。

8.4　最短路问题

　　在日常生活中，有很多管理、组织计划问题是网络优化问题，如企业如何制订管理计划和设备采购计划使收益最大或成本最低；在组织生产中，如何安排工序使生产任务完成成本最低；在交通网络中，如何安排物流使运输成本最低等，这些问题借助网络最短路方案解决会非常便捷。

　　案例 8.3　有 A、B、C、D、E、F 六个村子，如图 8-37 所示。各村之间的距离已知（边上的数字），各村的学生数分别如下：A 村有 50 人，B 村有 40 人，C 村有 60 人，D 村有 20 人，E 村有 70 人，F 村有 90 人。现要在公路旁的 D 村或 E 村建一所学校，问校址选在何处，才能使所有学生所走的总路程最短？

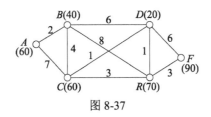

图 8-37

案例 8.3 的解决方案是考察学校建在 D、E 两村中哪个村能使所有的学生获益最大，学生在该问题的获益应该是走的路少，所以，需要算所有村的全体学生走到 D 或 E 村的总路程，再加以比较，每个村子到 D 或 E 村的路有很多，通常会走最短的一条路，该题就归结为寻找最短路的问题了。

定义 8.11 若图 $G=(V, E)$ 中每一条边 e 附加一个实数 $w(e)$，则称 $w(e)$ 为边 e 的权（有时也可说是边的"长"）。

定义 8.12 图 G 的边上有权，该图 G 连同它的边上的权称为带权图，记为 $G=(V, E, w)$。

定义 8.13 在带权图中给定两个节点 v_i 与 v_j，如果从 v_i 到 v_j 有多条通路，构成某通路上所有权的和就称为该通路的"长度"；从 v_i 到 v_j 的所有通路中，"长度"最小的通路称为从 v_i 到 v_j 的最短通路。

在图 8-37 中，点 D 到 F 的最短通路是"DEF"（长度＝4）。

当从一地到另一地有多条通路时，常常会提出寻找距离最短、需时最少、费用最省等的路径问题。这样的问题可归结如下：在一个有 n 个节点和 m 条边的带权图上，寻找一条从节点 s 到节点 t 的最短通路，使得通路上各边上的权的总和最小。

权可以是距离、时间、运费、流量等，对不同的问题可进行不同内容最短分析。下面介绍的最短路径搜索的算法是迪克斯彻（Dijkstra）在 1959 年提出的，被公认为是最好的算法之一。它的基本思想如下：把图的顶点分为 A，B 两类，若起始点 u 到某顶点 x 的最短通路已经求出，则将 x 归入 A，其余归入 B，开始时 A 中只有 u，随着程序运行，B 的元素逐个转入 A，直到目标顶点 v 转入后结束。

无向图的 Dijkstra 算法的步骤如下。

G 是带权无向图，求节点 a 到 G 的任意节点 v 的最短路。

（1）令 $A=\{a\}$，B 包括图 G 中去掉节点 a 的所有剩余部分；

（2）对 B 中直接和 A 中某些节点邻接的那些节点进行考察，找出与起点 a 距离最短的一个节点 v（若存在多个，则任选一个），记录这条最短路的长度，记为 $d(v)$；

（3）将找出的节点 v 从 B 中划到 A 中，并在 A 中增加点 a 与点 v 间最短的边；在 B 中减去与点 v 间的这条边；

（4）重复步骤（2）、步骤（3），直到终点出现在 A 中为止。

例8.14 求出图8-38中节点 V_1 到其他所有节点间的最短路，并标记出来。

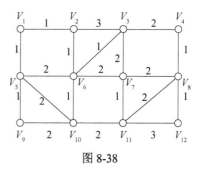

图 8-38

解（1）令 $A=\{V_1\}$，B 包括图8-38中去掉节点 V_1 的所有剩余部分；

（2）对 B 中直接和 A 中节点 V_1 邻接的节点 V_2、V_5 进行考察，找出与起点 V_1 距离最短的一个节点 V_5（V_2、V_5 相同，任选一个），记录这条最短路的长度，记作 $d(V_5)=1$；

（3）将找出的节点 V_5 从 B 中划到 A 中，并在 A 中增加所选点 V_5 与点 V_1 间的边；在 B 中减去这条边，如图8-39（a）所示；

（4）$A=\{V_1, V_5\}$，B 包括去掉节点 V_1、V_5 及所选的边的所有剩余部分；

（5）B 中直接对 A 中节点 V_1、V_5 邻接的节点 V_2、V_6、V_9、V_{10} 进行考察，找出与起点 V_1 距离最短的一个节点 V_2，记录这条最短路的长度，记为 $d(V_2)=1$；

（6）将找出的节点 V_2 从 B 中划到 A 中，并在 A 中增加所选点 V_2 与点 V_1 间的边；在 B 中减去这条边，如图8-39（b）所示；

（7）$A=\{V_1, V_5, V_2\}$，B 包括去掉节点 V_1、V_5、V_2 及所选的边的所有剩余部分；

（8）B 中直接对 A 中节点 V_1、V_5、V_2 邻接的节点 V_3、V_6、V_9、V_{10} 进行考察，找出与起点 V_1 距离最短的一个节点 V_6，记录这条最短路的长度，记为 $d(V_6)=2$；

（9）将找出的节点 V_6 从 B 中划到 A 中，如图8-39（c）所示；

（10）$A=\{V_1, V_5, V_2, V_6\}$，$B=\{V_3, V_4, V_7, V_8, V_9, V_{10}, V_{11}, V_{12}\}$；

（11）B 中直接对 A 中节点 V_1、V_5、V_2、V_6 邻接的节点 V_3、V_7、V_9、V_{10} 进行考察，找出与起点 V_1 距离最短的一个节点 V_9，记录这条最短路的长度，记为 $d(V_9)=2$；

（12）将找出的节点 V_9 从 B 中划到 A 中，如图8-39（d）所示；

（13）$A=\{V_1, V_5, V_2, V_6, V_9\}$，$B=\{V_3, V_4, V_7, V_8, V_{10}, V_{11}, V_{12}\}$；

（14）B 中直接对 A 中节点 V_1、V_5、V_2、V_6、V_9 邻接的节点 V_3、V_7、V_{10} 进行考察，找出与起点 V_1 距离最短的一个节点 V_3，记录这条最短路的长度，记为 $d(V_3)=3$；

（15）将找出的节点 V_3 从 B 中划到 A 中，如图8-39（e）所示；

（16）重复前面的步骤，可依次得到 $d(V_{10})=3$；$d(V_7)=4$；$d(V_4)=5$；$d(V_{11})=5$；$d(V_8)=6$；$d(V_{12})=7$，如图8-39（f）所示。

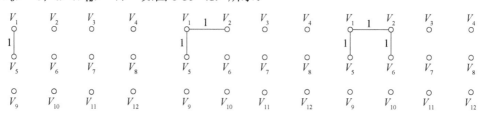

(a) (b) (c)

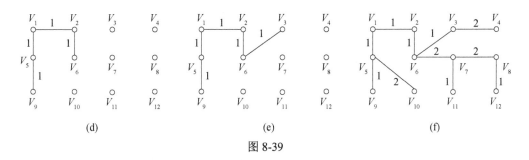

图 8-39

Dijkstera 算法也可以利用列表的方法求最短路，当节点不多时求解过程显得很简明。仍以例 8.14 为例，其步骤如下。

（1）第 0 圈：将 A 中节点 V_1 邻接的节点 V_2、V_5 的最短路长 1 分别填入，将 A 中节点 V_1 不邻接的节点间距离记为 ∞。

（2）第 1 圈：选择和 A 中节点 V_1 邻接的节点 V_2、V_5 的中最短节点 V_5，最短路长用方框标记出来，同时标出该最短路径中该点的前一个节点。

（3）第 2 圈：标出和 A 中节点 V_1、V_5 邻接的节点 V_2、V_6、V_9、V_{10} 到 V_1 的最短路长，选出数字最小的，并用方框标出，同时标出该最短路径中该点的前一个节点。

（4）后面的每圈重复前面的做法。最终得到表 8-1。

表 8-1

圈数	V_1	V_2	V_3	V_4	V_5	V_6	V_7	V_8	V_9	V_{10}	V_{11}	V_{12}
0	$\boxed{0}$	1	∞	∞	1	∞	∞	∞	∞	∞	∞	∞
1		1	∞	∞	$\boxed{1}/V_1$	∞	∞	∞	∞	∞	∞	∞
2		$\boxed{1}/V_1$	∞	∞		3	∞	∞	2	3	∞	∞
3			4	∞		$\boxed{2}/V_2$	∞	∞	2	3	∞	∞
4			3	∞			4	∞	$\boxed{2}/V_5$	3	∞	∞
5			$\boxed{3}/V_6$	∞			4	∞		3	∞	∞
6				5			4	∞		$\boxed{3}/V_5$	∞	∞
7				5			$\boxed{4}/V_6$	∞			5	∞
8			$\boxed{5}/V_3$					6			5	∞
9								6			$\boxed{5}/V_7$	∞
10							$\boxed{6}/V_7$					8
11												$\boxed{7}/V_8$
	0	1	3	5	1	2	4	6	2	3	5	7

（5）最短路径可以通过逆推得到：

V_1 到 V_2 的最短路长为 1，最短路径 V_1V_2；

V_1 到 V_3 的最短路长为 3，最短路径 $V_1V_2V_6V_3$；

V_1 到 V_4 的最短路长为 5，最短路径 $V_1V_2V_6V_3V_4$；

V_1 到 V_5 的最短路长为 1，最短路径 V_1V_5；

V_1 到 V_6 的最短路长为 2，最短路径 $V_1V_2V_6$；

V_1 到 V_7 的最短路长为 4，最短路径 $V_1V_2V_6V_7$；

V_1 到 V_8 的最短路长为 7，最短路径 $V_1V_2V_6V_7V_8$；

V_1 到 V_9 的最短路长为 2，最短路径 $V_1V_5V_9$；

V_1 到 V_{10} 的最短路长为 3，最短路径 $V_1V_5V_{10}$；

V_1 到 V_{11} 的最短路长为 5，最短路径 $V_1V_2V_6V_7V_{11}$；

V_1 到 V_{12} 的最短路长为 7，最短路径 $V_1V_2V_6V_7V_8 V_{12}$。

注意： 从图 8-39 中可以看出，通过人工寻找最短路，当网络图复杂时，很难完成，本节通过例 8.14 学习了 Dijkstra 算法的原理，利用编写程序很快即可得到结果。

【案例 8.3 的解答】（1）校址选在 D 村时，各村到 D 村的最短路径和路长分别如下：A 到 D:$ABCD \rightarrow 7$。B 到 D:$BCD \rightarrow 5$。C 到 D:$CD \rightarrow 1$。E 到 D:$ED \rightarrow 1$。F 到 D:$FED \rightarrow 4$。若选在 D，则所有学生步行上学的总长度为

$$7 \times 50 + 5 \times 40 + 1 \times 60 + 1 \times 70 + 4 \times 90 = 1\ 040$$

（2）校址选在 E 村时，各村到 E 村的最短路径和路长分别如下。A 到 E:$ABCDE \rightarrow 8$。B 到 E:$BCDE \rightarrow 6$。C 到 E:$CDE \rightarrow 2$。D 到 E:$DE \rightarrow 1$。F 到 E:$FE \rightarrow 3$。若选在 E，则所有学生步行上学的总长度为

$$8 \times 50 + 6 \times 40 + 2 \times 60 + 1 \times 20 + 3 \times 90 = 1\ 050$$

综上，校址应选在 D 村。

有向图的 Dijkstra 算法（双标号法）如下：对图中的任意节点 V_i 赋予两个标号（$d(V_i)$，N_i），第一个标号 $d(V_i)$ 表示从起点 V_1 到 V_i 的最短路长，第二个标号 N_i 表示在 V_1 到 V_i 的最短路径上，V_i 前面一个邻接点的下标即用来表示路径，对终点到起点进行反向追踪，即可找到 V_1 到 V_m 的最短路。基本步骤如下。

（1）给起点 V_1 标号（0，1）；

（2）找出已标号的点的集合 A，没有标号的点的集合 B，求出边集

$$X = \left\{ (V_i, V_j) \middle| V_i \in A, V_j \in B \right\}$$

（3）对于边集 X 的每一条边（V_i，V_j），计算 $T_{ij} = d(V_i) + w_{ij}$[其中，w_{ij} 是边（V_i，V_j）的权]，找出边（V_s，V_t）使得 $T_{st} = \min\{T_{ij}\}$。

（4）给边（V_s，V_t）的终点 V_t 赋予双标号（$d(V_t)$，s），其中 $d(V_t) = T_{st}$。返回步骤（2）。

例 8.15 求带权图 8-40 从节点 V_1 到节点 V_9 的最短通路。

解 （1）给起点 V_1 标号（0，1）；

（2）已标号的点的集合 $A = \{V_1\}$，没有标号的点的集合 $B = \{V_2, V_3, V_4, V_5, V_6, V_7, V_8, V_9\}$，边集

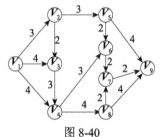

图 8-40

$$\boldsymbol{X} = \left\{ (V_i, V_j) \mid V_i \in \boldsymbol{A}, V_j \in \boldsymbol{B} \right\} = \{ (V_1, V_2), (V_1, V_3), (V_1, V_4) \}$$

$$T_{12} = d(V_1) + w_{12} = 0 + 3 = 3 \; ; \quad T_{13} = d(V_1) + w_{13} = 0 + 4 = 4 \; ; \quad T_{14} = d(V_1) + w_{14} = 4$$

$$\min \{ T_{12}, T_{13}, T_{14} \} = T_{12} = 3$$

给边（V_1，V_2）的终点 V_2 赋予双标号（3，1）。

（3）已标号的点的集合 $A = \{ V_1, V_2 \}$，没有标号的点的集合 $B = \{ V_3, V_4, V_5, V_6, V_7, V_8, V_9 \}$，边集为

$$X = \left\{ (V_i, V_j) \mid V_i \in \boldsymbol{A}, V_j \in \boldsymbol{B} \right\} = \{ (V_2, V_5), (V_1, V_3), (V_1, V_4) \}$$

$$T_{25} = d(V_2) + w_{25} = 3 + 3 = 6 \; ; \quad T_{13} = d(V_1) + w_{13} = 0 + 4 = 4 \; ; \quad T_{14} = d(V_1) + w_{14} = 4$$

$$\min \{ T_{25}, T_{13}, T_{14} \} = T_{13} = 4$$

给边（V_1，V_3）的终点 V_3 赋予双标号（4，1）。

（4）已标号的点的集合 $A = \{ V_1, V_2, V_3 \}$，没有标号的点的集合 $B = \{ V_4, V_5, V_6, V_7, V_8, V_9 \}$，边集

$$X = \left\{ (V_i, V_j) \mid V_i \in \boldsymbol{A}, V_j \in \boldsymbol{B} \right\} = \{ (V_2, V_5), (V_3, V_4), (V_1, V_4) \}$$

$$T_{25} = d(V_2) + w_{25} = 3 + 3 = 6 \; ; \quad T_{34} = d(V_3) + w_{34} = 4 + 3 = 7 \; ; \quad T_{14} = d(V_1) + w_{14} = 4$$

$$\min \{ T_{25}, T_{34}, T_{14} \} = T_{14} = 4$$

给边（V_1，V_4）的终点 V_4 赋予双标号（4，1）。

（5）已标号的点的集合 $A = \{ V_1, V_2, V_3, V_4 \}$，没有标号的点的集合 $B = \{ V_5, V_6, V_7, V_8, V_9 \}$，边集

$$X = \left\{ (V_i, V_j) \mid V_i \in \boldsymbol{A}, V_j \in \boldsymbol{B} \right\} = \{ (V_2, V_5), (V_4, V_6), (V_4, V_8) \}$$

$$T_{25} = d(V_2) + w_{25} = 3 + 3 = 6 \; ; \quad T_{46} = d(V_4) + w_{46} = 4 + 3 = 7 \; ; \quad T_{48} = d(V_4) + w_{48} = 4 + 4 = 8$$

$$\min \{ T_{25}, T_{46}, T_{48} \} = T_{25} = 6$$

给边（V_2，V_5）的终点 V_5 赋予双标号（6，2）。

（6）已标号的点的集合 $A = \{ V_1, V_2, V_3, V_4, V_5 \}$，没有标号的点的集合 $B = \{ V_6, V_7, V_8, V_9 \}$，边集

$$X = \left\{ (V_i, V_j) \mid V_i \in \boldsymbol{A}, V_j \in \boldsymbol{B} \right\} = \{ (V_5, V_9), (V_4, V_6), (V_4, V_8) \}$$

$$T_{59} = d(V_5) + w_{59} = 6 + 4 = 10 \; ; \quad T_{46} = d(V_4) + w_{46} = 4 + 3 = 7 \; ; \quad T_{48} = d(V_4) + w_{48} = 4 + 4 = 8$$

$$\min \{ T_{59}, T_{46}, T_{48} \} = T_{46} = 7$$

给边（V_4，V_6）的终点 V_6 赋予双标号（7，4）。

（7）已标号的点的集合 $A = \{ V_1, V_2, V_3, V_4, V_5, V_6 \}$，没有标号的点的集合 $B = \{ V_7, V_8, V_9 \}$，边集

$$X = \left\{ (V_i, V_j) \mid V_i \in \boldsymbol{A}, V_j \in \boldsymbol{B} \right\} = \{ (V_5, V_9), (V_6, V_7), (V_4, V_8) \}$$

$$T_{59} = d(V_5) + w_{59} = 6 + 4 = 10 \; ; \quad T_{67} = d(V_6) + w_{67} = 7 + 2 = 9 \; ; \quad T_{48} = d(V_4) + w_{48} = 4 + 4 = 8$$

$$\min \{ T_{59}, T_{67}, T_{48} \} = T_{48} = 8$$

给边（V_4，V_8）的终点 V_8 赋予双标号（8，4）。

（8）已标号的点的集合 $A=\{V_1, V_2, V_3, V_4, V_5, V_6, V_8\}$，没有标号的点的集合 $B=\{V_7, V_9\}$，边集

$$X = \left\{(V_i, V_j)\mid V_i \in A, V_j \in B\right\} = \{(V_5, V_9),(V_6, V_7),(V_8, V_9)\}$$

$T_{59} = d(V_5) + w_{59} = 6 + 4 = 10$；$T_{67} = d(V_6) + w_{67} = 7 + 2 = 9$；$T_{89} = d(V_8) + w_{89} = 8 + 4 = 12$

$$\min\{T_{59}, T_{67}, T_{89}\} = T_{67} = 9$$

给边（V_6，V_7）的终点 V_7 赋予双标号（9，6）。

（9）已标号的点的集合 $A=\{V_1, V_2, V_3, V_4, V_5, V_6, V_8, V_7\}$，没有标号的点的集合 $B=\{V_9\}$，边集

$$X = \left\{(V_i, V_j)\mid V_i \in A, V_j \in B\right\} = \{(V_5, V_9),(V_7, V_9),(V_8, V_9)\}$$

$T_{59} = d(V_5) + w_{59} = 6 + 4 = 10$；$T_{79} = d(V_7) + w_{79} = 9 + 2 = 11$；$T_{89} = d(V_8) + w_{89} = 8 + 4 = 12$

$$\min\{T_{59}, T_{79}, T_{89}\} = T_{59} = 10$$

给边（V_5，V_9）的终点 V_9 赋予双标号（10，5）。

对终点到起点进行反向追踪，即可找到 V_1 到 V_9 的最短路长为10，最短路径为 $V_1 V_2 V_5 V_9$。

【能力训练8.4】

1. 一个城市的街道以及长度如图 8-41 所示，求管理中心 a 到其余街道的最短距离，要求写出全部步骤。

2. 设 6 个城市 $v_1, v_2, \cdots, v_6$ 之间的一个公路网络的距离矩阵如下：

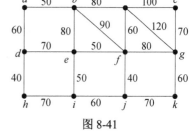

图 8-41

$$L = \begin{array}{c|cccccc} & v_1 & v_2 & v_3 & v_4 & v_5 & v_6 \\ \hline v_1 & 0 & 5 & 2 & \infty & \infty & \infty \\ v_2 & 5 & 0 & 1 & 5 & 9 & \infty \\ v_3 & 2 & 1 & 0 & 8 & 10 & \infty \\ v_4 & \infty & 5 & 8 & 0 & 2 & 5 \\ v_5 & \infty & 9 & 10 & 2 & 0 & 2 \\ v_6 & \infty & \infty & \infty & 5 & 2 & 0 \end{array}$$

（1）请画出 6 个城市之间的网络图，并标出它们之间的距离。

（2）设你处在城市 v_1，那么从 v_1 到 v_6 应选择哪一路径才能使花费最省？

【数学文化】数学方法之美

19 世纪德国数学家狄利克莱（1805—1859）最先明确提出抽屉原理，人们又称其为狄利克莱原理，又叫鸽笼原理，并用于解决许多数学问题。抽屉原理是组合数学中一个最基本的原理，可以用来解决许多涉及存在性的组合问题。抽屉原理虽然简单，但是有着广泛而深刻的应用，有时有着意想不到的效果。

公元前 500 年的齐国有一位富有经验的政治家晏婴，他足智多谋，经常用一些数学原理处理小到个人大到国家策略的事情。在《晏子春秋》里记载了一个"二桃杀三士"的故事。

国王齐景公有田开疆、公孙接和古治子三名勇士。这三名勇士都力大无比，英勇善战，为齐景公立下过汗马功劳。因此，他们在朝堂上经常目空一切，连齐国宰相晏婴都不放在眼里。晏婴对这三人是又恼又恨，常常劝齐景公杀掉他们。齐景公对晏婴言听计从，但担心万一没杀掉他们反被他们联手夺了王权。于是晏婴献计给国王齐景公：用国王齐景公的名义奖赏三位勇士两个桃子，请他们自己按功劳大小分吃桃子。

这三名勇士都认为自己功劳非常大，理应单独吃一个桃子。首先，公孙接讲述了自己当初打虎的功劳，得到了一只桃子；田开疆讲述了自己护国杀敌的功劳，也分得了一只桃子。这两位勇士正要吃桃时，第三位勇士古治子讲述了自己更大的功劳。田开疆、公孙接听后觉得古治子功劳确实大过自己，顿感羞愧万分，两位勇士纷纷拔剑自刎。古治子见了后悔不迭，心想："如果放弃桃子不讲功劳，则有失勇士威严；但若争功请赏羞辱同伴，又有损兄弟情义。现在两位兄弟都为此断送了性命，我还独自活着有何意义？"于是，古治子一声长叹，拔出剑也结束了自己的生命。

晏婴采用借"桃"杀人的办法轻易地除去了心腹之患。这里，他就利用了数学中的简单而有用的抽屉原理。

附录 MATLAB 软件基础

附录 A MATLAB 概述

MATLAB 是 MATrix LABoratory（矩阵实验室）的缩写，是由美国 MathWorks 公司开发的集数值计算、符号计算和图形可视化三大基本功能于一体的，功能强大、操作简单的语言，是国际公认的优秀数学应用软件之一。

现在，MATLAB 已经成为线性代数、数值分析、数理统计、优化方法、自动控制、数字信号处理、动态系统仿真等课程的基本教学工具。特别是最近几年，MATLAB 在国内和国际数学建模竞赛中的广泛应用，为参赛者在有限的时间内准确、有效地解决问题提供了有力的保证。

A.1 MATLAB 桌面平台

桌面平台是各桌面组件的展示平台，默认设置情况下的桌面平台包括 6 个窗口，具体如下。

1. MATLAB 主窗口

MATLAB 7 比早期版本增加了一个主窗口。该窗口不能进行任何计算任务的操作，只用来进行一些整体的环境参数的设置。

2. 命令窗口

命令窗口（Command Window）是对 MATLAB 进行操作的主要载体，默认情况下，启动 MATLAB 时就会打开命令窗口。一般来说，MATLAB 的所有函数和命令都可以在命令窗口中执行。在 MATLAB 命令窗口中，命令的执行不仅可以由菜单操作来实现，也可以由命令行操作来实现，下面就详细介绍 MALTAB 命令行操作。

实际上，掌握 MALAB 命令行操作是进入 MATLAB 世界的第一步，命令行操作实现了对程序设计而言简单而又重要的人-机交互，通过对命令行的操作，避免了编写程序的麻烦，体现了 MATLAB 特有的灵活性。

例如：

▌在命令窗口中输入 sin(pi/2)，然后按回车键，会得到该表达式的值

```
sin▌pi/2▌

ans=

     1
```

由此例可以看出，为求得表达式的值，只需按照 MALAB 语言规则将表达式输入即可，结果会自动返回，而不必像其他程序设计语言那样，编制冗长的程序来执行。

在 MATLAB 命令行操作中，有一些键盘按键可以提供特殊而方便的编辑操作。例如，"↑"可用于调出前一个命令行，"↓"可调出后一个命令行，避免了重新输入的麻烦。当然，下面即将讲到的历史窗口也具有此功能。

3. 历史窗口

默认设置下历史命令窗口会保留自安装时起所有命令的历史记录，并标明使用时间，以方便使用者的查询。双击某一行命令，即可在命令窗口中执行该命令。

4. 发行说明书窗口

发行说明书窗口用来说明用户所拥有的 MathWorks 公司产品的工具包、演示以及帮助信息。当选中该窗口中的某个组件之后，可以打开相应的窗口工具包。

5. 当前目录窗口

在当前目录窗口中可显示或改变当前目录，还可以显示当前目录下的文件，包括文件名、文件类型、最后修改时间以及该文件的说明信息等，并提供搜索功能。

6. 工作空间管理窗口

工作空间管理窗口是 MATLAB 的重要组成部分。在工作空间管理窗口中将显示所有目前保存在内存中的 MATLAB 变量的变量名、数据结构、字节数以及类型，而不同的变量类型分别对应不同的变量名图标。

A.2　MATLAB 帮助系统

MATLAB 提供了相当丰富的帮助信息，同时提供了获得帮助的方法。首先，可以通过桌面平台的【Help】菜单来获得帮助，也可以通过工具栏的帮助选项获得帮助。此外，MATLAB 也提供了在命令窗口中获得帮助的多种方法。例如：

```
>>help sin
  SIN Sine
    SIN(X) is the sine of the elements of X
Overloaded methods
    Help sym/sin.m
```

另外，也可以通过在组件平台中调用演示模型来获得特殊帮助。

附录 B　MATLAB 数值计算功能

MATLAB 强大的数值计算功能使其在诸多数学计算软件中傲视群雄，是 MATLAB 软件的基础。以下简要介绍 MATLAB 的数据类型、矩阵的建立及运算。

B.1　MATLAB 数据类型

MATLAB 的数据类型主要包括：数字、字符串、矩阵、单元型数据及结构型数据等。

1. 变量与常量

变量是任何程序设计语言的基本要素之一，MATLAB 语言当然也不例外。与常规的程序设计语言不同，MATLAB 并不要求事先对所使用的变量进行声明，也不需要指定变量类型，MATLAB 语言会自动依据所赋予变量的值或对变量所进行的操作来识别变量的类型。在赋值过程中，如果赋值变量已存在，MATLAB 语言将使用新值代替旧值，并以新值类型代替旧值类型。

MATLAB 中变量的命名应遵循如下规则。

（1）变量名区分大小写。

（2）变量名长度不超 31 位，第 31 个字符之后的字符将被 MATLAB 语言忽略。

（3）变量名以字母开头，可以是字母、数字、下画线，但不能使用标点。

MATLAB 本身也具有一些预定义的变量，这些特殊的变量称为常量。表 B-1 给出了 MATLAB 中经常使用的一些常量值。

表 B-1

常量	表 示 数 值
Pi	圆周率
Eps	浮点运算的相对精度
Inf	正无穷大
NaN	不定值
Realmax	最大的浮点数
i，j	虚数单位

在 MATLAB 中，定义变量时应避免与常量名重复。

2. MATLAB 的函数

MATLAB 的函数如表 B-2 所示。

表 B-2

函数名	解释	MATLAB 命令	函数名	解释	MATLAB 命令
三角函数	$\sin x$	sin(x)	反三角函数	$\arcsin x$	asin(x)
	$\cos x$	cos(x)		$\arccos x$	acos(x)
	$\tan x$	tan(x)		$\arctan x$	atan(x)
	$\cot x$	cot(x)		$\text{arccot} x$	acot(x)
	$\sec x$	sec(x)		$\text{arcsec} x$	asec(x)
	$\csc x$	csc(x)		$\text{arccsc} x$	acsc(x)
幂函数	x^a	x^a	对数函数	$\ln x$	log(x)
	$\sqrt{x}$	sqrt(x)		$\log_2 x$	log2(x)
指数函数	a^x	a^x		$\log_{10} x$	log10(x)
	e^x	exp(x)	绝对值函数	$|x|$	abs(x)

3. MATLAB 基本运算符

算术运算符如表 B-3 所示。

表 B-3

	数学表达式	MATLAB 运算符	MATLAB 表达式
加	$a+b$	+	a+b
减	$a-b$	−	a−b
乘	$a \times b$	*	a*b
除	$a \div b$	/或\	a/b 或 b\a
幂	a^b	^	a^b

关系运算符如表 B-4 所示。

表 B-4

数学关系	MATLAB 运算符	数学关系	MATLAB 运算符
小于	<	大于	>
小于或等于	<=	大于或等于	>=
等于	==	不等于	~=

逻辑运算符如表 B-5 所示。

表 B-5

逻辑关系	与	或	非
MATLAB 运算符	&	|	~

MALAB 是以矩阵为基本运算单元的，而构成数值矩阵的基本单元是数字。对于简单的数字运算，可以直接在命令窗口中以平常惯用的形式输入，如计算 1 和 2 的乘积再加 3 时，可以直接输入：

```
>> 1*2+3
ans=
    5
```

这里 "ans" 是指当前的计算结果，若计算时用户没有对表达式设定变量，系统会自动赋当前结果给 "ans" 变量。用户也可以输入：

```
>> a=1*2+3
a=
    5
```

此时系统会把计算结果赋给指定的变量 a。

例 B-1 求 $[12+2\times(7-4)]\div 3^2$。

解 用键盘在命令窗口中输入以下内容：

```
>> (12+2*(7-4))/3^2
```

按 Enter 键，该指令即被执行；命令窗口显示所得结果为

```
ans=
    2
```

例 B-2 求 $[12+2\times(7-4)]\div 3^2$。

解 输入命令：

```
>> y=(12+2*(7-4))/3^2
```

按回车键，结果显示如下。

```
y=
    2
```

例 B-3 已知 $y=f(x)=x^3-\sqrt[4]{x}+2.15\sin x$，求 $f(3)$。

解 输入命令：

```
>> x=3  y=x^3-x^(1/4)+2.15*sin(x)
```

按 Enter 键，结果显示如下。

```
y=
    25.9873
```

若一个表达式在一行写不下，则可换行，但必须在行尾加上四个英文句号。

例 B-4 求 $s=1-\dfrac{1}{2}+\dfrac{1}{3}-\dfrac{1}{4}+\dfrac{1}{5}-\dfrac{1}{6}+\dfrac{1}{7}-\dfrac{1}{8}$。

解 输入命令：

```
>> s=1-1/2+1/3-1/4+1/5-1/6+....
    1/7-1/8
```

按 Enter 键，结果显示如下。

```
s=
    0.6345
```

用"↑"键可重新显示以前使用过的语句。

例 B-5 求 $y_1=\dfrac{2\sin(0.3\pi)}{1+\sqrt{5}}$；$y_2=\dfrac{2\cos(0.3\pi)}{1+\sqrt{5}}$。

解　输入命令：

```
>> y1=2*sin(0.3*pi)/(1+sqrt(5))
```

按 Enter 键，结果显示如下。

```
y1=
    0.500 0
```

按"↑"键重新显示：

```
>> y1=2*sin(0.3*pi)/(1+sqrt(5))
```

按"←"键修改为

```
>> y2=2*cos(0.3*pi)/(1+sqrt(5))
```

按 Enter 键，显示结果为

```
y2=
    3 633
```

注意：　当命令行有错误时，MATLAB 会用红色字体提示；同一行中若有多个表达式，则必须用分号或逗号隔开，若表达式后面是分号，则不显示结果；y_1 输入指令为 y1。

B.2　矩阵及其运算

矩阵是 MATLAB 数据存储的基本单元，而矩阵的运算是 MATLAB 的核心，在 MATLAB 系统中几乎一切运算均是以对矩阵的操作为基础的。下面重点介绍矩阵的生成、矩阵的基本运算和矩阵的数组运算。

1. 矩阵的生成

1）直接输入法

从键盘上直接输入矩阵是最方便、最常用的创建数值矩阵的方法，尤其适用于较小的简单矩阵运算。在用此方法创建矩阵时，应当注意以下几点。

（1）输入矩阵时要以"[ ]"为其标识符号，矩阵的所有元素必须都在括号内。

（2）矩阵同行元素之间由空格或逗号分隔，行与行之间用分号或 Enter 键分隔。

例如：

```
>> A=[1 2 3;4 5 6;7 8 9]

A=
    1   2   3
    4   5   6
    7   8   9
```

2）特殊矩阵的生成

对于一些比较特殊的矩阵（单位矩阵、矩阵中含 1 或 0 较多），由于其具有特殊的结构，因此 MATLAB 提供了一些函数用于生成这些矩阵。常用的函数有以下几种。

zeros(m)：　　　　　　　　　　生成 m 阶全 0 矩阵。

eye(m)：　　　　　　　　　　　生成 m 阶单位矩阵。

ones(m)：　　　　　　　　　　 生成 m 阶全 1 矩阵。

rand(m)：　　　　　　　　　　 生成 m 阶均匀分布的随机矩阵。

randn(m)：　　　　　　　　　 生成 m 阶正态分布的随机矩阵。

2. 矩阵的基本数学运算

矩阵的基本数学运算包括矩阵的四则运算、与常数的运算、逆运算、行列式运算、秩运算、特征值运算等，这里进行简单介绍。

1）四则运算

矩阵的加、减、乘运算符分别为"+，−，*"，用法与数字运算几乎相同，但计算时要满足其数学要求（如同型矩阵才可以加、减；两个矩阵相乘时，前面矩阵的列数必须等于后面矩阵的行数）。

在 MATLAB 中，矩阵的除法有两种形式：左除"\"和右除"/"。在传统的 MATLAB 算法中，右除是先计算矩阵的逆再相乘，即 $A/B = A*B^{-1}$；而左除则不需要计算逆矩阵直接进行除运算，即 $A \backslash B = A^{-1}*B$。

2）与常数的运算

常数与矩阵的运算即是同该矩阵的每一个元素进行运算。但需注意进行数除时，常数通常只能做除数。

3）基本函数运算

矩阵的函数运算是矩阵运算中最实用的部分，常用的主要有以下几个。

det(a)：求矩阵 a 的行列式。

eig(a)：求矩阵 a 的特征值。

inv(a)：求矩阵 a 的逆矩阵。

例 B-6　已知矩阵 $a = \begin{bmatrix} 2 & 1 & -3 & -1 \\ 3 & 1 & 0 & 7 \\ -1 & 2 & 4 & -2 \\ 1 & 0 & -1 & 5 \end{bmatrix}$，$b = \begin{bmatrix} 0 & 0 & -3 & -1 \\ 3 & -1 & 0 & 7 \\ 1 & -2 & 4 & -2 \\ 2 & 0 & 1 & 1 \end{bmatrix}$，求矩阵的和 $c = a + b$。

解　MATLAB 命令如下：

```
>> a=[2 1 -3 -1;3 1 0 7;-1 2 4 -2;1 0 -1 5];
>> b=[0 0 -3 -1;3 -1 0 7;1 -2 4 -2;2 0 1 1];
```

```
>> c=a+b

c=


   2   1  -6  -2

   6   0   0  14

   0   0   8  -4

   3   0   0   6
```

例 B-7　已知矩阵 $a=\begin{bmatrix} 0 & 2 & -1 & -2 \\ 5 & 10 & 1 & 1 \\ 2 & 2 & 3 & -2 \\ 4 & 1 & -1 & 2 \end{bmatrix}$，$b=\begin{bmatrix} 1 & 0 & 0 & 0 \\ 0 & 1 & 0 & 0 \\ 0 & 0 & 1 & 0 \\ 0 & 0 & 0 & 1 \end{bmatrix}$，求矩阵的乘积 $c=ab$。

解　MATLAB 命令如下：

```
>> a=[0 2 -1 -2;5 10 1 1;2 2 3 -2;4 1 -1 2];

>> b=[1 0 0 0;0 1 0 0;0 0 1 0;0 0 0 1];

>> c=a*b

c=

   0   2  -1  -2

   5  10   1   1

   2   2   3  -2

   4   1  -1   2
```

例 B-8　已知矩阵 $a=\begin{bmatrix} 2 & 1 & -3 & -1 \\ 3 & 1 & 0 & 7 \\ -1 & 2 & 4 & -2 \\ 1 & 0 & -1 & 5 \end{bmatrix}$，求矩阵的行列式、特征值和逆矩阵。

解　MATLAB 命令如下：

```
>> a=[2 1 -3 -1;3 1 0 7;-1 2 4 -2;1 0 -1 5];

>> a1=det(a)

a1=

  -85

>> a2=eig(a)

a2=

 -1.1228+0.0000i

  2.5266+0.0000i

  5.2981+1.3755i

  5.2981-1.3755i  %i 为虚数单位
```

```
>> a3=inv(a)
a3=
 -0.0471  0.5882 -0.2706 -0.9412
  0.3882 -0.3529  0.4824  0.7647
 -0.2235  0.2941 -0.0353 -0.4706
 -0.0353 -0.0588  0.0471  0.2941
```

注意： 命令行后加"；"表示该命令执行但不显示执行结果。

附录 C MATLAB 图形功能

MATLAB 有很强的图形功能，可以方便地实现数据的视觉化。强大的计算功能与图形功能相结合为 MATLAB 在科学技术和教学方面的应用提供了更加广阔的空间。下面着重介绍二维图形的画法。

C.1 二维图形的绘制

1. 基本形式

二维图形的绘制是 MATLAB 图形处理的基础，MATLAB 最常用的画二维图形的命令是 plot，来看两个简单的例子：

```
>> y=[0 0.58 0.70 0.95 0.83 0.25];
>> plot(y)
```

生成的图形如图 C-1 所示，是以序号 1,2,…,6 为横坐标、数组 y 的数值为纵坐标画出的折线。

```
>> x=linspace(0,2*pi,30);%生成一组线性等距的数值
>> y=sin(x);
>> plot(x,y)
```

生成的图形如图 C-2 所示，是 $[0,2\pi]$ 上 30 个点连成的光滑的正弦曲线。

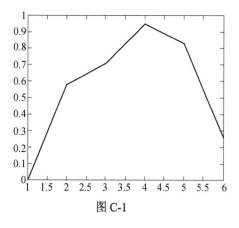

图 C-1

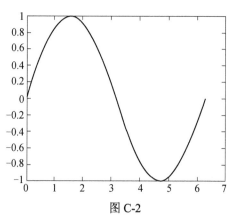

图 C-2

2. 多重线

在同一个画面上可以画多条曲线，只需多给出几个数组，例如：

```
>> x=0:pi/15:2*pi;
>> y1=sin(x);
>> y2=cos(x);
>> plot(x,y1,x,y2)
```

可以画出图 C-3。多重线的另一种画法是利用 hold 命令。在已经画好的图形上，若设置 hold on，MATLA 将把新的 plot 命令产生的图形画在原来的图形上。而命令 hold off 将结束这个过程。例如：

```
>> x=linspace(0,2*pi,30);y=sin(x);plot(x,y)
```

先画好图 C-2，然后用下述命令增加 cos(x) 的图形，也可得到图 C-3。

```
>> hold on
>> z=cos(x);plot(x,z)
>> hold off
```

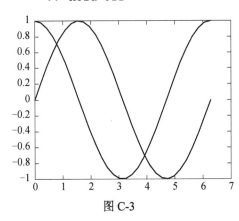

图 C-3

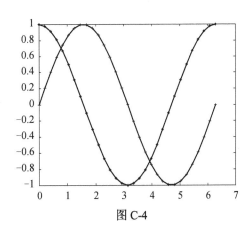

图 C-4

3. 线型和颜色

MATLAB 对曲线的线型和颜色有许多选择，标注的方法是在每一对数组后加一个字符串参数，说明如下：

线型（线方式）：-表示实线；：表示点线；-.表示虚点线；——表示波折线。

线型（点方式）：.表示圆点；+表示加号；*表示星号；x 表示 x 形；o 表示小圆。

颜色：y 表示黄；r 表示红；g 表示绿；b 表示蓝；w 表示白；k 表示黑；m 表示紫；c 表示青。

以下面的例子来说明用法：

```
>> x=0:pi/15:2*pi
>> y1=sin(x);y2=cos(x);
>> plot(x,y1,'b +',x,y2,'g-.*')
```

可得图形 C-4。

4. 多幅图形

若要在同一个画面上建立几个坐标系，可用 subplot(m，n，p)命令；可将一个画面分成 $m \times n$ 个图形区域，p 代表当前的区域号，在每个区域中分别画一个图，例如：

```
>> x=linspace(0,2*pi,30); y=sin(x);z=cos(x);
>> u=2*sin(x).*cos(x) ▌v=sin(x)./cos(x)▌
>> subplot(2,2,1),plot(x,y),axis([0 2*pi −1 1]), title('sin(x)')
>> subplot(2,2,2),plot(x,z),axis([0 2*pi −1 1]),title('cos(x)')
>> subplot(2,2,3),plot(x,u),axis([0 2*pi −1 1]),title('2sin(x)cos(x)')
>> subplot(2,2,4),plot(x,v),axis([0 2*pi −2020]),title('sin(x)/cos(x)')
```

其中，axis 函数用来标注图形坐标范围，title 函数用来在绘制的图形上添加标题，共得到 4 幅图形，如图 C-5 所示。

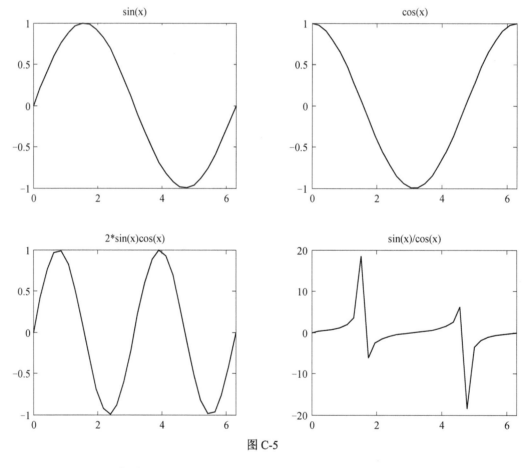

图 C-5

C.2　图形的输出

在数学建模中，往往需要将产生的图形输出到 Word 文档中。通常可采用下述方法：

首先，在 MATLAB 图形窗口中选择【File】菜单中的【Export】选项，将弹出图形输出对话框，在该对话框中可以把图形以 emf、bmp、jpg、pgm 等格式保存起来；再打开相应的文档，并在该文档中选择【插入】菜单中的【图片】选项，插入相应的图片即可。

附录 D MATLAB 的微积分运算

在数学应用中，常常需要做极限、微分、求导数等运算，MATLAB 称这些运算为符号运算。MATLAB 的符号运算功能是通过调用符号运算工具箱(Symbolic Math Toolbox)内的工具实现的，其内核是借用 Maple 数学软件实现的。MATLAB 的符号运算工具箱中包含了微积分运算、化简和代换、解方程等工具。

MATLAB 符号运算工具箱处理的对象主要是符号变量与符号表达式。要实现其符号运算，首先需要将处理对象定义为符号变量或符号表达式，其定义格式如下。

格式 1：sym ('变量名') 或 sym ('表达式')。

功能：定义一个符号变量或符号表达式。

例如：

```
>> sym('x')      %定义变量 x 为符号变量
>> sym('x+1')    %定义表达式 x+1 为符号表达式
```

格式 2： syms 变量名 1 变量名 2 …… 变量名 n。

功能： 定义变量名 1、变量 2、……、变量名 n 为符号变量。

例如：

```
>> syms a b x t   %定义 a,b,x,t 均为符号变量
```

D.1 极限运算

极限运算的格式如表 D-1 所示。

表 D-1

MATLAB 求极限命令	数学运算解释
limit(S,t,a)	$\lim\limits_{t \to a} S$
limit(S,t,a, 'right')	$\lim\limits_{x \to t^{+0}} S$
limit(S,t,a, 'left')	$\lim\limits_{x \to t^{-0}} S$

功能：求符号变量 t 趋近 a 时，函数 S 的极限。left 表示求左极限，right 表示求右极限，省略时表示求一般极限；a 省略时变量 t 趋近 0；t 省略时默认变量为 x，若无 x 则寻找（字母表上）最接近字母 x 的变量。

例 D-1 求极限 $\lim\limits_{x \to \infty}\left(1+\dfrac{2t}{x}\right)^{3x}$。

解   　>> syms x t

　　　　>> limit((1+2*t/x)^(3*x),x,inf)

　　　　 ans=

　　　　　 exp(6*t)

再如，求函数 $\dfrac{x}{|x|}$ 当 $x \to 0$ 时的左极限和右极限，命令及结果如下。

　　　　>> syms x

　　　　>> limit(x/abs(x),x,0,'left')   ans=-1

　　　　>> limit(x/abs(x),x,0,'right')　 ans=1

例 D-2　求函数极限。

（1）$\displaystyle\lim_{x\to 0}\dfrac{e^{3x}-1}{x}$；　（2）$\displaystyle\lim_{x\to\infty}(\dfrac{2x+3}{2x+1})^{x+1}$。

解　（1）>> syms x

　　　　　>> limit((exp(3*x)-1)/x,x,0)

按 Enter 键，显示结果为

　　　　 ans=

　　　　　　3

所以　$\displaystyle\lim_{x\to 0}\dfrac{e^{3x}-1}{x}=3$。

（2）　 >> clear

　　　　>> syms x

　　　　>> limit(((2*x+3)/(2*x+1))^(x+1),x,inf)

按 Enter 键，显示结果为

　　　　 ans=

　　　　　 exp(1)

所以 $\displaystyle\lim_{x\to\infty}(\dfrac{2x+3}{2x+1})^{x+1}=e$。

例 D-3　求　$\displaystyle\lim_{x\to 0+0}(\dfrac{1}{x})^{\tan x}$。

解　　>> clear

　　　　>> syms x

　　　　>> limit((1/x)^tan(x),x,0,'right')

按 Enter 键，显示结果为

　　　　 ans=

　　　　　　1

所以 $\lim\limits_{x \to 0+0} (\dfrac{1}{x})^{\tan x} = 1$。

D.2　导数运算

格式：diff(f，t，n)。

功能：求函数 f 对变量 t 的 n 阶导数。当 n 省略时，默认 $n=1$；当 t 省略时，默认变量为 x，若无 x 则查找字母表上最接近字母 x 的字母。

例 D-4　求函数 $f = 10xe^{-\frac{1}{2}x}$ 对变量 x 的一阶和二阶导数。

解
```
>> clear
>> syms x
>> f=10*x*exp(-1/2*x);
>> df1=diff(f)
 df1=
 10*exp(-1/2*x)-5*x*exp(-1/2*x)
>> df2=diff(df1)
 df2=
 -10*exp(-1/2*x)+5/2*x*exp(-1/2*x)
```

例 D-5　求函数 $f = ax^2 + bx + c$ 对变量 x 的一阶导数。

解
```
>> syms a b c x
>> f=a*x^2+b*x+c;
>> diff(f)
 ans=
2*a*x+b
```

求函数 f 对变量 b 的一阶导数(可看作求偏导)，命令及结果为
```
>> diff(f,b)    ans=x
```
求函数 f 对变量 x 的二阶导数，命令及结果为
```
>> diff(f,2)  ans=2*a
```

D.3　积分运算

格式：int(f，t，a，b)。

功能：求函数 f 对变量 t 从 a 到 b 的定积分。当 a 和 b 省略时求不定积分；当 t 省略时，默认变量为(字母表上)最接近字母 x 的变量。

例 D-6 求函数 $\int (x^{-\frac{1}{2}} + \frac{1}{2})dx$; $\int_{4}^{16} (x^{-\frac{1}{2}} + \frac{1}{2})dx$ 。

解　　>> symsx

　　　　>> f=x^(-1/2)+1/2;

　　　　>> int(f,x)

　　　　　ans=

　　　　2*x^(1/2)+1/2*x

　　　　>> int(f,4,16)

　　　　　ans=

　　　　　　10

例 D-7　求函数 $f = ax^2 + bx + c$ 对变量 x 的不定积分。

解　　>> clear

　　　　>> syms a b c x

　　　　>> f=a*x^2+b*x+c

　　　　>> int(f)

　　　　　ans=

　　　　1/3*a*x^3+1/2*b*x^2+c*x

求函数 f 对变量 b 的不定积分，命令及结果为

　　　　>> int(f,b)

　　　　　ans=

　　　　　　　a*x^2*b+1/2*b^2*x+c*b

求函数 f 对变量 x 从 1 到 5 的定积分，命令及结果为

　　　　>> int(f,1,5)

　　　　ans=

　　　　124/3*a+12*b+4*c

D.4　MATLAB 解方程

1. 代数方程

格式：solve (f, t)。

功能：对变量 t 解方程 $f=0$，t 省略时默认为 x 或最接近 x 的符号变量。

例 D-8　求解一元二次方程 $f = x^2 + 2x - 3$ 的实根。

解　　>> syms x

　　　　>> f=x^2+2*x-3;

　　　　>> solve (f,x)

```
   ans=

      1

     -3
```

例 D-9　求解一元二次方程 $f = ax^2 + bx + c$ 的实根。

解　　>> syms a b c x

>> f=a*x^2+b*x+c▮

>> solve (f,x)

```
   ans=

        [1/2/a*(-b+(b^2-4*a*c)^(1/2))]

        [1/2/a*(-b-(b^2-4*a*c)^(1/2))]
```

2.　代数方程组

格式：利用矩阵的除法、求逆法和行最简形方法求解方程组。

例 D-10　　求解方程组 $\begin{cases} x_1 + x_2 = 0 \\ x_1 - x_2 = 2 \end{cases}$。

解　　左除法：

>> A=[1 1;1 -1];b=[0;2];

>> x=A\b

```
   x=

      1

     -1
```

求逆法：

>> A=[1 1;1 -1];b=[0;2];

>> x=inv(A)*b

```
   x=

      1

     -1
```

例 D-11　　求解方程组 $\begin{cases} x_1 + x_2 - 3x_3 - x_4 = 1 \\ 3x_1 - x_2 - 3x_3 + 4x_4 = 4 \\ x_1 + 5x_2 - 9x_3 - 8x_4 = 0 \end{cases}$。

解　行最简形方法：

>> A=[1 1 -3 -1;3 -1 -3 4;1 5 -9 -8];b=[1,4,0]';

>> B=[A,b];

>> C=rref(B) % rref命令为求增广矩阵 C 的行最简形

```
C=
   1  0  -3/2   3/4   5/4
   0  1  -3/2  -7/4  -1/4
   0  0   0     0     0
```

则方程组对应的齐次方程组的基础解系为

$$\xi_1 = \begin{pmatrix} 3/2 \\ 3/2 \\ 1 \\ 0 \end{pmatrix}, \quad \xi_2 = \begin{pmatrix} -3/4 \\ 7/4 \\ 0 \\ 1 \end{pmatrix}$$

非齐次方程组的特解为

$$\eta^* = \begin{pmatrix} 5/4 \\ -1/4 \\ 0 \\ 0 \end{pmatrix}$$

因此，原方程组的通解为

$$X = k_1\xi_1 + k_2\xi_2 + \eta^* \ (k_1, k_2 \in \mathbf{R})$$

附录 E   Dijkstra 算法

Dijkstra 算法是典型的单源最短路径算法，用于计算一个节点到其他所有节点的最短路径。其主要特点是以起始点为中心向外层层扩展，直到扩展到终点为止。Dijkstra 算法是很有代表性的最短路径算法，在很多专业课程中都作为基本内容而有详细的介绍，如数据结构、图论、运筹学等。注意，该算法要求图中不存在负权边。

问题描述：在无向图 $G=(V, E)$ 中，假设每条边 $E[i]$ 的长度为 $w[i]$，找到由顶点 V_0 到其余各点的最短路径。

算法的 MATLAB 程序如下：

```
function [S,D]=minroute(i,m,W)
% 图与网络中求最短路径的 Dijkstra 算法
% 格式 [S,D]=minroute(i,m,W)
% i 为最短路径的起始点,m 为图顶点数,W 为图的带权邻接矩阵,
% 不构成边的两顶点之间的权用 inf 表示。显示结果:S 的每
% 一列从上到下记录了从始点到终点的最短路径所经过顶点的序号;
% D 是一行向量,记录了 S 中所示路径的大小

dd=[];tt=[];ss=[];ss(1,1)=i;V=1:m;V(i)=[];dd=[0;i];
```

```
% dd的第二行是每次求出的最短路径的终点，第一行是最短路径的值
kk=2;[mdd,ndd]=size(dd);
while ~isempty(V)
    [tmpd,j]=min(W(i,V));tmpj=V(j);
    for k=2:ndd
        [tmp1,jj]=min(dd(1,k)+W(dd(2,k),V));
        tmp2=V(jj);tt(k-1,:)=[tmp1,tmp2,jj];
    end
    tmp=[tmpd,tmpj,j;tt];[tmp3,tmp4]=min(tmp(:,1));
    if tmp3==tmpd,ss(1:2,kk)=[i;tmp(tmp4,2)];
    else,tmp5=find(ss(:,tmp4)~=0);tmp6=length(tmp5);
        if dd(2,tmp4)==ss(tmp6,tmp4)
            ss(1:tmp6+1,kk)=[ss(tmp5,tmp4);tmp(tmp4,2)];
            else,ss(1:3,kk)=[i;dd(2,tmp4);tmp(tmp4,2)];
    end;end
    dd=[dd,[tmp3;tmp(tmp4,2)]];V(tmp(tmp4,3))=[];
    [mdd,ndd]=size(dd);kk=kk+1;
end;S=ss;D=dd(1,:);
```

例 已知一个无向图的权值矩阵如下。

W=inf*ones(6)；W(1，3)=10；W(1，5)=30；W(1，6)=100；W(2，3)=5；W(3，4)=50；W(4，6)=10；

W(5，4)=20；W(5，6)=60；

求顶点 1 与各顶点的最短路径。

解 命令如下。

```
>>clear
>>W=inf*ones(6);W(1,3)=10;W(1,5)=30;W(1,6)=100;W(2,3)=5;W(3,4)=50;
  W(4,6)=10;W(5,4)=20;W(5,6)=60;
>>i=1;
>> [s,d]=minroute(i,6,W)
  s=

  1  1  1  1  1  1
  0  3  5  5  5  2
  0  0  0  4  4  0
```

```
         0   0   0   0   6   0
d=
         0   10   30   50   60   Inf
```

结果如下。

从顶点 1 到顶点 1 最短距离路径为 1→1，最短距离为 0；

从顶点 1 到顶点 3 最短距离路径为 1→3，最短距离为 10；

从顶点 1 到顶点 5 最短距离路径为 1→5，最短距离为 30；

从顶点 1 到顶点 4 最短距离路径为 1→5→4，最短距离为 60；

从顶点 1 到顶点 2 最短距离路径为 1→2，最短距离为无穷大 Inf，即表示顶点 1 和顶点 2 是不连通的。

参考文献

［1］张文俊. 数学欣赏［M］. 北京：科学出版社，2010.

［2］沈文选，杨清桃. 数学思想领悟［M］. 哈尔滨：哈尔滨工业大学出版社，2008.

［3］何春江. 计算机数学基础［M］. 北京：中国水利水电出版社，2007.

［4］朱建国. 计算机应用数学［M］. 北京：高等教育出版社，2008.

［5］周忠荣. 计算机数学［M］. 北京：清华大学出版社，2010.